空气质量模型在环境规划与管理中的应用

薛文博　雷　宇　武卫玲　王金南　唐晓龙　等著

中国环境出版集团·北京

图书在版编目（CIP）数据

空气质量模型在环境规划与管理中的应用/薛文博等著. —北京：中国环境出版集团，2021.8

（当代生态环境规划丛书）

ISBN 978-7-5111-3828-6

Ⅰ. ①空…　Ⅱ. ①薛…　Ⅲ. ①环境空气质量—质量模型—应用—环境规划—研究—中国　Ⅳ. ①X32

中国版本图书馆 CIP 数据核字（2018）第 210690 号

出 版 人　武德凯
责任编辑　葛　莉
加工编辑　史雯雅
责任校对　任　丽
封面设计　宋　瑞

出版发行　中国环境出版集团
（100062　北京市东城区广渠门内大街 16 号）
网　　址：http：//www.cesp.com.cn
电子邮箱：bjgl@cesp.com.cn
联系电话：010-67112765（编辑管理部）
发行热线：010-67125803，010-67113405（传真）
印　　刷　北京中科印刷有限公司
经　　销　各地新华书店
版　　次　2021 年 8 月第 1 版
印　　次　2021 年 8 月第 1 次印刷
开　　本　787×960　1/16
印　　张　11.5
字　　数　200 千字
定　　价　80.00 元

当代生态环境规划丛书

总 序

保护生态环境，规划引领先行。生态环境规划是我国美丽中国建设和生态环境保护的一项基础性制度，具有很强的统领性和战略性作用。我国的生态环境规划与生态环境保护工作同时起步、同步发展、同域引领。1973 年 8 月，国务院召开了第一次全国环境保护会议，审议通过了《关于保护和改善环境的若干规定》，确定了我国生态环境保护的基本方针，即“全面规划、合理布局、综合利用、化害为利、依靠群众、大家动手、保护环境、造福人民”的“32 字方针”，“全面规划”就是“32 字方针”之首。

自 1975 年国务院环境保护领导小组颁布我国第一个国家环境保护规划《关于制定环境保护十年规划和“五五”（1976—1980 年）计划》以来，我国已编制并实施了 9 个五年的国家环境保护规划，目前正在编制第 10 个五年规划，规划名称经历了从环境保护计划到环境保护规划，再到生态环境保护规划的演变；印发层级从内部计划到部门印发，再升格为国务院批复和国务院印发，已经形成了一套具有中国特色的生态环境规划体系，对我国的生态环境保护发挥了重要作用。

党的十八大以来，生态文明建设被纳入“五位一体”总体布局，污染防治攻坚战成为全面建成小康社会的三大攻坚战之一，全国生态环境保护大会确立了系统完整的习近平生态文明思想，生态环境保护改革深入推进，生态环境规划也取得长足发展。这期间，生态环境规划地位得到提升，规划体系不断完善，规划基础与技术方法得到加强，规划执行效力显著提高，环境规划学科蓬勃发展，全国各地探索编制了一批优秀规划成果，对加强生态环境保护、打好污染防治攻坚战、提高生态文明水平发挥了重要作用。

党的十九大绘制了新时期中国特色社会主义现代化建设战略路线图，确立了建设美丽中国的战略目标和共建清洁美丽世界的美好愿景，是新时代生态环境保护的战略遵循。生态环境规划，要坚持以习近平生态文明思想为指导，以改善生态环境质量为核心，系统谋划生态环境保护的布局图、路线图、施工图，在美丽中国建设的宏伟征程中，进一步发挥基础性、统领性、先导性作用。

生态环境部环境规划院成立于 2001 年，是一个专注并引领生态环境规划与政策研究的国际型生态环境智库，主要从事国家生态文明、绿色发展、美丽中国等发展战略研究，开展生态环境规划理论方法研究和政策模拟预测分析，承担国家中长期生态环境战略规划、流域区域和城市环境保护规划、生态环境功能区划以及各环境要素和主要环保工作领域规划研究编制与实施评估，开展建设美丽中国和生态文明制度理论研究与实践探索。为了提高生态环境规划影响，促进生态环境规划行业研究和实践，生态环境部环境规划院于 2020 年启动“当代生态环境规划丛书”编制工作，总结全国近 20 年来在生态环境规划领域的研究与实践成果，与国内外同行交流分享生态环境规划的思考与经验，努力讲好生态环境保护“中国故事”。

“当代生态环境规划丛书”选题涵盖了战略研究、区域与城市、主要环境要素和领域的规划研究与实践，主要有 4 类选题。第一类是综合性、战略性规划（研究），包括美丽中国建设、生态文明建设、绿色发展和碳达峰、碳中和等规划；第二类是区域与城市规划，包括国家重大发展区域生态环境规划、城市环境总体规划、生态环境功能区划以及“三线一单”等；第三类是主要环境要素规划，包括水、气、生态、土壤、农村、海洋、森林、草地、湿地、保护地等生态环境规划等；第四类是主要领域规划，包括生态环境政策、风险、投资、工程规划等。

“当代生态环境规划丛书”注重在理论技术研究与实践应用两方面拓展深度和广度，注重与我国当前和未来生态环境工作实际情况相结合，侧重筛选一批具有创新性、引领性和示范性的典型成果，希望给读者一个全景式的分享。希望“当代生态环境规划丛书”的出版，可以为提升社会对生态环境规划与政策编制研究的认识、为有关机构编制实施生态环境规划、制定生态环境政策提供参考。

展望 2035 年，美丽中国目标基本实现，生态环境规划将以突出中国在生态环境治理领域的国际视野和全球环境治理的大国担当、系统谋划生态环境保护顶层战略和实施体系为目标，统筹规划思想、理论、技术、实践、制度的全面突破，统筹规划编制、实施、评估、考核、督查的全链条管理，建立国家—省—市县三级规划管理制度体系。

2021 年是生态环境部环境规划院建院 20 周年。值此建院 20 周年“当代生态环境规划丛书”出版之际，祝愿生态环境部环境规划院砥砺前行，不忘初心，勇担使命，在美丽中国建设的伟大征程中，继续绘好美丽中国建设的布局图、路线图、施工图。

中国工程院院士
生态环境部环境规划院院长

2021 年 6 月

前　言

本书利用 WRF-CMAQ/CAMx 空气质量模型建立了适用于区域复合型大气污染的环境容量核算方法，并利用该方法计算了“全国—省域—市域”不同空间尺度的大气环境容量。此外，通过 WRF-CMAQ/CAMx 模型解析了大气污染的空间输送、行业贡献及主要前体物的特征，揭示了京津冀区域 $PM_{2.5}$ 与 O_3 污染的空间输送规律，模拟了煤炭消费、火电行业排放的污染物对 $PM_{2.5}$ 的影响，分析了 NH_3 排放对 $PM_{2.5}$ 的贡献及 NH_3 减排的敏感性，基于卫星遥感技术研究了京津冀及周边地区臭氧控制的敏感性。主要结论如下:

1. 结合我国大气环境问题和大气污染管理模式的演变历程，系统地梳理了不同阶段大气环境容量的理论、内涵及核算方法，深入分析了存在的问题与不足，建立了大气环境容量三维迭代优化计算模型。该方法已在大气环境容量核算工作中得到广泛应用。

2. 京津冀区域 13 个城市 $PM_{2.5}$ 污染以本地污染源贡献为主、外来源贡献为辅。月度分析结果表明，在 1 月、7 月，区域内多数城市 $PM_{2.5}$ 以本地贡献为主，在 4 月、10 月，受季风影响污染传输加强，区外传输贡献提升显著，$PM_{2.5}$ 污染传输矩阵呈现明显的时空差异。但 13 个城市 O_3 污染受本地源排放影响较小，以外来污染源影响为主。

3. 2012 年火电行业 SO_2、NO_x、一次 $PM_{2.5}$ 的排放量分别约占全国排放总量的 23%、33%、7.5%，但对全国城市 SO_2、NO_2 及 $PM_{2.5}$ 年均浓度的平均贡献率分别为 15.6%、19.6%、8.5%，火电行业单位污染物排放量对环境空气质量的影响较小。

4. NH_3排放对全国城市$PM_{2.5}$年均浓度平均贡献率接近30%。$PM_{2.5}$和PNO_3、PNH_4的浓度对NH_3减排十分敏感，且随着NH_3控制水平的增加，$PM_{2.5}$和PNO_3、PNH_4年均浓度加速下降，敏感度呈上升趋势。

5. 京津冀及周边地区O_3控制敏感性分析结果表明，O_3生成受VOCs排放控制的地区主要集中在北京、太原、石家庄等城市中心及工业较发达地区，受NO_x排放控制的地区主要集中在北京北部、河北北部、河南大部分地区、山东沿海城市，其他区域为NO_x-VOCs协同控制区，且控制类型随年份、季节发生显著变化。

本书各部分分工如下：第1章由武卫玲、雷宇、王金南撰写；第2章由薛文博、许艳玲、雷宇、王金南撰写；第3章由王燕丽、薛文博撰写；第4章由薛文博、雷宇、王金南、唐晓龙撰写；第5章由许艳玲、薛文博、武卫玲撰写。

目 录

第1章　我国大气污染特征分析

2013年以来，随着《大气污染防治行动计划》和《打赢蓝天保卫战三年行动计划》的实施，我国大气污染防治工作取得积极成效，大气环境质量显著改善。本章主要从空气质量观测和卫星遥感两个方面阐述我国空气质量的变化趋势，数据显示全国已经消除了二氧化硫（SO_2）和一氧化碳（CO）超标城市，二氧化氮（NO_2）超标城市数量比例控制在10%左右，但是细颗粒物（$PM_{2.5}$）和臭氧（O_3）污染形势仍然严峻。此外，为了提高空气质量精细化管理水平，分析气象条件和污染减排对空气质量的定量影响，开展全国空气质量形势分析工作十分必要，本章以2017年4个季度为例阐述空气质量形势分析的方法和技术体系。

1.1　空气质量监测

从2013年开始我国空气质量监测体系6项指标中$PM_{2.5}$、CO、O_3的监测才逐步完善，目前，我国大部分城市CO排放无超标情况，O_3污染季节性特征较突出，以$PM_{2.5}$为主要污染物的复合型污染是我国大气污染的首要问题，因此本节重点分析PM_{10}、$PM_{2.5}$及其重要前体物SO_2、NO_2的变化趋势。

1.1.1　SO_2浓度变化

根据2005—2020年全国地级及以上城市空气质量监测数据，2005年全国319个监测城市SO_2年均质量浓度为1～281 μg/m³，全国SO_2平均质量浓度为47 μg/m³；2020年337个地级及以上城市SO_2年均质量浓度为3～32 μg/m³，全国SO_2平均质量浓度为10 μg/m³。2005—2020年全国SO_2平均质量浓度下降78.7%，城市SO_2年均质量浓度最高值下降 88.6%，城市 SO_2 污染得到大幅改善，尤其是 SO_2 污染程度较高城市，质量浓度下降显著，其中 2005 年 SO_2 污染最重的城市山西忻州 16 年间降幅达 92.9%。

1.1.2 NO_2 浓度变化

我国对 NO_x 污染控制起步较晚，因此与 SO_2 和 PM_{10} 相比，NO_2 污染未显著改善。2005—2020 年全国地级及以上城市 NO_2 年均质量浓度基本维持稳定。城市 NO_2 年均质量浓度最高值由 69 μg/m^3 下降至 47 μg/m^3，下降幅度为 31.9%，而低浓度区域年均质量浓度显著上升，2020 年城市 NO_2 年均质量浓度最低为 6 μg/m^3，较 2005 年城市 NO_2 最低年均质量浓度增长 2 倍。

1.1.3 PM_{10} 浓度变化

2005—2020 年，全国 PM_{10} 污染得到一定程度改善，然而与 SO_2 相比，改善程度有限，全国 PM_{10} 污染总体呈现均质化特征，表现为以下 3 个方面：①全国城市 PM_{10} 年均质量浓度平均值明显下降，2020 年地级及以上城市 PM_{10} 年均质量浓度平均值为 56 μg/m^3，较 2005 年下降约 41%；②高污染地区未明显改善，2005 年和 2020 年地级及以上城市中 PM_{10} 年均质量浓度最高值分别为 254 μg/m^3 和 128 μg/m^3；③低浓度地区浓度显著上升，2005 年城市 PM_{10} 年均质量浓度最低仅为 7 μg/m^3，2020 年则上升为 15 μg/m^3，增加 1 倍多，这与城市化进程有直接关系。

1.1.4 $PM_{2.5}$ 浓度变化

近年来我国大气污染呈现以 $PM_{2.5}$ 为首要污染物的区域性、复合型特征。由于我国 $PM_{2.5}$ 监测起步较晚，2013 年开始在 74 个城市开展 $PM_{2.5}$ 的监测与数据实时发布工作，2014 年增加至 161 个城市，2015 年增加至 338 个城市，因此本研究根据 2020 年空气质量监测数据，分析全国 $PM_{2.5}$ 污染状况。2020 年，全国重点监测的 337 个城市中有 125 个城市 $PM_{2.5}$ 年均质量浓度未达标，未达标城市比例为 37.1%。本节重点介绍全国、重点区域以及城市尺度的 $PM_{2.5}$ 污染状况。

（1）全国 $PM_{2.5}$ 污染总体状况

2020 年全国进行 $PM_{2.5}$ 监测并实时上报的城市共 337 个。从监测的质量浓度看，我国城市 $PM_{2.5}$ 质量浓度总体处于高位，337 个城市 $PM_{2.5}$ 年均质量浓度为 7～63 μg/m^3，平均质量浓度为 33 μg/m^3。337 个城市中，212 个城市 $PM_{2.5}$ 年均质量浓度达标。

（2）重点区域 $PM_{2.5}$ 污染状况

《重点区域大气污染防治“十二五”规划》将京津冀、长三角、珠三角等 13 个区域纳入重点区域，重点区域经济活动强度大，污染排放高度集中，大气环境问题更加突出。重点区域以占全国 14%的国土面积集中了全国近 48%的人口，产生了 71%的经济总量，消费了 52%的煤炭，排放了 48%的 SO_2、51%的 NO_x、42%的烟粉尘和约 50%的 VOCs，重点区域单位面积污染物排放强度是全国平均水平的 2.9～3.6 倍。重点区域严重的大气污染，威胁人民群众身体健康，增加呼吸系统、心脑血管疾病的死亡率及患病风险，腐蚀建筑材料，破坏生态环境，导致粮食减产、森林衰减，造成巨大的经济损失。因此，有必要对重点区域 $PM_{2.5}$ 污染状况进行更为深入的分析。

2020 年，在 3 个重点区域中，京津冀区域 $PM_{2.5}$ 污染最为严重（表 1-1），13 个城市 $PM_{2.5}$ 年均质量浓度为 23～58 μg/m^3，平均质量浓度高达 45 μg/m^3，远高于全国平均水平；其次为长三角区域，25 个城市 $PM_{2.5}$ 年均质量浓度为 17～50 μg/m^3，平均质量浓度为 32 μg/m^3，与全国平均水平相当；珠三角区域 $PM_{2.5}$ 污染程度相对较低，且区域内 $PM_{2.5}$ 污染空间差异性较小，9 个城市 $PM_{2.5}$ 年均质量浓度为 19～24 μg/m^3，平均质量浓度为 21 μg/m^3。

表 1-1　2020 年全国及重点区域 $PM_{2.5}$ 年均质量浓度统计　　单位：μg/m^3

区域	城市数	最大值	最小值	平均值
京津冀	13	58	23	45
长三角	25	50	17	32
珠三角	9	24	19	21
全国	337	63	7	33

（3）城市 $PM_{2.5}$ 浓度达标状况分析

当前我国城市大气中 $PM_{2.5}$ 浓度处于较高的水平。2020 年全国对 337 个城市进行 $PM_{2.5}$ 浓度重点监测，各城市年均质量浓度为 7～63 μg/m^3，平均质量浓度为 33 μg/m^3。其中 125 个城市 $PM_{2.5}$ 年均质量浓度超标，五家渠地区超标 0.8 倍。337 个城市及重点区域内城市 $PM_{2.5}$ 年均质量浓度超标情况如图 1-1 所示。

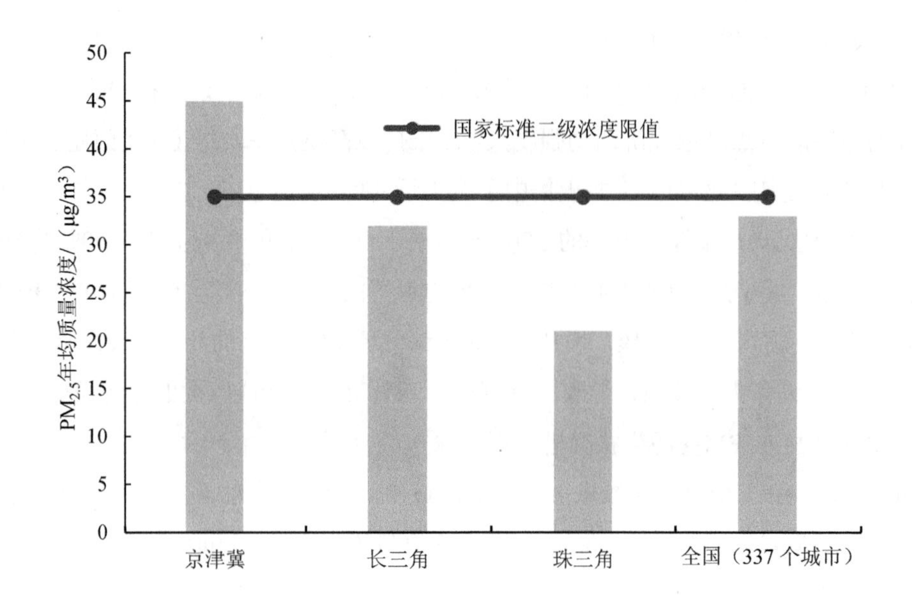

图 1-1　2020 年全国（337 个城市）及重点区域内城市 $PM_{2.5}$ 年均质量浓度超标情况

1.2　2017 年季度空气质量形势分析

1.2.1　第一季度空气质量形势分析

1.2.1.1　空气质量状况

基于国控站点空气质量监测数据，对 2017 年第一季度全国及重点区域大气环境质量状况进行分析，重点分析了京津冀及周边地区“2+26”城市实现 $PM_{2.5}$ 浓度控制目标的压力。同时利用 2017 年第一季度京津冀及周边地区颗粒物组分监测网数据分析了颗粒物的化学组分与污染特征。

（1）全国空气质量改善进度放缓，部分地区大气污染反弹显著。2017 年第一季度全国重点监测的 338 个地级及以上城市空气质量优良天数比例为 71.0%，同比提高 0.9 个百分点，其中京津冀区域同比下降 7.5 个百分点，长三角区域同比提高 9.8 个百分点，珠三角区域同比下降 5.5 个百分点。PM_{10} 和 SO_2 平均质量浓度同比下降，但 $PM_{2.5}$、NO_2、O_3 和 CO 平均质量浓度同比显著上升。其中，$PM_{2.5}$ 平均质量浓度为 63 μg/m³，同比上升 3.3%，京津冀区域反弹幅度达 26.7%；NO_2 平均质量浓度为 37 μg/m³，同比上升 8.8%，全国监测城市中有 194 个城市 NO_2 质量浓度同比上升，特别是珠三角区域上升比例高达

12.8%；O_3 日最大 8 小时第 90 百分位数质量浓度平均为 110 μg/m³，同比上升 4.8%，珠三角区域同比增加高达 18.9%；CO 日均值第 95 百分位数质量浓度平均为 2.1 mg/m³，同比上升 5.0%；PM_{10} 平均质量浓度为 100 μg/m³，同比下降 4.8%，但京津冀区域、珠三角区域分别同比上升 17.6%、19.2%；SO_2 平均质量浓度为 27 μg/m³，同比下降 12.9%。

（2）全国重污染天数同比略有上升，北方地区重污染天发生频率显著增加。2017 年第一季度全国重污染天数比例为 5.9%，其中 1 月、2 月、3 月重污染天数比例分别为 69.6%、24.1%、6.3%，第一季度重污染天数同比增加 0.8 个百分点。其中，上海、江苏、山东、新疆等省份重污染天数同比明显下降，分别减少 2.2 个百分点、2.1 个百分点、3.5 个百分点、4.1 个百分点；北京、天津、河北、山西、黑龙江、陕西等北方省份及湖南、四川两省重污染天数同比显著增加，分别上升 4.6 个百分点、7.9 个百分点、9.0 个百分点、6.3 个百分点、2.8 个百分点、2.8 个百分点、2.5 个百分点、3.1 个百分点。第一季度全国重污染天 $PM_{2.5}$ 的平均质量浓度为 205 μg/m³，同比上升 1%，重污染发生的强度略有增加。重污染天对第一季度全国 $PM_{2.5}$ 平均质量浓度的贡献率达到 14.3%，其中北京、新疆、河北、天津、陕西、河南和山西等省份重污染天对第一季度全国 $PM_{2.5}$ 平均质量浓度的贡献率分别为 38.2%、34.5%、34.4%、28.2%、24.8%、22.8%和 22.8%，显著拉升季度均值。

（3）空气质量改善进度明显低于年度目标，部分省份完成年度考核目标难度大。2017 年第一季度全国 338 个监测城市空气质量优良天数比例同比上升 0.9 个百分点，高于 2017 年"上升 0.2 个百分点"的年度目标。2015 年 $PM_{2.5}$ 年均质量浓度未达标的 262 个城市，2017 年第一季度 $PM_{2.5}$ 平均质量浓度为 71 μg/m³，同比上升 2.9%，不降反增，导致完成 2017 年"下降 3.6%"的年度目标压力大。在 262 个未达标城市中，138 个城市在第一季度 $PM_{2.5}$ 平均质量浓度上升，其中太原、忻州、临汾、吕梁、朝阳、抚州、玉林、来宾、临夏 9 个城市同比上升 50%以上。此外，已达标城市中有 37 个城市 $PM_{2.5}$ 污染加重，其中江门、鸡西同比上升 50%以上。

除了海南等 3 个不参与考核的省份，第一季度北京、天津、河北、山西、内蒙古、辽宁、吉林、黑龙江、安徽、江西、河南、广东、广西、四川、陕西、甘肃等 16 个省份 $PM_{2.5}$ 平均质量浓度不降反升，特别是北京、天津、山西、陕西等 4 个省份完成年度目标压力大；上海、江苏、浙江、山东、湖北、重庆、贵州、云南、青海、宁夏、新疆等 11 个省份 $PM_{2.5}$ 平均质量浓度同比降低，其中上海、江苏、浙江、湖北、贵州、云南、青海、宁夏等省份降低幅度高于年度目标；湖南省 $PM_{2.5}$ 平均质量浓度同比持平。

（4）部分省份 $PM_{2.5}$ 和 PM_{10} 反弹严重，《大气污染防治行动计划》（以下简称"大气十条"）考核目标实现难度增大。2017 年第一季度考核 $PM_{2.5}$ 的 11 个省份中上海、浙江、江苏和山东 4 个省份 $PM_{2.5}$ 质量浓度同比下降，分别下降 22.0%、12.5%、12.0%和 6.7%；

重庆市同比持平；其他 6 个省份均同比上升，其中山西省上升幅度在 30%以上，北京、天津、河北、广东等省份上升幅度为 20%～30%，内蒙古上升 4.7%。与 2013 年第一季度同期相比，考核 $PM_{2.5}$ 的 10 个省份和珠三角区域中除山西外，其他 9 个省份和珠三角区域的 $PM_{2.5}$ 质量浓度均明显下降。其中山东、上海、河北、北京、浙江和重庆等省份下降幅度均在 30%以上；天津、江苏和内蒙古等省份以及珠三角区域下降幅度为 15%～30%；山西上升 5.7%，与 2017 年下降 20%的年度目标差距大。

在考核 PM_{10} 的 21 个省份中，9 个省份同比下降，其中湖北、河南、新疆和宁夏等省份同比下降 10%以上，陕西、贵州、湖南、福建和云南等省份下降幅度小于 10%；吉林省同比持平；11 个省份同比上升，其中广东、黑龙江、青海、安徽和广西等省份上升幅度超过 10%，西藏、甘肃、辽宁、海南、四川和江西等省份同比上升幅度小于 10%。与 2013 年第一季度同期相比，21 个省份中，7 个省份 PM_{10} 平均质量浓度反弹，14 个省份 PM_{10} 平均质量浓度下降，其中贵州、福建、青海、云南、湖南、湖北、四川和黑龙江 8 个省份达到 2017 年下降目标。

（5）京津冀及周边地区空气质量明显恶化，“2+26”城市实现目标压力大。2017 年第一季度京津冀区域 13 个城市 $PM_{2.5}$ 平均质量浓度为 95 μg/m^3，同比上升 26.7%，“2+26”城市 $PM_{2.5}$ 平均质量浓度为 103 μg/m^3，同比上升 12.2%。28 个城市中，6 个城市同比下降，2 个城市持平，20 个城市同比上升，其中石家庄、廊坊、保定、沧州、太原、安阳 6 个城市 $PM_{2.5}$ 平均质量浓度上升幅度超过 30%。为确保完成 2017 年控制目标，后 3 个季度北京、天津、石家庄、唐山、保定、邢台、邯郸、太原、阳泉、安阳、鹤壁、濮阳 12 个城市 $PM_{2.5}$ 平均质量浓度相比 2016 年同期下降幅度至少应达到 25%，实现目标难度极大；“2+26”城市中有 13 个城市若要实现 2017 年目标，则后 3 个季度 $PM_{2.5}$ 平均质量浓度相比 2016 年同期需下降幅度为 10%～25%；长治、济宁、新乡 3 个城市实现目标的压力相对较小。总体来看，第一季度“2+26”城市 $PM_{2.5}$ 浓度的大幅反弹，导致实现 2017 年目标压力显著增大（表 1-2）。

表 1-2 “2+26”城市 $PM_{2.5}$ 控制目标压力分析

省份	城市	2017 年质量浓度控制目标/（μg/m^3）	2017 年第一季度质量浓度/（μg/m^3）	2017 年后 3 个季度质量浓度控制目标/（μg/m^3）	2017 年后 3 个季度同比降幅目标/%
北京	北京	60	84	52.15	−29.53
天津	天津	60	88	50.84	−26.32
河北	石家庄	79	139	59.36	−40.64
	唐山	65	95	55.18	−25.43
	廊坊	62	93	51.85	−18.98

省份	城市	2017 年质量浓度控制目标/（μg/m³）	2017 年第一季度质量浓度/（μg/m³）	2017 年后 3 个季度质量浓度控制目标/（μg/m³）	2017 年后 3 个季度同比降幅目标/%
河北	保定	77	140	56.38	−36.65
	沧州	62	93	51.85	−23.74
	衡水	75	112	62.89	−22.36
	邢台	75	123	59.29	−28.57
	邯郸	72	109	59.89	−25.14
山西	太原	60	93	49.20	−29.71
	阳泉	54	88	42.87	−29.72
	长治	62	89	53.16	−9.89
	晋城	54	89	42.55	−19.73
山东	济南	67	94	58.16	−15.70
	淄博	68	92	60.15	−16.46
	济宁	63	76	58.75	1.29
	德州	72	105	61.20	−17.30
	聊城	75	104	65.51	−14.92
	滨州	65	95	55.18	−23.36
	菏泽	71	99	61.84	−12.91
河南	郑州	69	114	54.27	−20.19
	开封	65	104	52.24	−18.38
	安阳	75	137	54.71	−32.46
	鹤壁	63	102	50.24	−25.02
	新乡	74	101	65.16	−8.22
	焦作	75	121	59.95	−22.15
	濮阳	61	112	44.31	−26.15

1.2.1.2　主要成因分析

结合组分观测和模型模拟结果，从经济形势、污染治理以及气象条件等方面，对影响第一季度环境空气质量变化的主要因素进行了分析。总体来看，第一季度经济继续回暖，工业产品产量和能源需求的增长速度明显提升，给空气质量改善增加了负担；京津冀区域强化污染控制措施取得效果，在一定程度上减缓了区域空气质量恶化趋势；京津冀区域和珠三角区域气象条件较 2016 年同期明显不利，长三角区域气象条件较 2016 年有利。

（1）产业结构进一步优化，主要工业产品产量大幅增长，中西部地区用电量增长较快。从 1—2 月全国总体情况来看，经济继续保持平稳增长态势，按可比价格计算，规模以上工业增加值同比增长 6.3%，与上年同期相比增速上升 0.9 个百分点，延续 2016 年以来稳中向好的运行态势。产业结构继续优化，高技术产业和装备制造业增加值同比分别增长 12.6%和 11.9%，增速分别高于规模以上工业 6.3 个百分点、5.6 个百分点。服务业较快增长，全国服务业生产指数同比增长 8.2%，增速比上年同期提高 0.1 个百分点。第二产业中重工业用电量增速提高，受实体经济运行转好影响，全社会用电量同比增长 6.3%，增速比上年同期提高 4.3 个百分点。第一产业、第二产业、第三产业用电量分别同比增长 12.0%、6.7%、7.3%，其中第二产业中重工业用电量增长 7.7%，轻工业用电量增长 2.9%。中西部地区用电量增长较快，全社会用电量增速高于全国平均水平的省份共 13 个，其中 9 个位于中西部地区，全国仅上海为负增长（–1.7%）。用电量特别是工业用电量增幅的扩大表明经济回暖，工业活动加剧，污染物产生量增大。

从重点排污行业产品产量来看，全国工业产品产量同比大幅上涨，生铁、粗钢、平板玻璃、有色金属、焦炭等产量及原油加工量分别增长 5.6%、5.8%、5.7%、11.7%、4.6%、4.3%，增速比上年同期提高了 12.6 个百分点、11.5 个百分点、7.6 个百分点、16.0 个百分点、15.0 个百分点、–0.3 个百分点，水泥产量受错峰生产影响下降 0.4%。全国火电发电量继续延续 2016 年第四季度的增长势头，1—2 月同比增长 7%，增速比上年同期提高 11.3 个百分点。重点排污行业产品产量同比上升幅度明显，不利于空气质量改善（表 1-3）。

表 1-3　2017 年 1—2 月主要工业产品产量同比变化　　单位：%

省份	生铁	粗钢	水泥	平板玻璃	有色金属	焦炭	原油加工量	火力发电量
北京	—	—	–33.0	–3.6	—	—	–0.5	–5.5
天津	34.8	22.5	–23.7	–18.9	6.4	–1.7	2.5	16.8
河北	8.4	2.9	–17.4	–1.1	–28.8	–3.0	7.4	4.3
山西	15.0	13.5	–20.4	14.2	24.3	10.7	—	9.3
辽宁	–1.8	1.7	–61.9	107.7	–4.0	1.7	6.1	–2.5
黑龙江	38.7	44.1	–11.3	1.3	—	35.4	–0.7	0.6
安徽	20.3	22.5	4.5	12.8	74.5	10.3	8.5	–0.4
江西	—	13.6	3.4	–100.0	4.6	4.6	–11.5	24.3
山东	0.9	6.5	5.3	0.6	67.8	6.2	11.1	9.4
河南	–2.1	9.0	3.5	107.7	7.7	–2.9	1.3	–5.6

省份	生铁	粗钢	水泥	平板玻璃	有色金属	焦炭	原油加工量	火力发电量
广东	36.8	28.3	2.3	19.8	26.4	43.5	12.1	22.5
广西	−1.0	−0.3	2.3	−43.0	25.6	7.9	20.5	36.4
四川	6.1	5.3	−4.6	−3.4	17.5	5.8	−0.1	−0.8
甘肃	−17.5	−24.6	−4.2	−8.7	10.4	3.4	−6.0	4.1
青海	−11.0	−10.8	19.2	−9.7	5.3	78.8	−9.9	97.1
本年同比	5.6	5.8	−0.4	5.7	11.7	4.6	4.3	7.0

从能源消费情况来看，受工业生产增长、水电下降及上年基数较低等因素影响，煤炭需求小幅增长。煤炭消费量开始上升，导致大气污染物排放量有所增长。

（2）第一季度空气质量专项督察有效减缓空气质量恶化趋势。为落实京津冀及周边地区大气污染防治协作小组第八次会议要求，推动地方党委和政府落实大气污染防治责任，2017 年 2 月 15 日至 3 月 17 日，环境保护部对北京，天津，河北省石家庄、廊坊、保定、唐山、邯郸、邢台、沧州、衡水，山西省太原、临汾，山东省济南、德州，河南省郑州、鹤壁、焦作、安阳等 18 个重点城市组织开展 2017 年第一季度空气质量专项督察，督促并整改重污染天气应急预案不实、不严、不落地，部分大气污染治理措施任务没有落实，企业环境违法违规，部分企业监测数据不真实甚至造假等问题，有效遏制了第一季度空气质量的恶化趋势。2017 年 3 月 15—17 日，18 个城市 $PM_{2.5}$ 平均质量浓度同比下降 1.4%，而第一季度非督察时段同比上升 25.5%，中央环保专项督察成效显著。

（3）燃煤是京津冀区域大多数城市的首要污染源。利用气溶胶单颗粒飞行时间质谱分析方法，对张家口、北京、廊坊、沧州、天津、邢台、郑州、保定与石家庄等 9 个城市的颗粒物来源进行了快速实时解析，结果表明：9 个城市首要污染源均是燃煤源，其中张家口、北京、廊坊、沧州、天津、邢台、郑州 7 个城市主要污染源为燃煤源和机动车尾气源，保定与石家庄两个城市主要污染源为燃煤与工业工艺源。燃煤（工业燃煤及民用散煤）、机动车排放对上述城市的 $PM_{2.5}$ 贡献率分别占 28.9%～41.7%、15.8%～25.3%。

与 2016 年第四季度相比，2017 年第一季度重污染过程中 $PM_{2.5}$ 浓度及组分峰值浓度较低，持续时间短，但硝酸盐占比略高于上年第四季度。11 次重污染过程总体源解析结果表明，燃煤源仍然是各个城市首要污染源。

（4）气象条件同比显著转差是导致空气污染反弹的重要原因。气象监测数据显示，第一季度我国北方地区冷空气不活跃、强度弱、风速小，温度明显偏高，容易形成大范围静稳、高湿及逆温等不利气象条件。以京津冀区域为例，2017 年第一季度，京津冀区域小风（风速小于 2m/s）频率同比上升 9.9 个百分点，大风（风速大于 4m/s）频率同比下降 3.1 个百分点，高湿（相对湿度超过 60%）频率同比上升 11.8 个百分点，平均气温同比上升 1.3℃，持续不利的气象条件导致京津冀区域 $PM_{2.5}$ 浓度大幅抬升。

使用 WRF-CMAQ 空气质量模型分析，并与 Plam 模型测算结果进行交叉验证。两种分析手段均表明，与上年同期相比，第一季度京津冀区域、珠三角区域、东北地区（辽宁、吉林）、西北地区（陕西、甘肃、青海、宁夏及新疆）、两湖平原地区（湖北、湖南）、河南、山西、四川及内蒙古等污染较重的地区和省份气象条件均显著转差，长三角区域及鲁南部分地区气象条件有所转好。具体而言，京津冀区域同比显著转差，转差约 20%，其中北京转差约 40%；珠三角区域气象条件同比转差，比上年同期转差约 10%；长三角区域气象条件总体有利，同比好转约 10%以上，其中苏北地区好转最为显著。全国气象条件总体变差、不利于大气污染扩散，是第一季度空气污染反弹的重要原因。

对京津冀区域而言，1 月气象条件同比转差约 30%，其中北京同比转差约 70%；2 月总体转差约 30%，其中北京同比转差约 40%；3 月气象条件总体持平。整个第一季度，京津冀区域同比显著转差，北京最为突出。

1.2.1.3 主要结论

（1）全国空气质量改善进度放缓，部分地区大气污染显著反弹；

（2）全国重污染天数同比略有上升，北方地区重污染天发生频率显著增加；

（3）空气质量改善进度显著低于年度目标，部分省份完成年度考核目标难度大；

（4）部分省份 $PM_{2.5}$ 质量浓度和 PM_{10} 质量浓度大幅反弹，“大气十条”考核目标实现难度增大；

（5）京津冀及周边空气质量明显恶化，“2+26”城市实现目标压力大；

（6）工业产品产量和能源消费量持续增加是空气质量改善趋势放缓的主要内因；

（7）气象条件显著转差是导致污染反弹的关键因素，其中京津冀区域同比转差约 20%，北京转差约 40%；珠三角区域转差约 10%；长三角区域转好约 10%。

1.2.2 第二季度空气质量形势分析

1.2.2.1 空气质量状况

基于国控站点空气质量监测数据，对 2017 年第二季度全国及重点区域大气环境质量状况进行分析。

（1）全国空气质量略有恶化，NO_2、O_3 的浓度显著上升。2017 年第二季度全国 338 个地级及以上监测城市空气质量优良天数比例为 76.9%，同比下降 6.0 个百分点。$PM_{2.5}$、SO_2 平均质量浓度同比下降，CO 的平均质量浓度同比持平，PM_{10}、NO_2 和 O_3 的平均质量浓度均同比上升。其中，$PM_{2.5}$ 平均质量浓度为 36.7 μg/m^3，同比下降 2.7%；SO_2 平均质量浓度为 16.7 μg/m^3，同比下降 12.2%；CO 日均值第 95 百分位数质量浓度平均值为 1.2 mg/m^3；PM_{10} 平均质量浓度为 74.3 μg/m^3，同比上升 3.4%；NO_2 平均质量浓度为 25.6 μg/m^3，同比上升 5.4%；O_3 日最大 8 小时第 90 百分位数质量浓度平均值为 146 μg/m^3，同比上升 14.1%（图 1-2）。

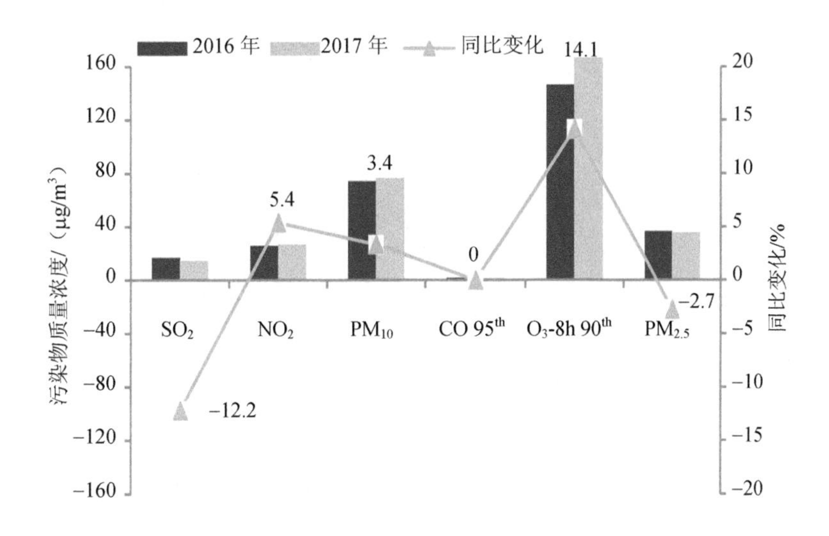

图 1-2　2017 年第二季度全国 6 项污染物浓度及同比变化

注：CO 日均值第 95 百分位数质量浓度单位为“mg/m^3”。

（2）重点区域空气质量总体下降，京津冀区域、长三角区域及珠三角区域均明显恶化。京津冀区域、长三角区域和珠三角区域 2017 年第二季度优良天数的比例分别为 47.8%、64.1%和 86.8%；成渝城市群、东北城市群的优良天数比例均超过 80%。与 2016 年同期相比，京津冀区域、长三角区域、珠三角区域优良天数比例分别下降 7.1 个百分点、14.4 个百分点、6.2 个百分点，成渝城市群、东北城市群的优良天数比例有所上升。

$PM_{2.5}$ 浓度同比上升幅度较大的地区为珠三角区域和京津冀区域，同比分别上升 8.5%、2.0%；PM_{10} 浓度上升较大的地区为京津冀区域、珠三角区域、东北城市群，同比升幅均超过 10%；NO_2、O_3 浓度在京津冀区域、长三角区域、珠三角区域和东北城市群、成渝城市群均同比上升，其中珠三角区域和成渝城市群的 NO_2 浓度同比升幅超过 10%，珠三角区域、京津冀区域、长三角区域的 O_3 浓度同比升幅超过 10%（图 1-3，表 1-4）。

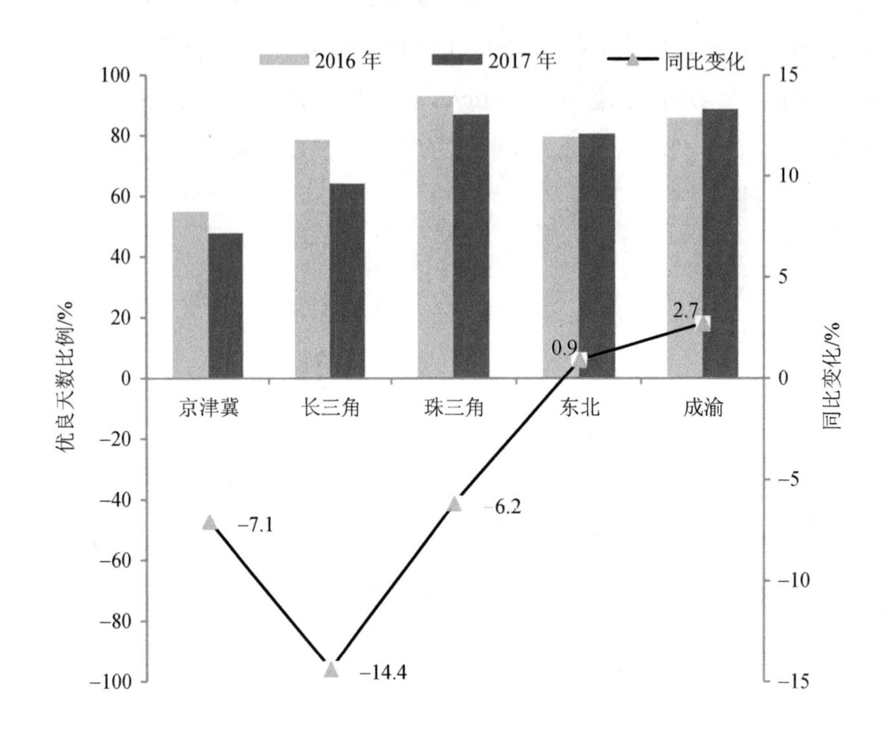

图 1-3　2017 年第二季度优良天数比例及同比变化

表 1-4　2017 年第二季度重点区域 6 项污染物同比变化　单位：%

区域	优良天数比例	同比变化					
		SO_2	NO_2	PM_{10}	CO 95th	O_3-8h 90th	$PM_{2.5}$
京津冀	47.8	−6.9	1.1	18.9	0.1	13.9	2.0
长三角	64.1	−12.5	3.3	3.3	−8.3	13.7	−2.4
珠三角	86.8	−5.6	12.5	12.6	−2.5	24.7	8.5
东北	80.4	−11.4	1.3	11.7	−13.7	6.3	1.1
成渝	88.6	−7.2	12.1	−4.5	−8.9	6.8	−9.9

（3）重污染天数同比上升，京津冀区域上升最为显著。2017 年第二季度全国共发生重污染 472 天（次），重污染天数比例为 1.5%，同比上升 0.8 个百分点，其中 5 月、6 月同比分别上升了 1.8 个百分点、0.7 个百分点，对应增加重污染 187 天（次）、76 天（次）。

京津冀区域的第二季度重污染天数比例为 4.9%，同比上升了 4.0 个百分点，其重污染天数比例及升幅均远高于其他地区（图 1-4、图 1-5）。

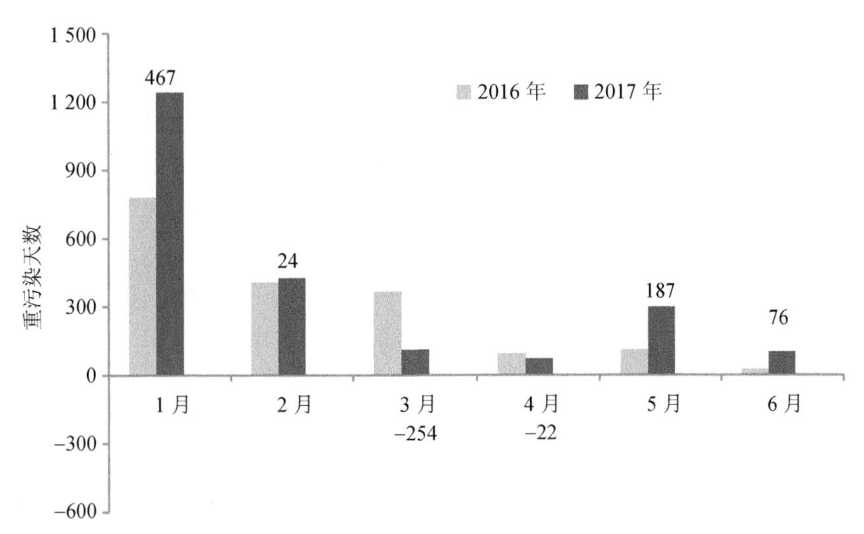

图 1-4　全国重污染天数的月度分布特征

注：图中标注数据为重污染天数同比变化量。

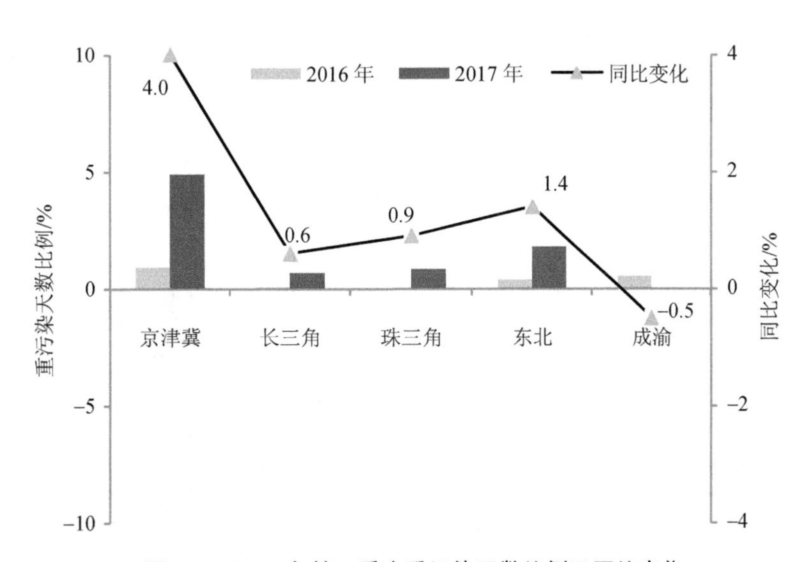

图 1-5　2017 年第二季度重污染天数比例及同比变化

66.5%的重污染天以 PM_{10} 为首要污染物，集中发生在新疆、甘肃、宁夏、内蒙古等西北部省份，大部分因沙尘天气导致；28.6%的重污染天以 O_3 为首要污染物，集中发生在河北、山东、河南、辽宁和山西等省份（表 1-5）。

表 1-5 2017 年第二季度 31 省份重污染天数比例及同比变化

省份	2017 年第二季度重污染天数		2016 年第二季度重污染天数		同比变化/%
	天数	比例/%	天数	比例/%	
北京	3	3.3	3	3.3	0.0
天津	2	2.2	1	1.1	1.1
河北	53	5.3	7	0.7	4.6
山西	29	2.9	2	0.2	2.7
内蒙古	31	2.8	12	1.1	1.7
辽宁	29	2.3	9	0.7	1.6
吉林	15	1.8	3	0.4	1.5
黑龙江	15	1.3	1	0.1	1.2
上海	0	0.0	0	0.0	0.0
江苏	11	0.9	2	0.2	0.8
浙江	5	0.5	0	0.0	0.5
安徽	15	1.0	2	0.1	0.9
福建	0	0.0	0	0.0	0.0
江西	0	0.0	0	0.0	0.0
山东	54	3.5	33	2.1	1.4
河南	48	3.1	9	0.6	2.5
湖北	5	0.4	0	0.0	0.4
湖南	0	0.0	0	0.0	0.0
广东	8	0.4	0	0.0	0.4
广西	0	0.0	0	0.0	0.0
海南	0	0.0	0	0.0	0.0
重庆	0	0.0	4	4.4	−4.4
四川	0	0.0	7	0.4	−0.4
贵州	0	0.0	4	0.5	−0.5
云南	0	0.0	0	0.0	0.0
西藏	0	0.0	2	0.3	−0.3
陕西	18	2.0	1	0.1	1.9
甘肃	39	3.1	10	0.8	2.3
青海	5	0.7	2	0.3	0.4
宁夏	20	4.4	5	1.1	3.3
新疆	67	4.6	123	8.4	−3.8

注：表中重污染天数比例计算时已扣除无数据天数。

（4）2017 年上半年部分省份 $PM_{2.5}$、PM_{10} 浓度反弹，“大气十条”考核目标实现难度大。扣除沙尘天气影响后，考核 $PM_{2.5}$ 的 11 个省份中，2017 年上半年与 2013 年同期相比，11 个省份的 $PM_{2.5}$ 质量浓度均明显下降，除北京、山西外的 9 个省份均已达到“大气十条”2017 年的目标。北京 2017 年上半年 $PM_{2.5}$ 质量浓度虽然比 2013 年同期下降了 36.9%，但距 60 μg/m^3 的考核目标质量浓度仍有一定差距；山西 $PM_{2.5}$ 质量浓度同比下降 12.8%，与 20%的降幅目标差距甚远（表 1-6）。

表 1-6　2017 年上半年考核 $PM_{2.5}$ 的 11 个省份情况

省份	$PM_{2.5}$ 质量浓度/（μg/m^3）				变化幅度/%		
	2013 年上半年	2016 年上半年	2017 年上半年	2017 年目标质量浓度	比 2013 年	比 2016 年	2017 年降幅目标
北京	103	64	65	60	−36.9	1.6	−33
天津	102	62	71	72	−30.4	14.5	−25
河北	117	63	73	81	−37.6	15.9	−25
山西	78	57	68	62	−12.8	19.3	−20
山东	105	72	65	78	−38.1	−9.7	−20
内蒙古	59①	37（35，39）②	37（39，44）②	51	−25.4①	0.0（11.4）③	−10
上海	66	54	42	50	−36.4	−22.2	−20
江苏	74	59	54	58	−27.0	−8.5	−20
浙江	62	46	41	49	−33.9	−10.9	−20
广东	44	30	35	40	−20.5	16.7	−15
重庆	77	56	50	60	−35.1	−10.7	−15

注：①仅包括呼和浩特市 $PM_{2.5}$ 平均质量浓度，在与 2013 年相比时仅使用了呼和浩特市 1 个城市数据。

②括号外数据为内蒙古 9 个地级市 $PM_{2.5}$ 平均质量浓度，括号内数据依次为 4 个考核城市的 $PM_{2.5}$ 平均质量浓度和呼和浩特市 1 个城市的 $PM_{2.5}$ 平均质量浓度。

③括号外数据为内蒙古 9 个地级市 $PM_{2.5}$ 平均质量浓度同比变化，括号内为 4 个考核城市的 $PM_{2.5}$ 同比变化。

扣除沙尘天气影响后，2017 年上半年考核 PM_{10} 的 21 个省份与 2013 年同期相比，16 个省份 PM_{10} 质量浓度下降、4 个省份上升，广西持平。青海、贵州、福建、甘肃、湖南、云南、四川、西藏、黑龙江 9 个省份 PM_{10} 质量浓度降幅超过考核目标，其他 12 个省份离考核目标仍有差距，其中新疆、湖北、宁夏、陕西、吉林、辽宁、广东 7 个省份降幅未达标，安徽、江西、河南、海南和广西 5 个省份的 PM_{10} 质量浓度不降反升（表 1-7）。

表 1-7 2017 年上半年考核 PM_{10} 的 21 个省份情况

省份[①]	PM_{10} 质量浓度/（μg/m³）			变化幅度/%		
	2013 年上半年	2016 年上半年	2017 年上半年	比 2013 年上半年	比 2016 年上半年	2017 年降幅目标
青海	175	103	88	−49.7	−14.6	−15.0
贵州	86	58	55	−36.0	−5.2	−5.0
福建	68	50	48	−29.4	−4.0	−5.0
甘肃	108	86	80	−25.9	−7.0	−12.0
湖南	98	78	76	−22.4	−2.6	−10.0
云南	59	50	50	−15.3	0.0	持续改善
新疆	115	102	99	−13.9	−2.9	−15.0
四川	99	82	86	−13.1	4.9	−10.0
湖北	102	98	90	−11.8	−8.2	−12.0
宁夏	102	97	92	−9.8	−5.2	−10.0
西藏[②]	69	45（69）	44（63）	−8.7	−2.2	持续改善
黑龙江	70	57	65	−7.1	14.0	−5.0
陕西	109	107	102	−6.4	−4.7	−15.0
吉林	79	76	74	−6.3	−2.6	−10.0
辽宁	91	81	86	−5.5	6.2	−10.0
广东	53	46	52	−1.9	13.0	−10.0
广西	61	56	61	0.0	8.9	−5.0
海南	32	34	33	3.1	−2.9	持续改善
河南	124	139	130	4.8	−6.5	−15.0
江西	73	72	77	5.5	6.9	−5.0
安徽	87	82	95	9.2	15.9	−10.0

注：①各省份在统计 PM_{10} 浓度时未包括地区、自治州和盟。

②西藏 2013 年仅拉萨 1 个地级市开展 PM_{10} 监测，2015 年开始拉萨、日喀则、昌都、林芝、山南 5 个地级市开展 PM_{10} 监测，其中括号内数据为拉萨 PM_{10} 平均质量浓度。

（5）第二季度京津冀及周边地区空气质量恶化趋势有所缓解，但上半年 $PM_{2.5}$ 平均质量浓度同比仍明显上升，“2+26”城市实现目标压力依然大。2017 年上半年京津冀区域大气污染传输通道的“2+26”城市 $PM_{2.5}$ 平均质量浓度为 79 μg/m³，同比上升 5.3%。

其中，第一季度同比上升幅度高达 12.0%，第二季度同比持平，空气质量恶化趋势明显放缓。要实现《京津冀及周边地区 2017 年大气污染防治工作方案》制定的 $PM_{2.5}$ 年均质量浓度目标，除济宁、新乡、长治外的 25 个城市在下半年需大幅降低 $PM_{2.5}$ 浓度，其中北京等 15 个城市需同比降低约 30%，石家庄等 5 个城市甚至需要同比降低 50%，难度极大（表 1-8）。

表 1-8 “2+26”城市 $PM_{2.5}$ 控制目标压力分析

省份	“2+26”城市	$PM_{2.5}$ 质量浓度/（μg/m³）		同比变化/%			2017 下半年目标	
		2017 上半年	目标质量浓度	2017 上半年	1 季度	2 季度	目标质量浓度/（μg/m³）	同比变化/%
北京	北京	68	60	6.3	21.7	−13.3	52	−36.0
天津	天津	72	60	14.3	27.5	1.8	48	−36.1
河北	石家庄	100	79	31.6	43.3	13.0	58	−52.6
	唐山	76	65	11.8	28.4	−4.9	54	−32.7
	廊坊	72	62	24.1	31.0	10.9	52	−28.7
	保定	101	77	21.7	34.6	−1.6	53	−47.7
	沧州	74	62	23.3	32.9	7.8	50	−35.1
	衡水	86	75	1.2	4.7	−4.8	64	−28.8
	邢台	90	75	13.9	23.0	−1.8	60	−36.6
	邯郸	90	72	25.0	25.3	24.6	54	−40.3
山西	太原	70	60	34.6	66.1	0.0	50	−38.1
	阳泉	69	54	16.9	25.7	4.2	39	−41.2
	长治	67	62	−10.7	−9.2	−9.8	57	−10.6
	晋城	68	54	−4.2	0.0	−11.3	40	−24.2
山东	济南	75	67	−7.4	−2.1	−12.3	59	−16.7
	淄博	74	68	−6.3	3.4	−17.6	62	−14.2
	济宁	63	63	−19.2	−27.6	−3.9	63	2.5
	德州	81	72	−5.8	−4.5	−6.5	63	−20.8
	聊城	85	75	−5.6	−7.1	−2.9	65	−20.0
	滨州	80	65	9.6	14.5	3.2	50	−34.2
	菏泽	79	71	−9.2	−13.2	−1.7	63	−16.8
河南	郑州	86	69	6.2	6.5	5.6	52	−31.5
	开封	78	65	4.0	8.3	0.0	52	−24.4
	安阳	99	75	28.6	35.6	13.0	51	−46.0

省份	"2+26"城市	$PM_{2.5}$质量浓度/（μg/m³）		同比变化/%			2017下半年目标	
		2017上半年	目标质量浓度	2017上半年	1季度	2季度	目标质量浓度/（μg/m³）	同比变化/%
河南	鹤壁	75	63	5.6	13.3	−9.6	51	−30.2
	新乡	76	74	−16.5	−19.2	−8.9	72	−7.4
	焦作	89	75	4.7	14.2	−9.4	61	−26.6
	濮阳	81	61	17.4	19.1	13.6	41	−38.8

（6）O_3和NO_2污染呈现持续加重趋势。2017年第二季度全国O_3日最大8小时第90百分位数质量浓度平均值为166.7 μg/m³，同比上升14.1%，远高于第一季度同比升幅（4.9%）；其中5月同比上升17%，远高于其他月份。全国除吉林市、上海市外，29个省份O_3日最大8小时第90百分位数质量浓度平均值均同比上升，其中安徽、山西同比上升幅度超过30%。5月、6月的O_3日最大8小时第90百分位数质量浓度超标率均高于20%，O_3已代替$PM_{2.5}$成为对空气质量影响最大的污染物。

2017年上半年，全国31个省份中，23个省份NO_2浓度同比上升，其中山西上升幅度超过20%，湖北、宁夏和陕西等省份同比上升幅度超过15%；海南、西藏等7个省份浓度同比下降，其中海南同比下降21.3%。

1.2.2.2 主要成因分析

结合空气质量观测数据和模型模拟结果，从经济形势、污染治理以及气象条件等方面对影响2017年上半年环境空气质量变化的主要因素进行了分析。总体来看，第二季度延续了第一季度经济回暖态势，工业产品产量和能源消费量继续增长，给空气质量改善增加了负担；京津冀区域强化大气污染防治督查工作成效显著，有效减缓了区域空气质量恶化趋势；气象条件是影响空气质量的重要外因，上半年京津冀区域、珠三角区域、成渝城市群及东北城市群气象条件较上年同期不利，长三角区域基本保持稳定。

（1）产业结构继续优化，主要工业产品产量大幅增长导致污染物排放量上涨。2017年上半年全国经济继续保持平稳增长态势。2017年上半年规模以上工业增加值同比增长6.9%，第二季度同比也增长6.9%，较第一季度高出0.1个百分点，延续2016年以来稳中向好的态势。全社会能源消费总量持续增加。上半年全国能源消费总量约为21.1亿t标煤，同比增长约2.7%，增速比上年同期提高约1.6个百分点，其中，煤炭消费量约为18.3亿t，同比增长约1.9%。2017年1—5月全社会用电量同比增长6.4%，增速比上年同期提高3.6个百分点。

主要排污行业产品产量大幅上涨。2017年1—5月全国生铁、粗钢、水泥、平板玻璃、有色金属的产量分别增长 3.4%、4.6%、0.4%、5.8%和 7.2%（表 1-9）。工业产品产量的增加带动交通运输量的显著增长，上半年全国公路货运量同比增长 9.9%，公路货运周转量增长 9.4%，尤其是京津冀及周边地区增幅显著。全国火电发电量上半年同比增长 7.3%，增速比上年同期提高 9.6 个百分点。除长三角区域外，其他重点区域上半年主要排污行业产品产量明显升高，这也是造成污染物浓度升高的重要原因。

表 1-9 2017 年 1—5 月主要排污行业产品产量同比变化 单位：%

区域	省份	同比变化				
		生铁	粗钢	水泥	平板玻璃	有色金属
京津冀及周边	北京	—	—	−32.6	−10.4	—
	天津	36.3	18.1	−15.0	4.1	35.1
	河北	3.5	−0.2	−14.3	2.7	−33.8
	山西	7.6	6.8	−2.3	0.5	18.6
	山东	4.3	8.5	1.4	12.8	16.5
	河南	−9.2	3.3	0.0	119.7	1.4
	内蒙古	11.4	6.7	−14.7	−1.8	2.6
东北	辽宁	−0.5	5.6	−25.4	83.0	14.4
	吉林	4.5	4.3	−4.3	29.5	—
	黑龙江	24.8	37.0	−6.2	1.3	—
长三角	上海	−14.0	−10.2	−2.4	−100.0	−17.7
	江苏	3.2	0.5	5.4	−4.7	9.7
	浙江	−1.5	−12.8	1.1	−6.9	0.0
珠三角	广东	33.4	46.3	8.7	22.3	14.0
成渝	重庆	3.7	−23.2	−2.5	0.0	0.5
	四川	11.2	17.8	0.2	0.0	7.4
全国		3.4	4.6	0.4	5.8	7.2

注：“—”表示缺少数据。

（2）第二季度气象条件基本稳定，上半年同比明显偏差。使用 WRF-CMAQ 空气质量模型，并与 Plam 模型测算结果进行比对，分析了气象因素对大气污染的影响。分析结果表明，与上年第二季度同期相比，京津冀区域中南部、长三角区域、珠三角区域、成渝地区（四川、重庆）、两湖平原地区（湖北、湖南）、河南及山西等地区 $PM_{2.5}$ 污染扩散条件均在不同程度地转差。具体而言，京津冀区域同比转差约 2%，其中北京同比转差约 3%；长三角区域转差约 10%；珠三角区域同比转差约 25%。总体来看，全国 $PM_{2.5}$

污染的气象条件同比略有转差，但全国 $PM_{2.5}$ 质量浓度同比持平，说明各项污染减排措施有效抑制了不利气象和经济复苏对空气质量的影响（图 1-6）。

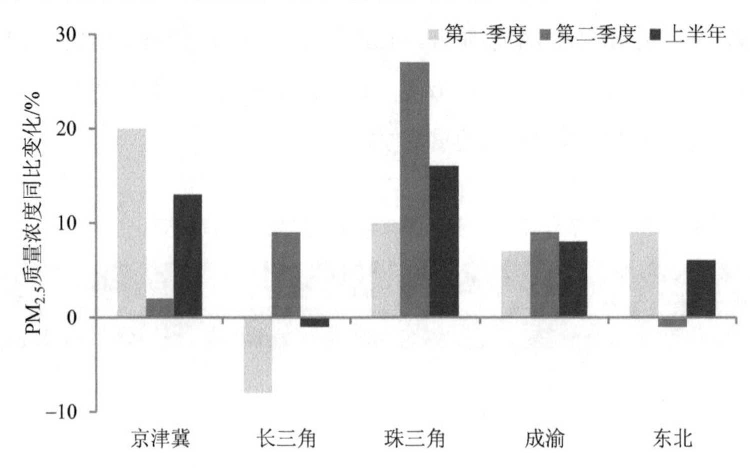

图 1-6 单纯气象因素导致各区域 $PM_{2.5}$ 质量浓度同比变化

此外，2017 年第二季度我国华北地区、东北地区及长三角地区气温较上年同期均有所升高，进一步加重了臭氧污染。特别是 5 月我国华东地区气温普遍同比升高，是导致 5 月臭氧污染显著高于上年同期的重要外部因素。

1.2.2.3 主要结论

（1）全国空气质量同比略有恶化，NO_2、O_3 浓度显著上升；

（2）重点区域空气质量总体下降，京津冀区域、长三角区域及珠三角区域均明显恶化；

（3）重污染天数同比大幅上升，京津冀区域上升最为显著；

（4）部分省份 $PM_{2.5}$、PM_{10} 浓度反弹，“大气十条”考核目标实现难度大；

（5）第二季度京津冀及周边地区空气质量恶化趋势放缓，但 2017 年上半年 $PM_{2.5}$ 同比仍明显上升，“2+26”城市实现目标压力大；

（6）工业产品产量和能源消费量明显增加，导致空气质量改善趋势放缓；

（7）污染扩散条件有所转差、气温同比升高是导致空气质量恶化的重要外因。

1.2.3 第三季度空气质量形势分析

1.2.3.1 空气质量状况

基于国控站点空气质量监测数据，对 2017 年第三季度全国及重点区域大气环境质量状况进行了分析。

（1）全国 $PM_{2.5}$ 浓度显著降低，但优良天数比例同比下降。2017 年第三季度全国 338 个地级及以上监测城市空气质量优良天数比例为 86.1%，同比下降 1.4 个百分点。SO_2、$PM_{2.5}$ 平均质量浓度同比显著下降，PM_{10}、CO 平均质量浓度同比有所下降，NO_2 平均质量浓度同比基本持平，O_3 平均质量浓度同比持续上升。其中，SO_2 平均质量浓度为 12 μg/m^3，同比下降 16.8%；$PM_{2.5}$ 平均质量浓度为 27 μg/m^3，同比下降 12.6%；PM_{10} 平均质量浓度为 54 μg/m^3，同比下降 3.9%；CO 日均值第 95 百分位数质量浓度平均值为 1.1 mg/m^3，同比下降 8.3%；NO_2 平均质量浓度为 23 μg/m^3，同比持平；O_3 日最大 8 小时第 90 百分位数质量浓度平均值为 154 μg/m^3，同比上升 3.6%（图 1-7，表 1-10）。

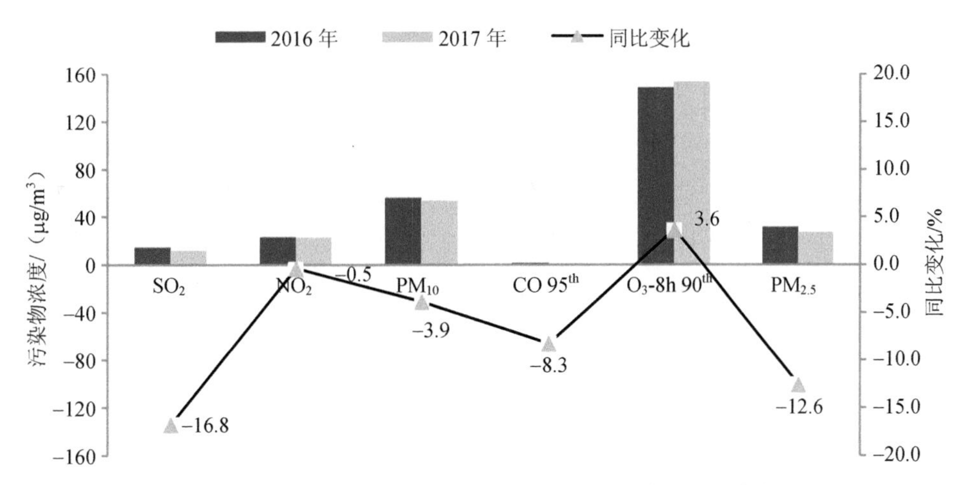

图 1-7　2017 年第三季度全国 6 项污染物浓度及同比变化

注：CO 日均值第 95 百分位数质量浓度单位为“mg/m^3”。

表 1-10　2017 年第三季度重点区域 6 项污染物同比变化　单位：%

区域	优良天数比例	同比变化					
		SO_2	NO_2	PM_{10}	CO 95th	O_3-8h 90th	$PM_{2.5}$
京津冀	56.4	−8.1	−1.4	6.0	−5.5	13.5	−4.0
长三角	81.7	−21.8	10.1	−2.6	0.8	−2.9	−3.6
珠三角	82.3	−11.8	4.7	−11.9	−3.5	1.4	−16.0
东北	91.7	−9.5	−5.8	−7.3	−15.7	5.9	−14.5
成渝	89.4	−29.2	−3.8	−20.6	−15.8	9.0	−27.3

（2）重点区域优良天数有所下降，主要原因是 O_3 浓度同比上升。2017 年第三季度京津冀区域、长三角区域和珠三角区域优良天数比例分别为 56.4%、81.7%和 82.3%，成渝城市群、东北城市群优良天数比例分别为 89.4%、91.7%。与 2016 年同期相比，京津冀区域、东北城市群、成渝城市群空气质量优良天数比例均有不同程度的降低，优良天数比例分别下降了 11.2 个百分点、2.1 个百分点、1.2 个百分点，但长三角区域、珠三角区域的优良天数比例有所上升。

2017 年第三季度重点区域 $PM_{2.5}$ 质量浓度同比均有不同程度的下降，其中成渝城市群、珠三角区域、东北城市群 $PM_{2.5}$ 质量浓度同比下降幅度均超过 10%（图 1-8）；珠三角区域和成渝城市群 PM_{10} 质量浓度同比降幅超过 10%；除长三角区域外，其他区域 O_3 质量浓度均同比上升，其中京津冀区域 O_3 质量浓度同比升幅超过 10%；长三角区域 NO_2 质量浓度同比上升明显。

（3）部分省份 $PM_{2.5}$、PM_{10} 质量浓度反弹，距“大气十条”考核目标仍有差距。扣除沙尘天气影响后，考核 $PM_{2.5}$ 的 11 个省份 2017 年 1—9 月 $PM_{2.5}$ 质量浓度，与 2013 年同期相比均明显下降，除北京、山西外的 9 个省份均已达到“大气十条”2017 年考核目标。山西 2017 年 1—9 月 $PM_{2.5}$ 质量浓度与 2013 年同期相比下降 16.7%，但与 2016 年同比反弹 20.0%；北京要实现 $PM_{2.5}$ 年均质量浓度 60 μg/m^3 的目标，2017 年最后 3 个月的 $PM_{2.5}$ 平均质量浓度不能超过 60 μg/m^3，难度极大（表 1-11）。

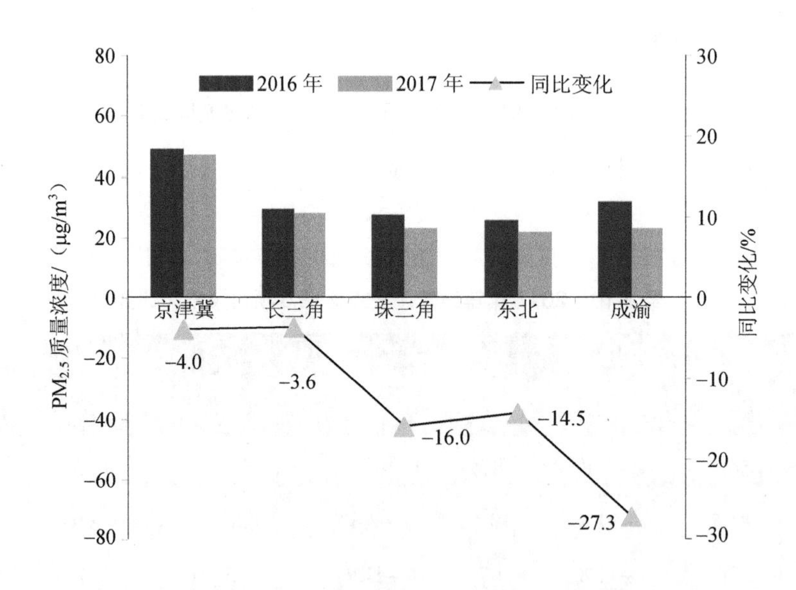

图 1-8　2017 年第三季度 $PM_{2.5}$ 质量浓度及同比变化

表 1-11　2017 年 1—9 月考核 $PM_{2.5}$ 的 11 个省份情况

省份	$PM_{2.5}$ 质量浓度/（μg/m³）				变化幅度/%		
	2013 年 1—9 月	2016 年 1—9 月	2017 年 1—9 月	2017 年目标质量浓度	比 2013 年	比 2016 年	2017 年降幅目标
北京	92	62	60	60	−34.8	−3.2	−33
天津	94	58	63	72	−33.0	8.6	−25
河北	103	58	64	81	−37.9	10.3	−25
山西	72	50	60	62	−16.7	20.0	−20
山东	93	63	55	78	−40.9	−12.7	−20
内蒙古	52①	34（31，33）②	33（35，39）②	51	−25.0①	−2.9（12.9）③	−10
上海	55	46	38	50	−30.9	−17.4	−20
江苏	63	50	46	58	−27.0	−8.0	−20
浙江	52	39	36	49	−30.8	−7.7	−20
广东	39	29	31	40	−20.5	6.9	−15
重庆	67	53	41	60	−38.8	−22.6	−15

注：①仅包括呼和浩特 $PM_{2.5}$ 平均质量浓度，在与 2013 年相比时仅使用了呼和浩特 1 个城市数据。
②括号外数据为内蒙古 9 个地级市 $PM_{2.5}$ 的平均质量浓度，括号内数据依次为 4 个考核城市的 $PM_{2.5}$ 平均质量浓度和呼和浩特 1 个城市的 $PM_{2.5}$ 平均质量浓度。
③括号外数据为内蒙古 9 个地级市 $PM_{2.5}$ 平均质量浓度同比变化，括号内为 4 个考核城市 $PM_{2.5}$ 的同比变化。

扣除沙尘天气影响后，考核 PM_{10} 的 21 个省份 2017 年 1—9 月与 2013 年同期相比，16 个省份 PM_{10} 质量浓度下降，3 个持平，2 个上升。青海、贵州、福建、湖南、甘肃、新疆、四川、云南、湖北、吉林、西藏、黑龙江 12 个省份 PM_{10} 质量浓度降幅超过考核目标，其他 9 个省份离考核目标仍有差距，其中辽宁、山西、广西、广东、江西、安徽和河南 7 个省份降幅不足，海南、宁夏 PM_{10} 质量浓度分别上升 3.4%和 2.3%（表 1-12）。

表 1-12　2017 年 1—9 月考核 PM_{10} 的 21 个省份情况

省份①	PM_{10} 质量浓度/（μg/m³）			变化幅度/%		
	2013 年 1—9 月	2016 年 1—9 月	2017 年 1—9 月	比 2013 年	比 2016 年	2017 年降幅目标
青海	157	94	78	−50.3	−17.0	−15.0
贵州	78	56	52	−33.3	−7.1	−5.0
福建	62	47	46	−25.8	−2.1	−5.0

省份[①]	PM_{10}质量浓度/（μg/m^3）			变化幅度/%		
	2013 年 1—9 月	2016 年 1—9 月	2017 年 1—9 月	比 2013 年	比 2016 年	2017 年降幅目标
湖南	87	73	66	−24.1	−9.6	−10.0
甘肃	93	75	73	−21.5	−2.7	−12.0
新疆	106	86	86	−18.9	0.0	−15.0
四川	86	73	71	−17.4	−2.7	−10.0
云南	53	44	45	−15.1	2.3	持续改善
湖北	89	87	77	−13.5	−11.5	−12.0
吉林	72	67	63	−12.5	−6.0	−10.0
西藏[②]	60	41（64）	39（53）	−11.7	−4.9	持续改善
辽宁	82	71	74	−9.8	4.2	−10.0
黑龙江	61	51	56	−8.2	9.8	−5.0
陕西	93	92	89	−4.3	−3.3	−15.0
广西	56	52	54	−3.6	3.8	5.0
广东	49	45	48	−2.0	6.7	−10.0
江西	69	68	69	0.0	1.5	−5.0
安徽	82	72	82	0.0	13.9	−10.0
河南	111	118	111	0.0	−5.9	−15.0
宁夏	87	84	89	2.3	6.0	−10.0
海南	29	32	30	3.4	−6.3	持续改善

注：①各省在统计 PM_{10} 质量浓度时未包括地区、自治州和盟。

②西藏 2013 年仅拉萨 1 个地级市开展 PM_{10} 监测，2015 年开始拉萨、日喀则、昌都、林芝、山南 5 个地级市开展 PM_{10} 监测，其中括号内数据为拉萨 PM_{10} 平均质量浓度。

（4）京津冀及周边地区部分城市 $PM_{2.5}$ 质量浓度仍同比增加，“2+26”城市实现控制目标压力大。2017 年 1—9 月京津冀大气污染传输通道“2+26”城市 $PM_{2.5}$ 平均质量浓度为 68 μg/m^3，同比上升 3.0%，其中，第一季度同比上升幅度高达 12.0%，第二季度同比持平，第三季度同比下降 2.6%。第三季度“2+26”城市中 19 个城市 $PM_{2.5}$ 浓度同比下降，而晋城、邯郸、长治、鹤壁、太原、阳泉、石家庄、安阳和焦作等 9 个城市 $PM_{2.5}$ 浓度不降反升。要实现《京津冀及周边地区 2017 年大气污染防治工作方案》制定的 $PM_{2.5}$ 年均目标，除济宁外的 27 个城市在第四季度 $PM_{2.5}$ 质量浓度需大幅降低，其中晋城、阳泉、石家庄、邯郸、保定、太原和濮阳等 7 个城市同比降幅需达到 50%以上，难度极大（表 1-13）。

表 1-13 “2+26”城市 $PM_{2.5}$ 控制目标压力分析

省份	“2+26”城市	$PM_{2.5}$ 质量浓度/（μg/m³）		同比变化/%				2017 年第四季度目标	
		目标质量浓度	2017 年 1—9 月	2017 年 1—9 月	第一季度	第二季度	第三季度	质量浓度/（μg/m³）	同比变化/%
北京	北京	60	60	−3.2	21.7	−13.3	−13.3	60	−43.2
天津	天津	60	63	8.6	27.5	1.8	−3.5	51	−49.5
河北	石家庄	79	86	22.9	43.3	13	3.9	58	−69.1
	唐山	65	65	4.8	28.4	−4.9	−10.9	65	−40.7
	邯郸	72	82	26.2	25.3	24.6	32.5	42	−67.7
	邢台	75	78	8.3	23	−1.8	−0.5	66	−49.8
	保定	77	85	13.3	34.6	−1.6	−4.8	53	−63.0
	沧州	62	63	12.5	32.9	7.8	−6.1	59	−44.3
	廊坊	62	62	12.7	31	10.9	−4.7	62	−37.2
	衡水	75	75	−3.8	4.7	−4.8	−12.3	75	−35.6
山西	太原	60	63	28.6	66.1	0	18.2	51	−56.8
	阳泉	54	64	14.3	25.7	4.2	8.5	24	−71.0
	长治	62	61	−3.2	−9.2	−9.8	22.1	65	−24.8
	晋城	54	65	16.1	0	−11.3	135.1	21	−73.9
山东	济南	67	64	−9.9	−2.1	−12.3	−21.7	76	−13.3
	淄博	68	63	−11.3	3.4	−17.6	−14.7	83	−10.6
	济宁	63	51	−22.7	−27.6	−3.9	−23.6	63	持续改善
	德州	72	69	−8	−4.5	−6.5	−13.9	81	−21.8
	聊城	75	70	−13.6	−7.1	−2.9	−25.7	90	−11.1
	滨州	65	67	−1.5	14.5	3.2	−22.4	59	−40.0
	菏泽	71	65	−14.5	−13.2	−1.7	−19.9	89	−15.4
河南	郑州	69	70	2.9	6.5	5.6	−8.4	66	−30.0
	开封	65	63	0	8.3	0	−10.4	71	−48.6
	安阳	75	81	20.9	35.6	13	3.2	57	−48.3
	鹤壁	63	64	8.5	13.3	−9.6	19.6	60	−44.2
	新乡	74	65	−13.3	−19.2	−8.9	−6.6	101	−9.8
	焦作	75	78	5.4	14.2	−9.4	2.3	66	−32.0
	濮阳	61	65	12.1	19.1	13.6	−1.1	49	−54.8

（5）O_3污染呈恶化趋势，成渝城市群、京津冀区域及东北城市群O_3为首要污染物的天数同比明显增加。2017年第三季度338个监测城市中有182个城市O_3日最大8小时第90百分位数质量浓度同比上升，338个城市O_3日最大8小时第90百分位数质量浓度超标率为12.6%，远高于$PM_{2.5}$（1.6%）和PM_{10}（1.6%）的日均质量浓度超标率；31个省份中，山西、重庆、天津、上海4个省份O_3日最大8小时第90百分位数质量浓度平均值同比上升幅度较大，均超过15%，其中，山西高达44%。第三季度重点区域O_3污染进一步加重，京津冀区域O_3日最大8小时第90百分位数质量浓度平均值同比上升13.5%，珠三角区域、东北城市群和成渝城市群均有不同程度上升，仅长三角区域同比有所下降；成渝城市群、京津冀区域、东北城市群超标天数中以O_3为首要污染物的天数占污染总天数的比例分别为84.4%、67.9%、77.8%，同比分别增加24.8个百分点、19.1个百分点、16.6个百分点；长三角区域、珠三角区域超标天数中以O_3为首要污染物的天数占总超标天数的比例达到86.1%以上，同比基本持平（图1-9）。

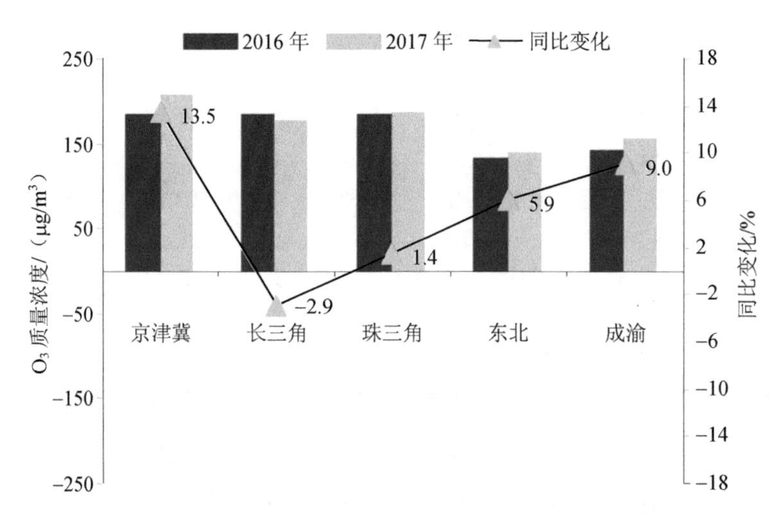

图1-9　2017年第三季度O_3质量浓度及同比变化

1.2.3.2　主要成因分析

结合空气质量监测数据和模型模拟结果，从经济形势、污染治理以及气象条件等方面对影响第三季度环境空气质量变化的主要因素进行分析。总体来看，第三季度延续了前半年经济回暖态势，工业产品产量和能源消费量继续增长，给空气质量改善增加了负担；京津冀区域强化大气污染防治督查工作成效显著，有效减缓了区域空气质量恶化趋势；第三季度气象条件同比总体有利，但京津冀区域$PM_{2.5}$污染扩散条件略有转差。

（1）产业结构继续优化，但主要工业产品产量增长导致污染物排放量加大。2017

年上半年全国经济继续保持平稳增长态势。2017 年 1—8 月规模以上工业增加值同比增长 6.7%，延续 2016 年以来稳中向好的态势。1—9 月，全社会用电量累计 46 888 亿 kW·h，同比增长 6.9%，增长点主要集中在第三产业。

主要排污行业产品产量大幅上涨。2017 年 1—8 月全国生铁、粗钢、水泥、平板玻璃、有色金属产量同比变化幅度分别为 3.6%、5.6%、–0.5%、5.6%、4.9%。1—8 月全国火电发电量同比增长 7.2%。工业产品产量的增加还带动了交通运输量的显著增长，尤其是京津冀及周边地区增幅显著。除长三角区域外，其他重点区域主要排污行业产品产量明显升高，这也是造成污染物浓度升高的重要原因（表 1-14）。

表 1-14　2017 年 1—8 月主要排污行业产品产量同比变化　单位：%

区域	省份	同比变化				
		生铁	粗钢	水泥	平板玻璃	有色金属
京津冀及周边	北京	—	—	–28.8	–9.8	—
	天津	31.2	24.3	–15.3	10.7	34.8
	河北	–0.1	2.2	–10.9	1.9	–35.5
	山西	9.0	9.5	–1.3	0.5	16.4
	山东	2.9	7.3	–0.1	11.4	2.7
	河南	–6.3	2.0	–1.4	103.5	–2.4
	内蒙古	10.3	4.9	–20.3	–1.0	0.1
东北	辽宁	2.1	6.4	–8.9	91.5	–1.0
	吉林	2.3	–1.1	–7.7	83.1	—
	黑龙江	21.9	34.2	–12.8	1.2	–31.3
长三角	上海	–10.9	–7.4	–2.0	—	–25.3
	江苏	1.9	4.9	0.8	–4.7	26.8
	浙江	0.1	–9.6	3.6	–7.5	–6.2
珠三角	广东	29.4	22.9	7.6	4.0	9.4
成渝	重庆	7.2	–4.2	–2.7	1.7	1.3
	四川	7.9	3.4	–3.3	1.3	9.8
全国		3.6	5.6	–0.5	5.6	4.9

（2）全国上半年污染气象条件同比偏差，第三季度污染气象条件同比总体有利。使用 WRF-CMAQ 空气质量模型，并与 Plam 模型测算结果进行比对，分析了气象因素对大气污染的影响。分析结果表明，与上年同期相比，2017 年第三季度京津冀大部分地区、

河南省北部、山西、陕西及长三角中北部沿海地区 $PM_{2.5}$ 污染扩散条件略有转差，全国其他大部分地区 $PM_{2.5}$ 污染扩散条件同比好转。具体而言，京津冀区域同比转差约 4%，其中北京基本稳定；长三角区域同比总体好转约 4%；珠三角区域同比好转约 15%。总体来看，全国 $PM_{2.5}$ 污染的气象条件同比有利。

就京津冀区域而言，2017 年第一季度气象条件同比转差约 20%，第二季度基本持平，第三季度同比转差约 4%；北京第一季度气象条件同比转差约 40%，第二季度与第三季度基本持平。

1.2.3.3 主要结论

（1）全国 $PM_{2.5}$ 质量浓度显著降低，但优良天数比例同比下降；

（2）重点区域优良天数比例下降，O_3 浓度上升是其主要原因；

（3）部分省份 $PM_{2.5}$、PM_{10} 浓度反弹，距“大气十条”考核目标仍有差距；

（4）京津冀及周边地区 9 个城市 $PM_{2.5}$ 浓度仍同比上升，实现“2017 年工作方案”目标压力大；

（5）O_3 污染呈恶化趋势，成渝城市群、京津冀区域及东北城市群 O_3 为首要污染物的天数同比明显增加；

（6）工业产品产量和能源消费量持续增加，给空气质量改善造成较大压力；

（7）全国上半年污染气象条件同比偏差，第三季度污染气象条件同比总体有利。

1.2.4 第四季度空气质量形势分析

1.2.4.1 空气质量状况

基于国控站点空气质量监测数据，对 2017 年第四季度全国及重点区域大气环境质量状况进行了分析。

（1）全国空气质量总体改善，优良天数比率同比上升。2017 年第四季度全国 338 个地级及以上城市空气质量优良天数比率为 77.4%，同比上升 3.9 个百分点。SO_2、PM_{10}、$PM_{2.5}$、CO 平均浓度同比显著下降，NO_2 同比基本持平，O_3 同比上升。其中，SO_2 平均质量浓度为 20 μg/m^3，同比下降 24.9%；PM_{10} 平均质量浓度为 86 μg/m^3，同比下降 9.4%；$PM_{2.5}$ 平均质量浓度为 51 μg/m^3，同比下降 12.0%；CO 日均值第 95 百分位数质量浓度平均值为 1.7 mg/m^3，同比下降 15.6%；NO_2 平均质量浓度为 38 μg/m^3，同比持平；O_3 日最大 8 小时第 90 百分位数质量浓度平均值为 105 μg/m^3，同比上升 12.6%（图 1-10）。

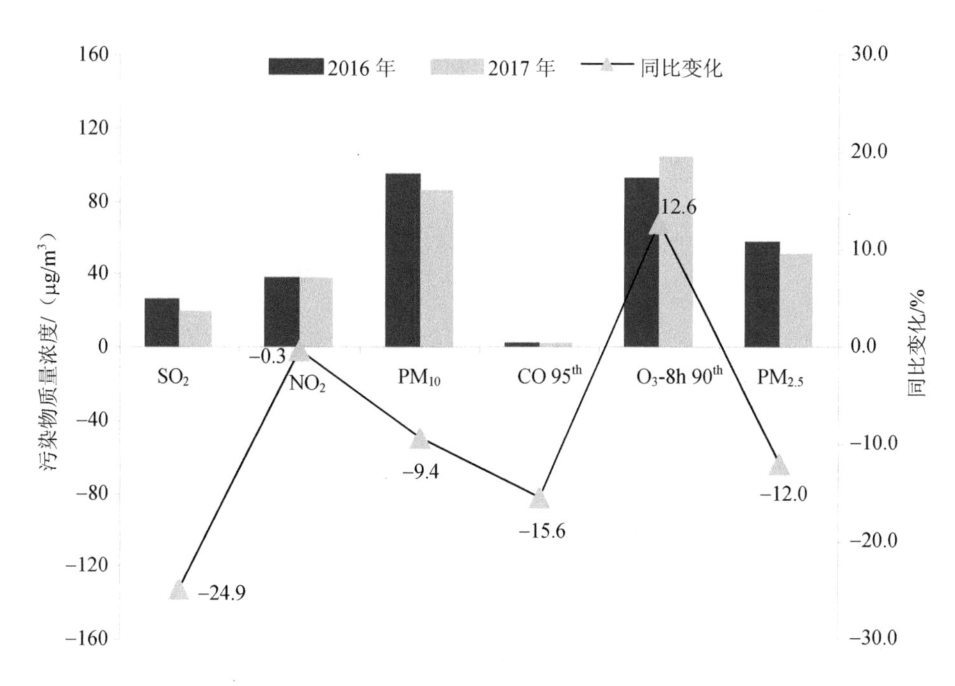

图 1-10　2017 年第四季度全国 6 项污染物质量浓度及同比变化

注：CO 日均值第 95 百分位数质量浓度单位为“mg/m^3”。

（2）重点区域空气质量同比好转，京津冀区域、成渝地区、汾渭平原地区、东北地区均明显改善。2017 年第四季度京津冀区域、长三角区域和珠三角区域优良天数比率分别为 67.5%、77.2%和 78.9%，成渝地区、汾渭平原地区、东北地区优良天数比率分别为 78.1%、54.4%、83.2%。与 2016 年同期相比，长三角区域、珠三角区域优良天数比率有所下降，京津冀区域、成渝地区、汾渭平原地区、东北地区优良天数比率均有不同程度的上升，其中，京津冀区域上升了 23.5 个百分点。

2017 年第四季度，除长三角区域、珠三角区域 $PM_{2.5}$ 质量浓度同比有所上升外，其他区域 $PM_{2.5}$ 质量浓度同比均有不同程度的下降，其中京津冀区域、汾渭平原地区 $PM_{2.5}$ 质量浓度同比下降幅度分别为 39.3%、25.0%，成渝地区和东北地区 $PM_{2.5}$ 质量浓度同比降幅均超 10%（图 1-11）。

（3）全国重污染天数同比减少，尤以京津冀区域下降明显。2017 年第四季度，全国重污染天数比率为 2.4%，同比减少 2.1 个百分点。31 个省份中，16 个省份的重污染天数比率同比下降，3 个同比持平，12 个同比上升；其中，北京、河北、天津、山西的重污染天数比率分别同比下降了 20.7 个百分点、16.7 个百分点、13.0 个百分点、11.0 个百分点，而黑龙江、重庆、湖南、上海等省份分别同比上升了 3.6 个百分点、3.3 个百分点、1.1 个百分点、1.1 个百分点（图 1-12）。

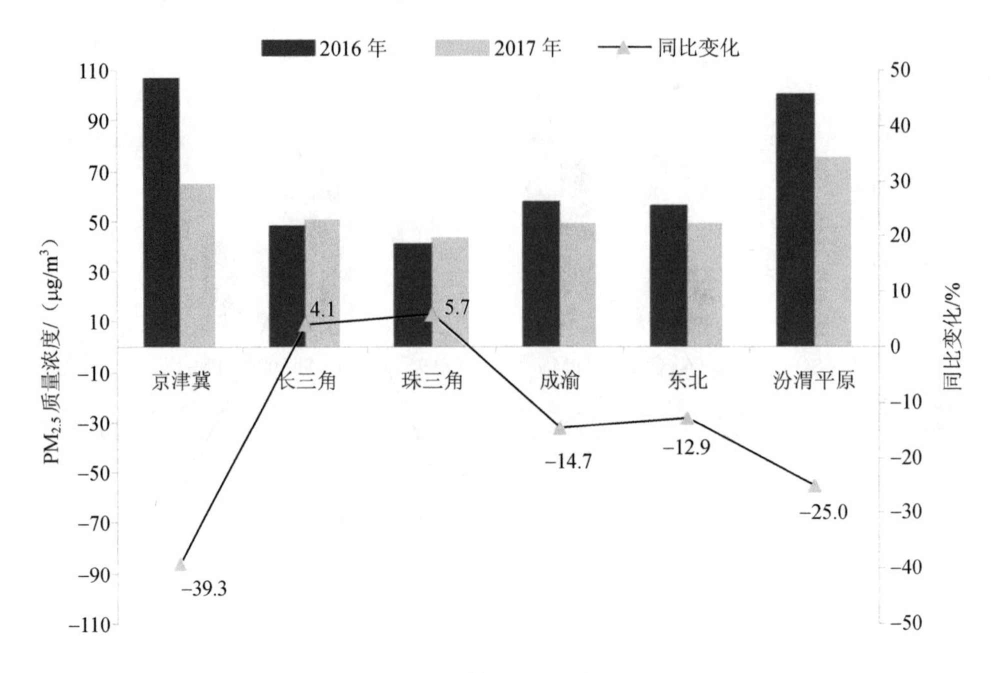

图 1-11　2017 年第四季度 $PM_{2.5}$ 质量浓度及同比变化

注：汾渭平原地区包括陕西省西安、咸阳、宝鸡、铜川、渭南，山西省临汾、晋中、运城、吕梁，以及河南省洛阳、三门峡共计 11 个地级市。

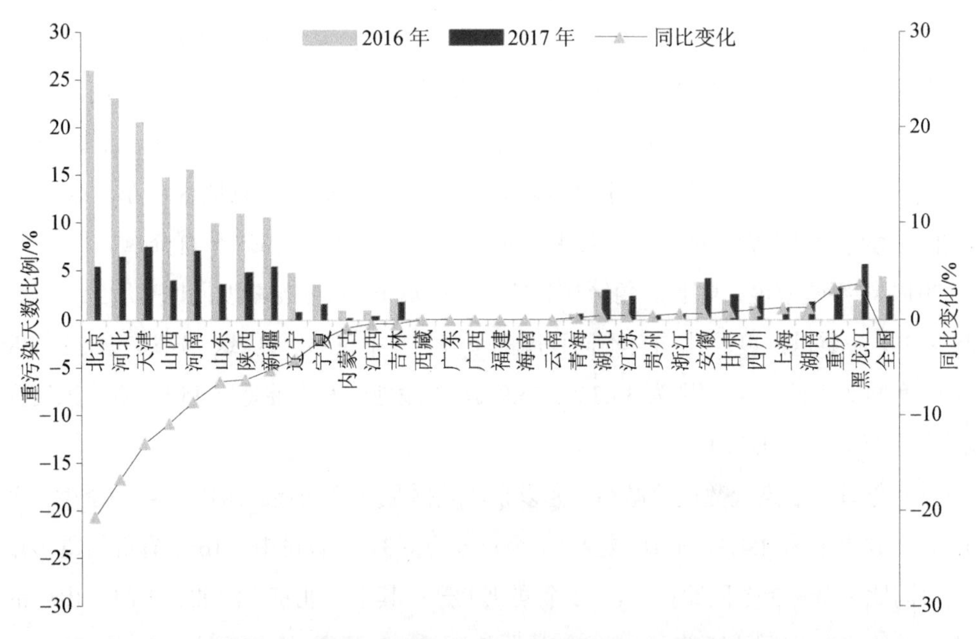

图 1-12　2017 年第四季度重污染天数比例及同比变化

2017 年第四季度，京津冀区域、汾渭平原地区、东北地区重污染天数比率分别为 6.5%、

6.8%、2.7%，同比下降了 16.7 个百分点、12.9 个百分点、0.5 个百分点；珠三角区域无重污染天气发生，重污染天数同比下降 0.2 个百分点；长三角区域、成渝地区重污染天数比率分别为 1.5%、2.4%，同比有所上升，分别上升了 0.4 个百分点、1.1 个百分点。

（4）$PM_{2.5}$、PM_{10} 质量浓度显著下降，"大气十条"考核圆满收官。扣除沙尘天气影响后，与 2013 年同期相比，在考核 $PM_{2.5}$ 的 10 个省份和珠三角区域中 $PM_{2.5}$ 质量浓度均明显下降，均满足"大气十条"考核目标要求。其中，山东、河北、上海、浙江、重庆、天津、北京和江苏等省份下降幅度均在 30%以上，山西、内蒙古和珠三角区域下降幅度为 20%～30%。与 2016 年同期相比，仅珠三角区域同比上升 6.2%，10 个省份 $PM_{2.5}$ 质量浓度均同比下降，其中北京、重庆、山东、上海和天津等省份下降幅度超过 10%。北京 2017 年 $PM_{2.5}$ 质量浓度为 58 μg/m^3，完成了"大气十条"提出的 PM_{10} 质量浓度控制在 60 μg/m^3 的目标。

与 2013 年同期相比，考核 PM_{10} 的 21 个省份中，2017 年除宁夏、陕西两个省份 PM_{10} 质量浓度不降反升外，其余 19 个省份 PM_{10} 质量浓度均下降且降幅满足考核目标要求，其中青海、贵州、福建和湖南 4 个省份下降幅度在 20%以上。与 2016 年同期相比，14 个省份 PM_{10} 质量浓度同比下降，7 个省份同比上升。其中，西藏、青海和河南等省份同比下降 10%以上；安徽同比上升幅度超过 10%。

（5）"2+26"城市 $PM_{2.5}$ 质量浓度显著下降，重污染天数大幅减少，均满足《京津冀及周边地区 2017—2018 年秋冬季大气污染综合治理攻坚行动方案》（以下简称"秋冬季大气攻坚"）目标要求。2017 年第四季度，京津冀及周边地区"2+26"城市 $PM_{2.5}$ 平均质量浓度为 71 μg/m^3，同比下降 34.3%，其中石家庄市、北京市和廊坊市分别下降了 54.8%、53.8%和 45.5%。28 个城市 $PM_{2.5}$ 平均质量浓度均同比下降，降幅均满足"秋冬季大气攻坚"目标要求。

"2+26"城市第四季度优良天数比例从 2016 年的 39.4%上升到 59.8%，重污染天数由 550 天减少到 165 天，同比下降幅度为 71.8%。28 个城市的重污染天数同比下降幅度为 50%～100%，均满足"秋冬季大气攻坚"目标要求。

1.2.4.2　主要成因分析

结合空气质量监测数据和模型模拟结果，从经济形势、气象条件等方面，对影响 2017 年第四季度环境空气质量变化的主要因素进行了分析。总体来看，第四季度延续了前 3 个季度经济回暖态势，给空气质量改善增加了负担；京津冀及周边地区 2017—2018 年秋冬季大气污染综合治理攻坚行动成效显著，区域空气质量明显改善；全国第四季度气象条件同比总体转好，京津冀区域气象条件同比显著有利。

（1）能源消费量持续增加，但产业结构继续优化，主要工业产品产量小幅下降，有利于空气质量改善。全国经济继续保持平稳增长态势。2017 年全年国内生产总值同比增长 6.9%，第四季度同比增长 6.8%。全年规模以上工业增加值同比增长 6.6%，第四季度同比增长 6.2%。2017 年全社会能源消费总量持续增加，全年能源消费总量约为 44.9 亿 t 标准煤，同比增长 2.9%；全社会用电量约为 6.3 万亿 kW·h，同比增长 6.6%，其中第三产业用电量同比增长高达 10.7%。能源结构清洁化转型持续推进，2017 年天然气、水电、核电、风电等清洁能源消费占能源消费总量比重比上年提高约 1.5%，煤炭所占比重下降约 1.7%。

主要排污行业产品产量小幅下降。2017 年第四季度全国生铁、粗钢、水泥、平板玻璃、有色金属产量同比变化幅度分别为–2.2%、1.8%、–1.4%、–3.0%和–2.6%，火电发电量同比增长 0.6%，产业结构进一步优化，污染物排放量略有减少。但是，珠三角区域、成渝地区主要排污行业产品产量有所升高；工业产品产量的增加还带动了交通运输量的增长，进一步对空气质量改善造成一定压力。

（2）全国第四季度气象条件同比总体转好，京津冀区域气象条件同比显著有利。使用 WRF-CMAQ 空气质量模型，并与中国气象科学研究院 Plam 模型测算结果进行比对，分析了气象因素对大气污染的影响。分析结果表明，与上年同期相比，2017 年第四季度京津冀区域、河南、山东、山西、陕西及东北地区 $PM_{2.5}$ 污染扩散条件明显转好，长三角区域、珠三角区域，广西、云南、贵州等省份 $PM_{2.5}$ 污染扩散条件同比转差。具体而言，京津冀及周边地区同比转好约 15%，其中北京市转好约 17%；长三角区域同比总体转差约 5%，苏北地区转差幅度较大；珠三角同比转差约 5%。总体来看，全国第四季度 $PM_{2.5}$ 污染气象条件同比显著有利。

就京津冀区域而言，第四季度污染气象条件同比转好约 15%，其中 10 月转差 25%，11 月、12 月分别转好约 20%、25%。

1.2.4.3 主要结论

（1）全国空气质量总体改善，优良天数比例同比上升，重污染天数同比显著减少；

（2）重点区域空气质量同比转好，京津冀区域、成渝地区、汾渭平原地区、东北地区均明显改善；

（3）$PM_{2.5}$、PM_{10} 质量浓度显著下降，“大气十条”考核圆满收官；

（4）“2+26”城市 $PM_{2.5}$ 质量浓度显著下降，重污染天数大幅减少，均满足“秋冬季大气攻坚”目标要求；

（5）能源消费量持续增加，但产业结构继续优化，主要工业产品产量小幅下降，有利于空气质量改善；

（6）全国第四季度气象条件同比总体转好，京津冀区域同比显著有利。

1.3　卫星遥感观测

卫星观测数据相比地面观测的优势主要体现在 4 个方面：一是空间覆盖范围广（水平、垂直）。卫星几乎可以观测到地球上任何地点，观测密度远大于地面观测点位。二是空间分辨率高。对流层 NO_2 柱浓度的空间分辨率约为 25 km×25 km，SO_2 柱浓度的分辨率约为 12.5 km×12.5 km，气溶胶光学厚度（AOD）的空间分辨率一般为 10 km×10 km，可用于分析污染物浓度的空间分布特征。三是时间覆盖频率高。Terra 卫星每天过境时间大约为 10：30；Aqua、Aura 卫星过境时间一般为当地 13：30 前后，可用于分析污染物浓度的时间变化趋势。四是观测数据较客观，人为干扰因素少。从国外的经验及相关研究成果来看，卫星对地观测技术已在环境管理中得到广泛应用，不仅应用于监督污染源排放，服务于总量减排工作，同时在环境质量监测、环境效益评估、污染源排放清单反演、空气质量模拟及环境质量预报预警等领域均得以广泛应用。因此，本节重点分析产品算法较为成熟的对流层 NO_2 柱浓度和 AOD 在环境管理中的应用。

1.3.1　对流层 NO_2 柱浓度变化趋势

现阶段我国煤烟型大气污染趋势得到初步遏制，以 $PM_{2.5}$、O_3 为主要污染物的复合型污染日益突出，其中 NO_x 排放是引起 $PM_{2.5}$、O_3 的重要因素之一。NO_x 经化学反应生成的硝酸盐是二次 $PM_{2.5}$ 的重要组成部分，而且 NO_x 是 O_3、过氧酰基硝酸酯（peroxyacyl nitrate，PAN）等光化学污染物的重要前体物。此外，NO_x 可以氧化 SO_2，促进硫酸盐迅速生成，这是导致重污染天气的关键因素，控制 NO_x 排放已成为改善我国空气质量的重要手段。为此，我国《国民经济和社会发展第十二个五年规划纲要》（简称“十二五”规划）将 NO_x 纳入污染物总量控制指标，确定了 NO_x 排放量下降 10%的目标，“十三五”规划继续加大 NO_x 减排力度，明确要求 NO_x 排放总量下降 15%。

从“十一五”时期、“十二五”时期总量减排经验来看，传统总量核查核算方式符合我国当时总量控制工作的客观要求，对落实减排目标发挥了关键作用。但存在的问题是总量核查工作所花费的人力及行政成本较大，且核查结果存在一定的主观性，缺乏第三方数据印证。进入“十三五”时期之后，随着环境管理模式的转变，总量核查思路从传统的“工程项目核算”转变为“以质量改善为导向”的宏观核查，“以质量改善为导向”的宏观核查思路是首先由各省份上报 NO_x 总量减排量，再由环保部核实减排量的合理性、科学性，其中 NO_2 地面监测和卫星遥感观测结果是重要的核查依据。从国内外的经验及研究成果来看，卫星遥感技术已在环境管理中得到广泛应用，但针对我国环境管理中 NO_x 总量控制政策的实践研究几乎空白，本节利用基于 OMI 遥感数据的对流层 NO_2 柱浓度数据，分析全国及重点省份对流层 NO_2 柱浓度变化，来印证我国 NO_x 减排效果。

1.3.1.1 材料与方法

本节通过验证重大赛会期间对流层 NO_2 柱浓度能灵敏捕捉地面 NO_x 排放量变化，进而利用对流层 NO_2 柱浓度评估“十二五”期间及“十三五”初期我国 NO_x 总量减排效果。本节涉及的基于 OMI 遥感数据的对流层 NO_2 柱浓度数据为 2 级产品的逐日网格化数据，由荷兰皇家气象研究所（KNMI）提供，数据云量小于 30%，空间分辨率为 0.25°。对流层 NO_2 柱浓度的产品是基于差分吸收光谱算法（DOAS）获取，大量实验表明基于 OMI 遥感数据的对流层 NO_2 柱浓度与地基及航空实测数据具有较强相关性，相关系数在 0.8 以上。

1.3.1.2 方法学设计

通过卫星遥感技术表征污染物排放量包括两个步骤：首先通过卫星探测的光学信号反演污染物浓度；然后通过污染物浓度表征污染物排放量的变化。从现有研究来看，利用卫星观测对流层 NO_2 柱浓度表征 NO_x 排放量的技术最为广泛，主要原因是：①对流层 NO_2 柱浓度算法较成熟；②NO_2 在大气中的寿命和传输距离较短，NO_2 浓度与 NO_x 排放具有基本相同的空间分布特征。由于重大赛会期间实施区域空气污染减排质量保障措施，NO_x 排放量显著降低，本节利用重大赛会期间基于 OMI 遥感数据的对流层 NO_2 柱浓度变化来印证 NO_x 排放量的变化状况。

本节方法学设计如下：①为分析全国及各省对流层 NO_2 柱浓度的总体变化趋势，将行政辖区内所有国控空气质量监测站点所在网格对流层 NO_2 柱浓度的平均值作为全国及各省对流层 NO_2 柱浓度，通过对流层 NO_2 柱浓度增减百分比表征全国及各省 NO_x 排放量的变化趋势；②为分析城市辖区对流层 NO_2 柱浓度的总体变化趋势，同样将辖区内所有国控空气质量监测站点所在网格对流层 NO_2 柱浓度的平均值作为该城市对流层 NO_2 柱浓度。但是由于城市范围相对较小，平均质量浓度的系统稳定性较差。特别是对于 NO_2 浓度水平较低的城市，微小的变化将引起较大误差。因此，利用对流层 NO_2 柱浓度绝对值增减幅度表征城市 NO_x 排放量的变化趋势。

1.3.1.3 方法学验证

2015 年 8 月 22—30 日，世界田径锦标赛在北京举行，2015 年 9 月 3 日是中国首个法定的“中国人民抗日战争胜利纪念日”，为做好这两大活动期间的空气质量保障工作，北京市和周边 6 个省份实施机动车行驶限制、工业停限产减排、施工工地停止土石方和拆除作业、工作人员放假调休等措施，NO_x 排放量大幅下降。为了排除气象条件干扰，选择 2014—2016 年同期对流层 NO_2 柱浓度进行分析，结果表明：2015 年 8 月 20 日—9 月 3 日，北京市对流层 NO_2 柱浓度相比 2014 年同期降低 45.4%，但 2016 年同期对流层 NO_2 柱浓度同比增加 45.3%，柱浓度呈现显著的先降低后升高的“V”形特征；从空间分布来看，以北京市为中心的周边区域改善效果明显，直接证实了两大活动期间 NO_x 排放量大幅下降（图 1-13、图 1-14）。

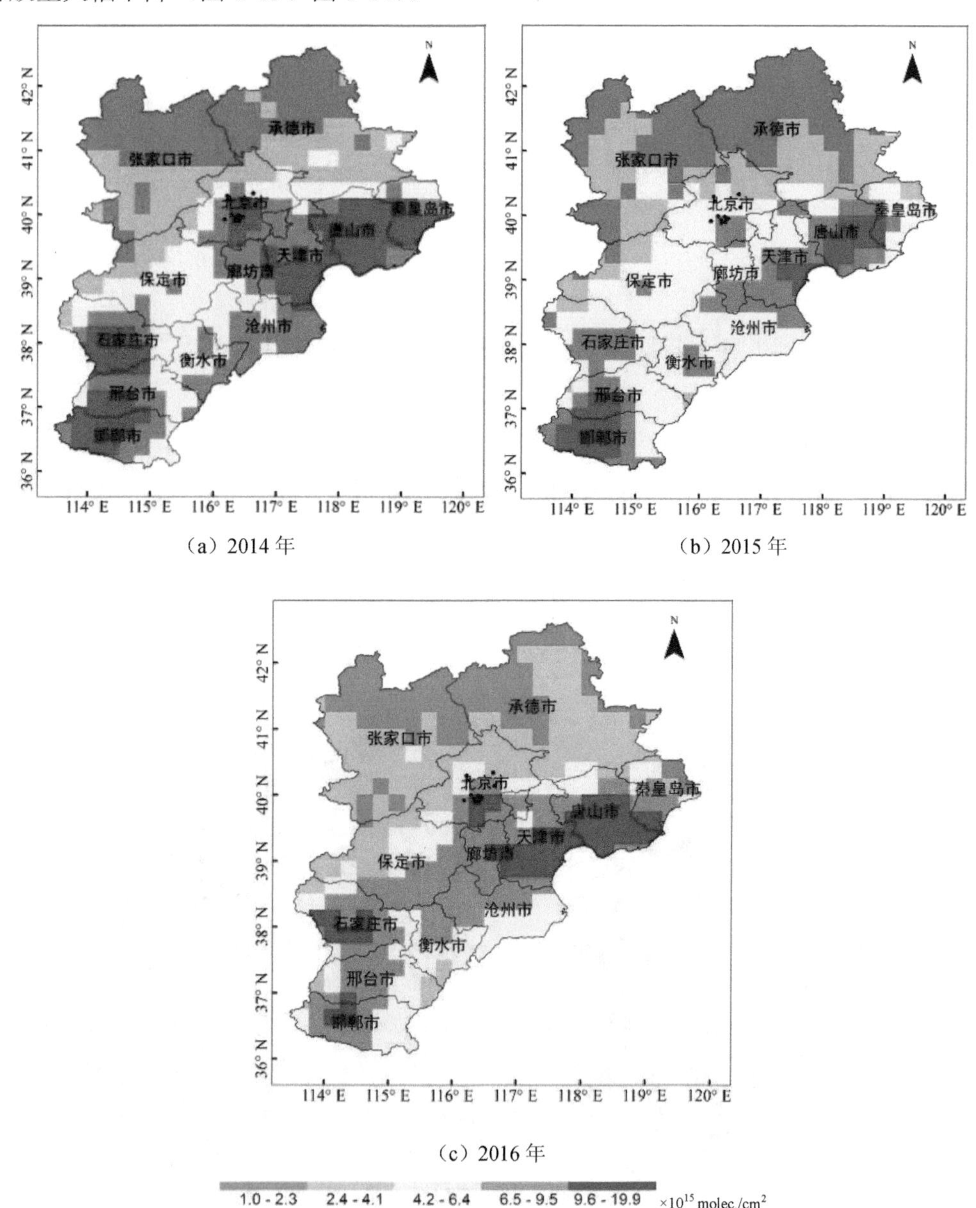

（a）2014 年

（b）2015 年

（c）2016 年

图 1-13　各年 8 月 20 日—9 月 3 日北京及周边地区对流层 NO_2 柱浓度均值

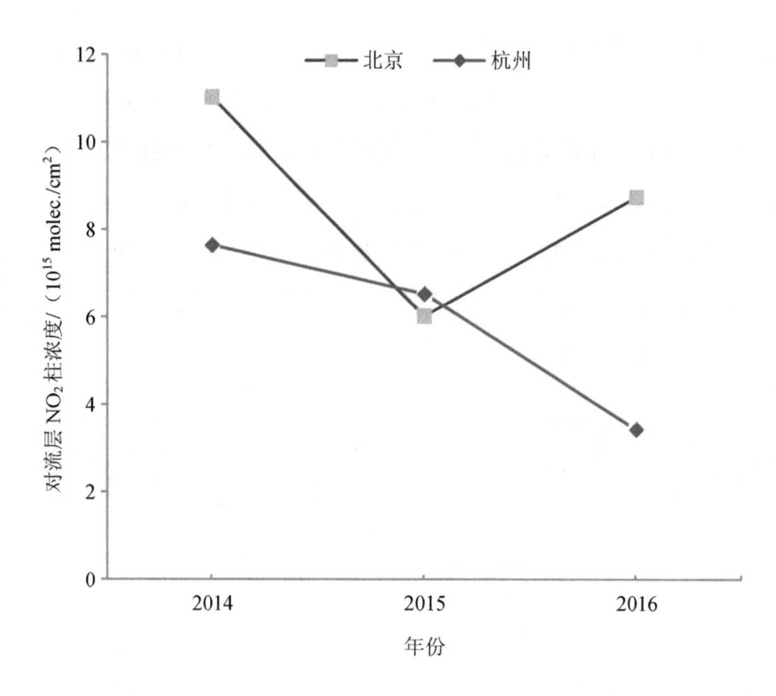

图 1-14　各年 8 月 20 日—9 月 5 日对流层 NO_2 柱浓度变化

为了保证 2016 年 G20 杭州峰会期间的空气质量，长三角区域实施大气污染联防联控措施，区域 NO_x 排放量下降明显。2016 年 8 月 20 日—9 月 5 日，杭州市对流层 NO_2 柱浓度均值同比下降 47.4%，相比 2014 年同期下降 55.1%。从空间分布来看，2016 年杭州市区与周边地区对流层 NO_2 柱浓度明显降低，出现以杭州为中心的对流层 NO_2 柱浓度低值区，综上所述，卫星观测对流层 NO_2 柱浓度变化可以灵敏地反映地面 NO_x 排放量的变化趋势（图 1-15）。

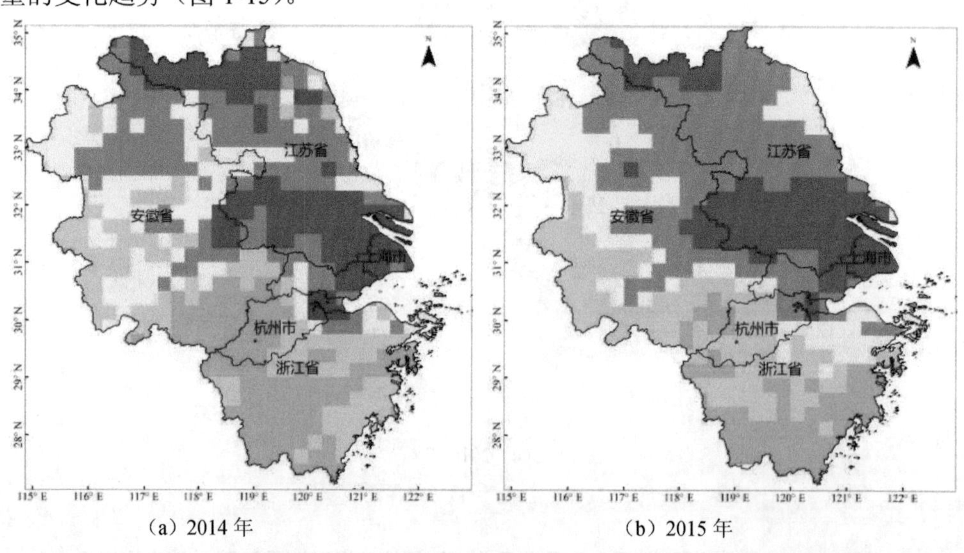

（a）2014 年　　（b）2015 年

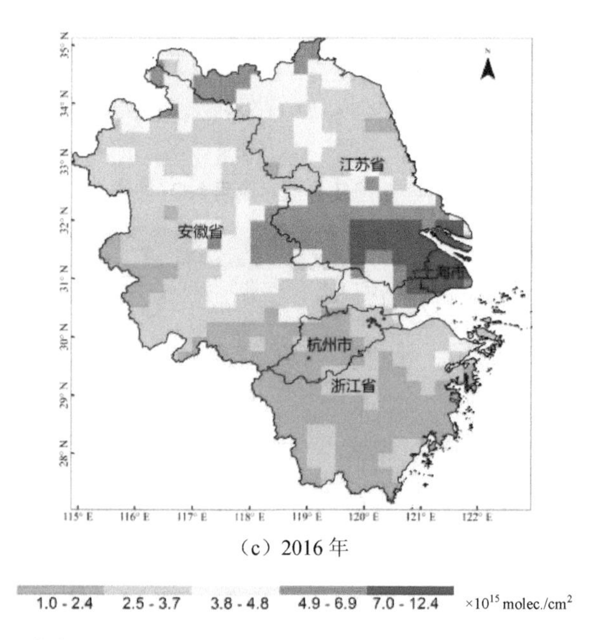

（c）2016 年

1.0 - 2.4　2.5 - 3.7　3.8 - 4.8　4.9 - 6.9　7.0 - 12.4　$\times10^{15}$ molec./cm^2

图 1-15　各年 8 月 20 日—9 月 5 日长三角区域对流层 NO_2 柱浓度均值

1.3.1.4 “十二五”期间对流层 NO_2 柱浓度变化

2011—2015 年环境统计数据表明我国 NO_x 减排效果明显，鉴于卫星观测数据具有空间覆盖范围广、人为干扰因素少的特点，本节利用卫星观测对流层 NO_2 柱浓度变化来印证区域尺度 NO_x 排放量的变化趋势。

（1）全国及各省对流层 NO_2 柱浓度变化

2015 年全国对流层 NO_2 柱浓度均值为 4.75×10^{15} molec./cm^2，京津冀、长三角、珠三角三大重点区域分别为 13.01×10^{15} molec./cm^2、9.99×10^{15} molec./cm^2、4.79×10^{15} molec./cm^2，京津冀区域是全国 NO_2 重污染区域。2015 年天津、上海、北京对流层 NO_2 柱浓度年均值位居全国三甲，分别为 14.45×10^{15}molec./cm^2、12.98×10^{15}molec./cm^2、12.91×10^{15} molec./cm^2，特大型城市 NO_2 污染严重。从空间分布来看，大部分省份对流层 NO_2 柱浓度高值出现在 2011 年和 2012 年，之后呈明显下降趋势，全国对流层 NO_2 柱浓度超过 13.9×10^{15} molec./cm^2 的区域自 2011 年有所增加后，2012 年以后逐年减少。2015 年与 2010 年差值图表明，整个华北地区、华中地区 2010—2015 年对流层 NO_2 柱浓度下降明显。相比 2010 年，全国对流层 NO_2 柱浓度降幅为 24.98%，“十二五”期间我国对流层 NO_2 柱浓度下降明显，证明我国 NO_x 减排取得显著成效，这与 NO_x 总量核查结果一致。除了青海、西藏对流层 NO_2 柱浓度有所上升外，其他 29 个省份均下降，其中，河南、贵州、河北、山东、浙江、湖北、广东、江苏、陕西、天津、内蒙古、山西等12个省份对流层NO_2柱浓度降幅超过25%，河南省下降幅度最大，为36.89%，黑龙江省降幅最小，为3.65%。各省对流层NO_2柱浓度变化趋势见表1-15。

表1-15　2010—2015年全国及各省对流层NO_2柱浓度变化　单位：10^{15} molec./cm^2

省份[①]	2010年	2011年	2012年	2013年	2014年	2015年	降幅/%
北京	16.83	16.44	17.79	16.42	14.18	12.91	23.31
天津	19.38	18.99	19.43	19.82	17	14.45	25.45
河北	16.21	17.19	16.61	15.72	13.9	11.7	27.79
山西	10.28	12.25	11.63	10.97	8.83	7.7	25.04
内蒙古	3.53	4.33	3.91	3.48	3.13	2.63	25.45
辽宁	8.16	8.05	7.98	7.74	7.49	6.37	22
吉林	4.03	4.21	3.64	3.53	3.62	3.36	16.81
黑龙江	2.55	3.1	2.89	2.82	2.53	2.46	3.65
上海	17.15	18.34	15.21	14.71	14.57	12.98	24.32
江苏	14.35	15.85	13.99	13.78	12.7	10.64	25.9
浙江	8.73	9.95	8.58	8.37	8.23	6.35	27.34
安徽	9.09	11.34	9.68	9.93	8.63	6.94	23.63
福建	3.65	4.34	3.83	3.9	3.62	3.17	13.21
江西	3.62	4.82	3.93	4.25	4.16	3.23	10.83
山东	14.64	16.66	14.88	14.98	13.02	10.63	27.39
河南	13.69	15.76	13.54	13.67	10.82	8.64	36.89
湖北	6.4	7.35	6.21	6.91	6.17	4.72	26.33
湖南	3.75	4.8	3.77	3.8	3.83	2.98	20.53
广东	6.48	7.08	5.96	6.41	5.71	4.79	26.08
广西	2.46	2.61	2.39	2.48	2.27	1.85	24.66
海南	1.31	1.49	1.27	1.41	1.3	1.23	6.11
重庆	8.2	9.36	9.34	9.14	8.47	6.52	20.59
四川	3.33	3.45	3.42	3.55	3.19	2.69	19.28
贵州	2.99	2.87	3	2.93	2.51	1.99	33.47
云南	1.09	1.09	1.11	1.22	1.13	0.93	14.74
西藏	0.49	0.49	0.52	0.48	0.48	0.5	−3.21

省份[①]	2010年	2011年	2012年	2013年	2014年	2015年	降幅/%
陕西	6.18	6.53	6.26	5.81	5.22	4.58	25.88
甘肃	2.05	2.3	2.3	2.22	2.02	1.82	10.93
青海	1.06	1.33	1.2	1.37	1.29	1.16	−9.57
宁夏	3.66	5.24	5.04	4.48	3.84	3.09	15.56
新疆	2.3	2.42	2.74	3.13	2.78	2.01	12.61
全国	6.34	7.14	6.45	6.46	5.75	4.75	24.98

注：①香港、澳门、台湾资料暂缺，以下各表同。

（2）地级及以上城市对流层 NO_2 柱浓度变化

Aura/OMI 遥感数据的空间分辨率约为 25 km，可以重采样到 12.5 km，基于 OMI 遥感数据的对流层 NO_2 柱浓度不仅可以用于区域 NO_x 排放量的趋势性分析，同时可以用于反映城市尺度甚至单个污染源的 NO_x 排放状况。本节对 2010—2015 年全国 338 个地级及以上监测城市对流层 NO_2 柱浓度变化进行分析，结果表明：焦作、邯郸、新乡、鹤壁、邢台等 37 个城市的对流层 NO_2 柱浓度下降较为明显，柱浓度下降量超过 4×10^{15} molec./cm^2，对流层 NO_2 柱浓度下降幅度较大城市主要集中在天津、河北、河南、山东、山西、上海、江苏等华北地区、华东地区（表 1-16），这些城市“十二五”期间 NO_x 减排效果明显（表 1-16）。

表 1-16　2015 年相比 2010 年对流层 NO_2 柱浓度变化量　　单位：10^{15} molec./cm^2

省份	城市	下降量	省份	城市	下降量
河南	焦作	9.33	浙江	湖州	4.63
河北	邯郸	9.24	江苏	南京	4.59
河南	新乡	8.36	江苏	泰州	4.5
河南	鹤壁	8.01	广东	江门	4.41
河北	邢台	7.85	河北	衡水	4.33
河南	洛阳	7.75	山东	菏泽	4.31
山东	济宁	7.02	陕西	西安	4.24
河南	安阳	6.75	上海	上海	4.17
河北	石家庄	6.28	河南	开封	4.17
河南	濮阳	6.19	山东	东营	4.14
山东	德州	5.90	河北	唐山	4.14
山东	聊城	5.60	江苏	无锡	4.13

省份	城市	下降量	省份	城市	下降量
河南	郑州	5.55	陕西	渭南	4.11
江苏	扬州	5.34	山东	潍坊	4.1
山西	晋城	5.07	河南	平顶山	4.09
江苏	常州	5.04	山东	济南	4.08
江苏	镇江	5.02	安徽	淮北	4.07
天津	天津	4.93	山东	淄博	4.06
广东	佛山	4.75			

1.3.1.5 十三五”初期对流层 NO_2 柱浓度变化

（1）全国及各省对流层 NO_2 柱浓度变化

我国对流层 NO_2 柱浓度均值由 2015 年的 4.75×10^{15} molec./cm^2 下降到 2016 年的 4.60×10^{15} molec./cm^2，年降幅为 3.18%，这表明“十三五”开局之年 NO_x 排放量持续下降。从各省对流层 NO_2 柱浓度变化来看，安徽、重庆、浙江等省份降幅超过 10%，但北京、天津、河北、上海、福建、广东、广西等省份有所上升，详见表 1-17。2016 年京津冀、长三角、珠三角三大重点区域对流层 NO_2 柱浓度均值分别为 13.26×10^{15} molec./cm^2、9.49×10^{15} molec./cm^2、4.99×10^{15} molec./cm^2，相比 2015 年，京津冀区域、珠三角区域对流层 NO_2 柱浓度均有上升趋势，长三角区域对流层 NO_2 柱浓度有所下降。2016 年对流层 NO_2 柱浓度表明，天津、北京、上海、河北、山东等省份对流层 NO_2 柱浓度位居全国前五，均超过 10×10^{15} molec./cm^2，远高于全国平均质量浓度（4.6×10^{15} molec./cm^2），整个华北地区、华东地区 NO_2 污染程度最严重。

表 1-17 2015—2016 年全国及各省对流层 NO_2 柱浓度变化趋势 单位：10^{15} molec./cm^2

省份	2015 年	2016 年	降幅/%	省份	2015 年	2016 年	降幅/%
北京	12.91	13.09	−1.38	湖北	4.72	4.5	4.61
天津	14.45	14.69	−1.69	湖南	2.98	2.94	1.61
河北	11.7	12.02	−2.68	广东	4.79	4.99	−4.11
山西	7.7	7.61	1.18	广西	1.85	1.95	−5.34
内蒙古	2.63	2.61	0.87	海南	1.23	1.13	7.79
辽宁	6.37	6.22	2.34	重庆	6.52	5.84	10.43
吉林	3.36	3.25	3.04	四川	2.69	2.64	1.86

省份	2015 年	2016 年	降幅/%	省份	2015 年	2016 年	降幅/%
黑龙江	2.46	2.3	6.46	贵州	1.99	1.99	−0.19
上海	12.98	13.02	−0.27	云南	0.93	1.1	−18.35
江苏	10.64	9.77	8.15	西藏	0.5	0.59	−16.51
浙江	6.35	5.69	10.33	陕西	4.58	4.17	9.09
安徽	6.94	6.2	10.67	甘肃	1.82	1.76	3.29
福建	3.17	3.21	−1.32	青海	1.16	1.1	5.15
江西	3.23	3.13	3.25	宁夏	3.09	3.12	−0.89
山东	10.63	10.37	2.52	新疆	2.01	1.96	2.49
河南	8.64	8.03	7.03	全国	4.75	4.6	3.18

（2）地级及以上城市对流层 NO_2 柱浓度变化

对 2015—2016 年全国 338 个地级及以上监测城市对流层 NO_2 柱浓度的变化趋势进行分析，结果表明：新乡、苏州、南通、无锡、马鞍山等 20 个城市对流层 NO_2 柱浓度下降较为明显，下降量超过 1×10^{15} molec./cm^2，但佛山、衡水、保定、沧州等 4 个城市对流层 NO_2 柱浓度上升较为明显，上升量超过 1×10^{15} molec./cm^2（表 1-18），建议将以上城市辖区内的污染源作为下一年度 NO_x 总量核查工作的重点。2016 年城市对流层 NO_2 柱浓度由高到低依次是石家庄、唐山、邢台、邯郸、淄博、天津、廊坊、北京、上海、安阳、济南、保定、苏州、滨州、无锡、临沂、常州、新乡、东营、焦作等，由此可见，华北平原及华东地区城市群 NO_2 污染严重。城市对流层 NO_2 柱浓度升高可能由 3 个方面原因导致：一是城市机动车保有量增大，致使 NO_2 浓度升高；二是城市辖区内新建 NO_x 高排放企业，如火电厂、水泥厂等；三是城市辖区内现役企业 NO_x 治理水平降低。具体原因应结合现场核查结果确定。

表 1-18　2016 年对流层 NO_2 柱浓度同比变化明显的城市及对应浓度和下降量

单位：10^{15} molec./cm^2

省份	城市	2015 年	2016 年	下降量	省份	城市	2015 年	2016 年	下降量
河南	新乡	13.47	11.64	1.83	河北	秦皇岛	10.77	9.66	1.11
江苏	苏州	14.26	12.7	1.56	山东	淄博	16.18	15.08	1.1
江苏	南通	12.56	11.08	1.47	浙江	绍兴	8.7	7.6	1.1
江苏	无锡	13.75	12.34	1.42	江苏	泰州	10.28	9.2	1.08
安徽	马鞍山	10.56	9.18	1.38	陕西	咸阳	8.52	7.47	1.06

省份	城市	2015 年	2016 年	下降量	省份	城市	2015 年	2016 年	下降量
浙江	杭州	9.45	8.13	1.33	江苏	南京	11.9	10.85	1.05
江苏	常州	13.05	11.73	1.32	江苏	宿迁	8.22	7.2	1.02
山东	聊城	11.58	10.33	1.25	安徽	宿州	7.56	6.55	1.01
安徽	芜湖	9.39	8.22	1.17	河北	沧州	10.21	11.22	−1.01
江苏	镇江	11.87	10.73	1.13	河北	保定	11.72	12.91	−1.19
陕西	西安	9.35	8.23	1.12	河北	衡水	9.54	10.81	−1.27
河南	安阳	14.08	12.97	1.11	广东	佛山	8.97	10.49	−1.53

1.3.1.6 小结

（1）卫星观测对流层 NO_2 柱浓度能够敏感地反映 NO_x 排放趋势。基于重大赛会活动期间主办城市及周边地区 NO_x 排放量大幅下降的事实，本节采用国控空气质量监测站点所在网格处对流层 NO_2 柱浓度数据，分析主办城市及周边地区不同年份同期对流层 NO_2 柱浓度的变化，证明卫星观测对流层 NO_2 柱浓度变化可以表征地面 NO_x 排放量的变化趋势。

（2）“十二五”期间我国 NO_x 减排取得显著效果。2015 年全国对流层 NO_2 柱浓度相比 2010 年降幅为 24.98%，大部分省份对流层 NO_2 柱浓度高值出现在 2011 年和 2012 年，重点行业脱硝装置开始普及，尤其是“大气十条”实施以来，NO_x 排放量呈明显下降趋势，这与 NO_x 总量核查结果基本一致。

（3）“十三五”初期，2016 年我国 NO_x 排放量相比 2015 年继续下降。2016 年全国对流层 NO_2 柱浓度年均降幅为 3.18%，但北京、天津、河北、上海、福建、广东、广西等省份有所上升，建议将以上地区作为下一年度 NO_x 总量核查的重点。

1.3.2 卫星反演近地面 $PM_{2.5}$ 质量浓度

利用卫星遥感的 AOD 数据反演近地面 $PM_{2.5}$ 质量浓度 ρ（$PM_{2.5}$），能够有效弥补地面观测手段的不足，是目前 $PM_{2.5}$ 研究领域的热点之一。郭建平等通过分析中国东部地区 11 个观测站监测 $PM_{2.5}$ 数据与卫星遥感反演 AOD 数据之间的相关性，探讨了卫星遥感估算近地面 $PM_{2.5}$ 的可行性及可能影响因素；Donkelaar 等基于卫星遥感 AOD 数据估计了全球 ρ（$PM_{2.5}$）分布；王毅等利用中分辨率成像光谱仪（MODIS）资料实现了对中国东南部地区及近海海域多通道大气气溶胶光学厚度的反演；施成艳等利用 MODIS 1B 数据反演了上海地区大气气溶胶光学厚度，并将反演值与城市空气污染指数进行了对比，证实了 AOD 可以反映地面大气污染状况。2013 年 1 月，我国开始对 74 个重点

城市开展 $PM_{2.5}$ 质量浓度监测，这为利用卫星遥感技术反演近地面 ρ（$PM_{2.5}$）提供了更有利的技术支撑。基于 2013 年 74 个城市的监测数据，薛文博等利用第三代空气质量模型 CMAQ 模拟的 $PM_{2.5}$ 垂直分层特征和中尺度气象模型 WRF 模拟的高分辨率相对湿度数据，分别对 AOD 资料进行垂直与湿度订正，建立了全国 2013 年 1 月 $PM_{2.5}$ 重污染过程的 $PM_{2.5}$-AOD 线性拟合模型，相关系数 r 为 0.77；马宗伟等基于 2013 年 $PM_{2.5}$ 地面监测数据及气象、土地利用参数，建立了 $PM_{2.5}$-AOD 的高级统计模型，其相关系数 r 达到 0.89。2014 年我国开展 ρ（$PM_{2.5}$）监测的城市增至 161 个，随着 $PM_{2.5}$ 地面监测样本的增加，近地面 ρ（$PM_{2.5}$）反演结果的准确性得到有效提高，但目前我国尚缺乏基于 2014 年 $PM_{2.5}$ 最新监测数据进行近地面 ρ（$PM_{2.5}$）反演模型的研究。

本研究尝试采用中尺度气象模型 WRF 模拟的大气相对湿度、风速、边界层高度等气象因子改进 AOD 与 ρ（$PM_{2.5}$）之间的相关性，建立 AOD、大气相对湿度、风速、边界层高度与近地面 ρ（$PM_{2.5}$）间的多元线性拟合模型，分析不同反演模型的统计学特征，筛选最优反演模型反演中国中东部地区 2014 年年均 ρ（$PM_{2.5}$）的空间分布特征。

1.3.2.1　方法与数据

（1）方法设计

在作者前期研究中，利用中尺度气象模型 WRF 模拟的高分辨率相对湿度数据对 AOD 进行湿度订正之后，相关系数显著提高，但是利用第三代空气质量模型 CMAQ 模拟的 $PM_{2.5}$ 垂直分层特征对 AOD 进行垂直订正之后，相关系数改进不明显。因此本研究进一步尝试引入 WRF 模型模拟的大气相对湿度、风速、边界层高度等气象因子，以改进 AOD 和 ρ（$PM_{2.5}$）之间的相关性。研究技术路线为：①直接拟合。对 AOD 不进行任何订正，直接建立 AOD 与近地面 ρ（$PM_{2.5}$）之间的关联方程；②多元线性拟合。首先，利用 WRF 模拟的高分辨率大气相对湿度数据对 AOD 进行湿度订正，建立订正后的 AOD 与近地面 ρ（$PM_{2.5}$）之间的关联方程；其次，在湿度订正的基础上引入风速因子，建立近地面 ρ（$PM_{2.5}$）反演模型；最后，引入边界层高度数据，建立近地面 ρ（$PM_{2.5}$）反演模型；③反演模型优选。对比分析 3 个多元线性拟合模型的统计学特征，选取最优反演模型，反演 2014 年中国中东部地区 10 km 分辨率年均 ρ（$PM_{2.5}$）的空间分布特征。

（2）模型设置

由于 AOD 受到大气相对湿度、风速、边界层高度等多种气象要素的影响，本研究利用 WRF 中尺度气象模型模拟的全国 36 km 分辨率相对湿度、风速、边界层高度等数据，拟合 AOD-$PM_{2.5}$ 反演方程。WRF 模型参数设置如下：①模拟时段：2014 年全年，模拟时间间隔为 1 h。②模拟范围：WRF 模型采用 Lambert 投影坐标系，中心经度为 103°E，中心纬度为 37°N，两条平行标准纬度为 25°N 和 40°N。水平模拟范围为 X 方向（−3 582～3 582 km）、Y 方向（−2 502～2 502 km），网格间距为 36 km，共将研究区域划分为 200×140 个网格。垂直方向共设置 28 个气压层，层间距自下而上逐渐增大。③参数设置：WRF 模型的初始输入数据采用美国国家环境预报中心（NCEP）提供的 6 h 一次、1°分辨率的 FNL 全球分析资料，并利用 NCEP ADP 气象观测资料同化。

（3）AOD 数据

由于沙漠地区 AOD 遥感数据的不确定性大，加之西部地区开展 ρ（$PM_{2.5}$）监测的城市少，这将导致西部地区近地面 ρ（$PM_{2.5}$）反演结果存在较大误差。因此本研究的研究范围选定为我国中东部地区，研究区域面积约 402 万 km^2，具体研究区域见图 1-16。上述研究范围内 2014 年共有 145 个城市开展 ρ（$PM_{2.5}$）监测。

AOD 数据选用 MODIS 遥感影像提取，对 2014 年 MOD04 数据和 MYD04 数据进行预处理，获取 550 nm 的暗像元算法产品，对其进行投影转换、拼接、融合，得到研究范围内的 AOD 数据，并提取 145 个城市 AOD 年均值，AOD 数据如图 1-17 所示。

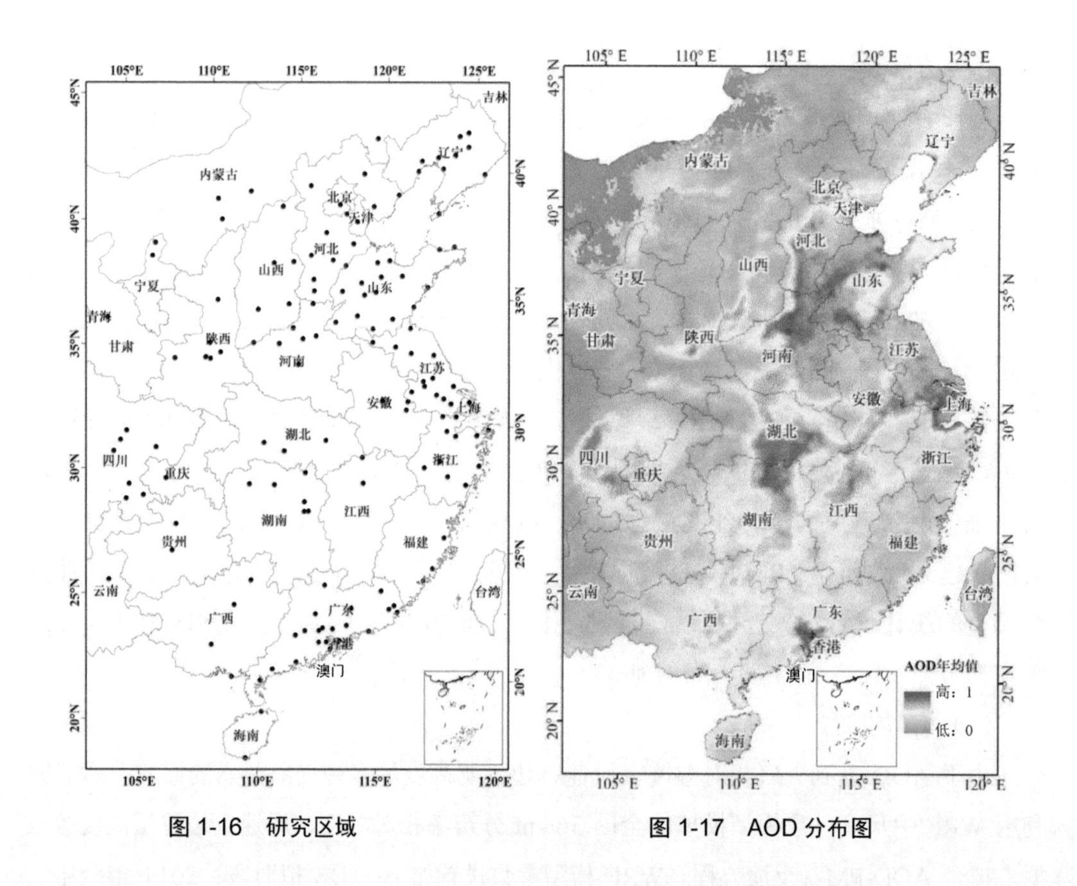

图 1-16　研究区域　　　　图 1-17　AOD 分布图

1.3.2.2　建立 $PM_{2.5}$ 反演模型

（1）直接拟合

采用最小二乘法对 145 个城市 AOD 年均值与地面监测 ρ（$PM_{2.5}$）进行线性拟合，建立线性拟合模型，见式（1-1），145 个城市的观测值与反演值的相关性分析如图 1-19（a）所示。AOD 与地面监测 ρ（$PM_{2.5}$）之间的相关系数 r 为 0.47，表明 AOD 与 ρ（$PM_{2.5}$）呈较为明显的线性相关性，但由于 AOD 受到大气相对湿度等气象因子的影响，导致其不能很好地表征近地面层 ρ（$PM_{2.5}$）高低，因此应引入大气相对湿度等气象因子，以提高反演模型的相关性。

$$y = 55.13x + 29.88 \tag{1-1}$$

式中，y——2014 年近地面 $PM_{2.5}$ 年均质量浓度，$\mu g/m^3$；

x——AOD 年均值。

（2）多元线性拟合

1）湿度因子

大气颗粒物中的硫酸盐、硝酸盐等粒子具有较强的吸湿性，粒子吸湿后其消光能力有所增强，而采用相对湿度对 AOD 进行订正可以大幅降低大气湿度对 AOD 的影响。利用 WRF 模型模拟的 36 km 分辨率相对湿度数据对原始 AOD 进行订正，订正公式如式（1-2）所示。

$$\mathrm{AOD_{rh}} = \mathrm{AOD}/f(\mathrm{rh}) \tag{1-2}$$

式中，$\mathrm{AOD_{rh}}$——经过湿度订正的气溶胶光学厚度；

$f(\mathrm{rh})$——颗粒物散射吸湿增长因子，表征空气湿度对 AOD 的影响大小，通过经验公式（1-3）计算。

$$f(\mathrm{rh}) = (1 - \mathrm{rh}/100)^{-1} \tag{1-3}$$

式中，rh——WRF 模型模拟的大气相对湿度，%。

rh 模拟结果见图 1-18（a）。

对 145 个城市的 $\mathrm{AOD_{rh}}$ 与地面监测 ρ（$PM_{2.5}$）进行线性拟合，建立 $\mathrm{AOD_{rh}}$ 与 ρ（$PM_{2.5}$）之间的线性拟合模型，见式（1-4），145 个城市的观测值与反演值的相关性分析如图 1-19（b）所示，相关性系数 r 由直接拟合时的 0.47 提高到 0.77，相关性显著增强。

$$y = 157.69x + 25.52 \tag{1-4}$$

式中，y——2014 年近地面 ρ（$PM_{2.5}$），$\mu g/m^3$；

x——AOD_{rh}。

2）湿度-风速因子

除相对湿度外，风速也是影响近地面 $PM_{2.5}$ 质量浓度的重要气象因子。对 145 个城市的 AOD_{rh}、风速与地面监测 ρ（$PM_{2.5}$）进行多元线性回归，建立多元线性拟合模型，145 个城市的观测值与反演值的相关性分析如图 1-19（c）所示，其相关系数 r 提高到 0.79，高于直接拟合、仅引入湿度因子拟合方程的相关系数。式（1-5）表明，ρ（$PM_{2.5}$）与风速呈负相关关系，原因在于风速越大，越有利于 $PM_{2.5}$ 扩散。

$$y = 145.84AOD_{rh} - 3.84v + 45.17 \tag{1-5}$$

式中，y——2014 年近地面 ρ（$PM_{2.5}$），$\mu g/m^3$；

AOD_{rh}——经过湿度订正后的 AOD；

v——风速，m/s。

WRF 模拟的风速分布见图 1-18（b）。

3）湿度-风速-边界层高度因子

考虑到 $PM_{2.5}$ 质量浓度受到边界层高度的影响，进一步在多元线性回归模型中引入边界层高度参数。建立 145 个城市的 AOD_{rh}、风速、边界层高度与地面监测 ρ（$PM_{2.5}$）的多元线性回归模型，见式（1-6），145 个城市的观测值与反演值的相关性分析如图 1-19（d）所示，其相关系数 r 达到 0.80，均高于直接拟合、引入湿度因子、引入湿度-风速因子的相关系数。由于风速越大、边界层高度越高，越有利于 $PM_{2.5}$ 扩散，因此近地面 ρ（$PM_{2.5}$）与风速、边界层高度两个参数均呈负相关关系。

$$y = 146.58AOD_{rh} - 3.88v - 0.05h + 68.57 \tag{1-6}$$

式中，y——2014 年近地面 ρ（$PM_{2.5}$），$\mu g/m^3$；

AOD_{rh}——经过湿度订正后的 AOD；

v——风速，m/s；

h——边界层高度，m。

WRF 模拟结果见图 1-18（c）。

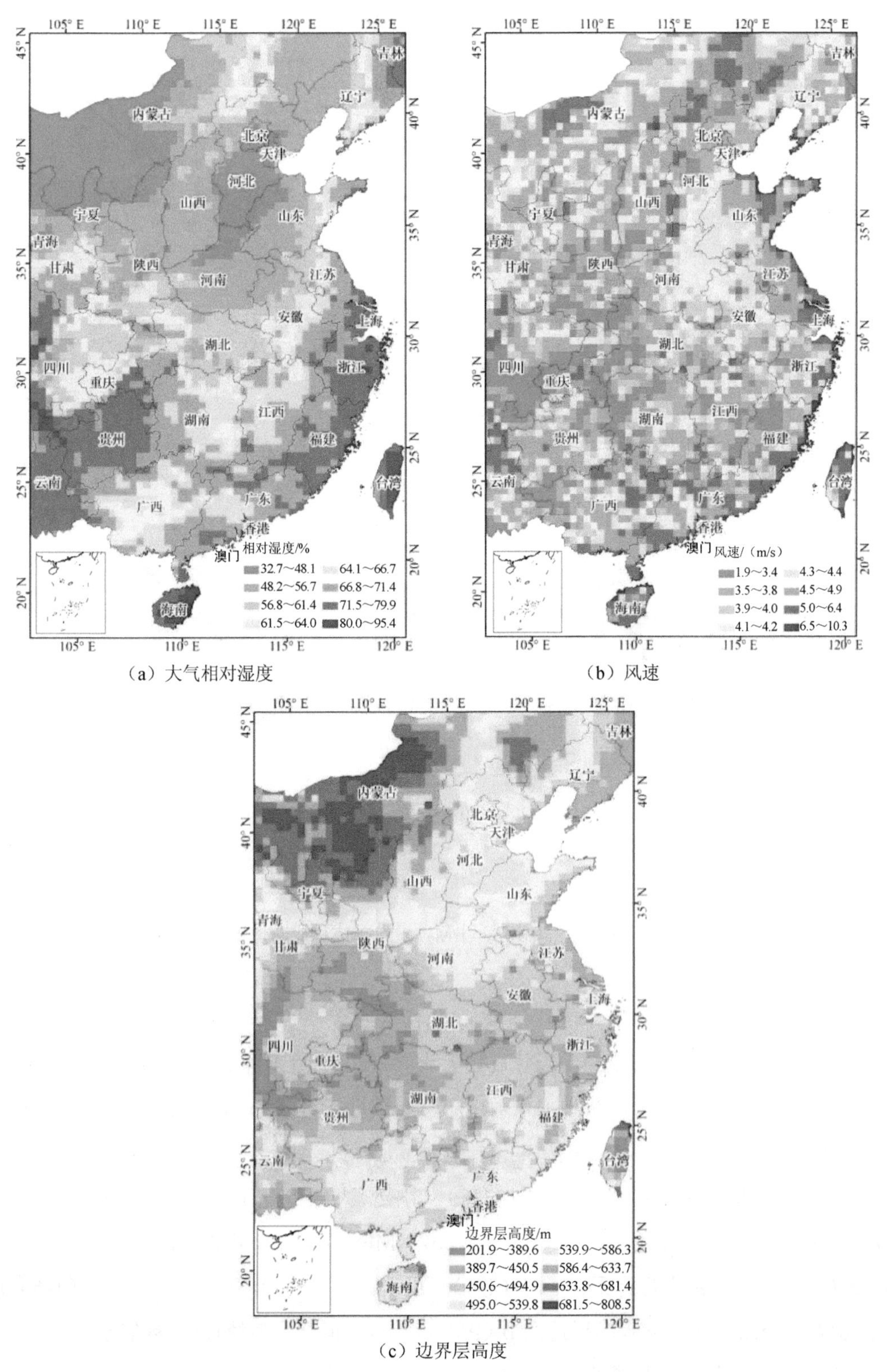

（a）大气相对湿度

（b）风速

（c）边界层高度

图 1-18 中东部地区 36 km 分辨率气象因子分布

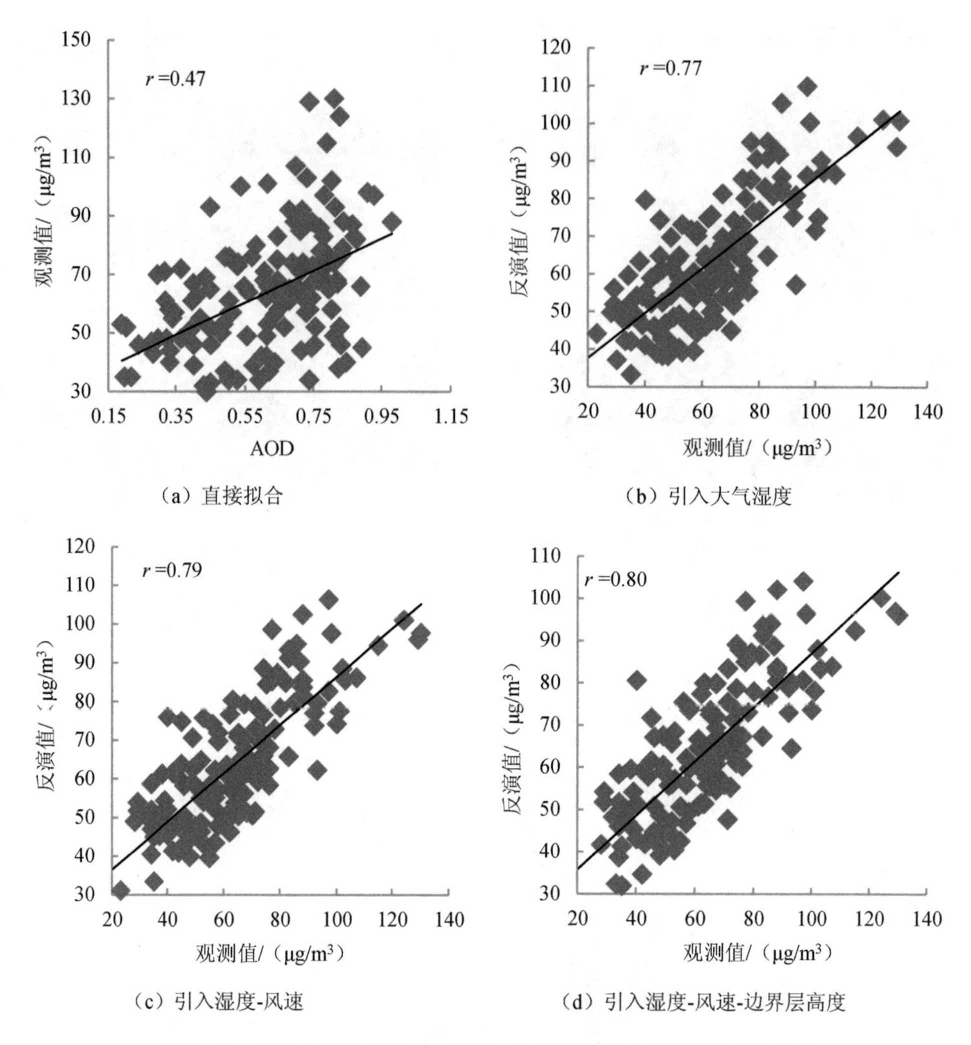

（a）直接拟合　（b）引入大气湿度

（c）引入湿度-风速　（d）引入湿度-风速-边界层高度

图 1-19　145 个城市年均 ρ（$PM_{2.5}$）观测值与反演值相关性分析

（3）反演模型优选

分别采用 3 个线性拟合模型反演 145 个样本城市的近地面 ρ（$PM_{2.5}$），将反演结果与实测数据进行统计分析，从相关系数（r）、一致性指数（I）及标准平均误差（NME）各项统计指标来看，3 个拟合模型的准确性从高到低依次是：引入湿度-风速-边界层高度因子（r=0.80，I=0.88，NME=16.33%）、引入湿度-风速因子（r=0.79，I=0.87，NME=16.86%）、引入湿度因子（r=0.77，I=0.86，NME=17.42%），可以看出近地面 ρ（$PM_{2.5}$）反演方程（1-6）明显优于反演方程（1-4）、反演方程（1-5），因此选取方程（1-6）反演 2014 年全国 10 km 分辨率近地面 ρ（$PM_{2.5}$）。不同拟合模型统计学参数见表 1-19。相关系数、一致性指数、标准平均误差计算公式详见参考文献。

表 1-19　AOD 和近地面 ρ（$PM_{2.5}$）关联模型

方法	反演模型	相关系数（r）	一致性指数（I）	标准平均误差/%	显著水平（p）
引入湿度	y=157.69AOD_{rh}+25.52	0.77	0.86	17.42	＜0.01
引入湿度-风速	y=145.84AOD_{rh}−3.84v+45.17	0.79	0.87	16.86	＜0.01
引入湿度-风速-边界层高度	y=146.58AOD_{rh}−3.88v−0.05 h+68.57	0.80	0.88	16.33	＜0.01

对 3 个反演模型的反演结果进行误差分析可以发现，3 个反演模型在 ρ（$PM_{2.5}$）高值区及低值区反演误差均较大，尤其在低值区反演结果的准确性显著降低，这是当前利用卫星遥感技术估算近地面 ρ（$PM_{2.5}$）面临的难题。因此，应尝试对 ρ（$PM_{2.5}$）高值区、低值区以及中值区分段建立拟合方程，以提高 $PM_{2.5}$ 反演结果的准确性（图 1-20）。

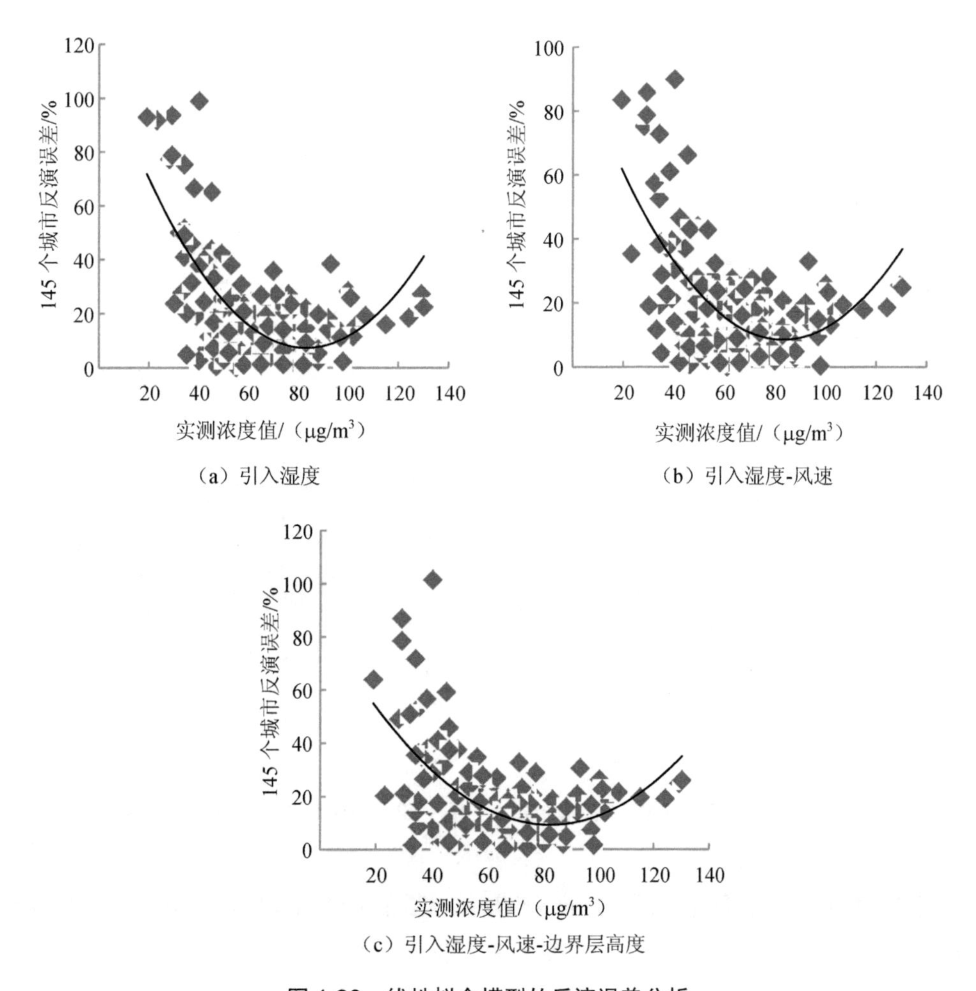

图 1-20　线性拟合模型的反演误差分析

1.3.2.3 $PM_{2.5}$质量浓度反演

依据式（1-6）反演 2014 年我国中东部地区 10 km 分辨率近地面 ρ（$PM_{2.5}$），反演结果如图 1-21 所示。结果表明，2014 年我国 $PM_{2.5}$污染最严重地区主要集中在华北平原、两湖平原和成渝盆地等人口密集地区，研究范围内年均 ρ（$PM_{2.5}$）约为 40 μg/m³，最大值为 103 μg/m³，位于河南省郑州市。统计结果表明，2014 年中东部地区年均 ρ（$PM_{2.5}$）小于 35 μg/m³ 的面积约 67.51 万 km²，主要集中在东南部等沿海地区，约占研究范围面积的 16.8%；年均 ρ（$PM_{2.5}$）介于 35 μg/m³ 和 50 μg/m³ 之间的面积约 186.18 万 km²，占研究区域面积的比例约为 46.3%；年均 ρ（$PM_{2.5}$）介于 50 μg/m³ 和 75 μg/m³ 之间的面积约 122.22 万 km²，约占研究范围面积的 30.4%；年均 ρ（$PM_{2.5}$）大于 75 μg/m³ 的面积约占研究区域的 6.5%，主要集中在华北平原人口密集地区。

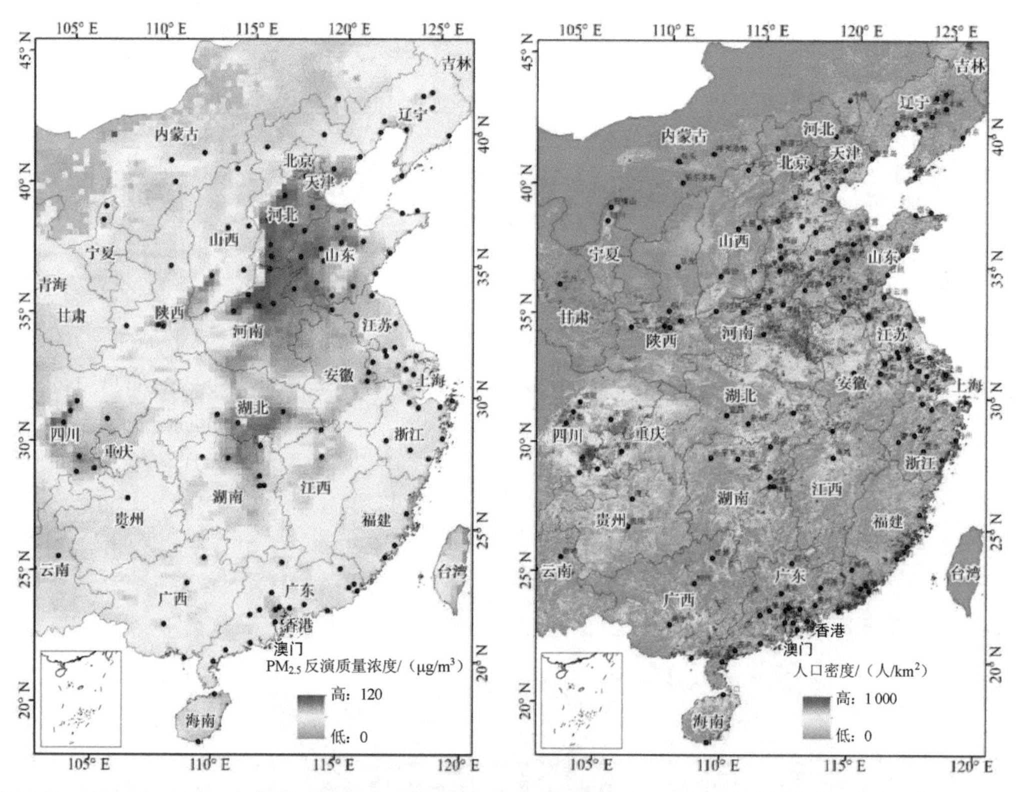

图 1-21 2014 年 10 km 分辨率ρ（$PM_{2.5}$）反演结果　　图 1-22 2014 年 1 km 分辨率人口密度分布

将 2014 年我国中东部地区 10 km 分辨率近地面 ρ（$PM_{2.5}$）与 2010 年全国 1 km 分辨率人口密度数据进行叠加分析，结果表明：北京、天津、河北、山东及河南 5 个典型重污染省份内分别有 96.3%、100%、78.16%、98.86%、100%的面积的 $PM_{2.5}$ 质量浓度超过《环境空气质量标准》（GB 3095—2012）二级浓度限值，约有 99.97%、100%、96.41%、98.88%、100%的人口暴露于空气质量超标地区，长期高浓度 $PM_{2.5}$ 暴露可能对公众健康造成严重危害。具体如表 1-20、图 1-21、图 1-22 所示。

表 1-20　典型省份 $PM_{2.5}$ 污染及人口暴露　　单位：%

省份	超标面积比例	超标地区人口比例
北京	96.30	99.97
天津	100.00	100.00
河北	78.16	96.41
山东	98.86	98.88
河南	100.00	100.00
合计	91.92	98.78

1.3.2.4　小结

（1）引入中尺度气象模型 WRF 模拟的大气相对湿度、风速、边界层高度等气象因子后，逐步改进了 AOD 和 ρ（$PM_{2.5}$）之间的相关性，其相关系数由直接拟合的 r=0.47 分别提高到 0.77、0.79、0.80，相关系数逐步提高，证实了引入湿度、风速、边界层高度 3 个气象因子对于提高 $PM_{2.5}$ 浓度反演结果的有效性效果显著，但只引入风速、边界层高度对提高 $PM_{2.5}$ 浓度反演准确性的效果不显著。

（2）2014 年我国中东部地区 ρ（$PM_{2.5}$）反演结果表明，年均 ρ（$PM_{2.5}$）大于 35 $\mu g/m^3$ 的面积高达 334.49 万 km^2，占研究区域面积的 83.2%，且污染程度大小与人口分布密度大小高度重合。对典型重污染省份分析结果表明，北京、天津、河北、山东及河南 5 个省份分别有 96.3%、100%、78.16%、98.86%、100%的面积超标，约有 99.97%、100%、96.41%、98.88%、100%的人口生活在空气质量超标地区。

（3）对 3 个反演模型的反演结果进行误差分析可以发现，$PM_{2.5}$ 反演结果存在对高值区低估、低值区高估的现象，在进一步研究中，可以考虑对高值区、低值区以及中值区分段建立拟合方程，以提高 $PM_{2.5}$ 质量浓度反演结果的准确性。

第 2 章　大气环境容量研究

大气环境容量是指一个区域在某种环境目标（如空气质量达标或酸沉降临界负荷）约束下的大气污染物最大允许排放量。传统方法主要以 SO_2、NO_2、PM_{10} 环境浓度达标或不超过酸沉降临界负荷为约束条件，适用于核算单一污染物的环境容量，如 SO_2、NO_x、颗粒物的环境容量，技术方法简单，但是未考虑大气中复杂的物理化学转化过程，因此无法核算 $PM_{2.5}$ 等复合污染对应的大气环境容量。本章对大气环境容量的概念和发展历程进行系统梳理，分析了不同大气环境容量核算方法的优缺点，并创新性地建立了 $PM_{2.5}$ 达标约束下的大气环境容量核算方法，弥补了传统的 A 值法、线性优化法的缺陷，丰富和完善了大气环境容量核算方法和技术体系，并通过结合改进 A 值法，核算了河南省重污染时段、西宁市全年及分季节的大气环境容量。

2.1　大气环境容量内涵

2.1.1　大气环境容量概念

环境容量的概念最初是在 20 世纪 60 年代末期由日本学者提出的。从广义来讲，环境容量是指自然环境维持其相对稳定的状态并保持其功能不受破坏的前提下，所能承受的人类社会和经济发展规模的大小，比如自然环境对人口规模、生产总量、产业规模、土地开发水平等要素的承载量；从狭义来讲，环境容量特指在一定时期内，一定空间范围的水、气、土壤等自然环境在维持其自然状态和功能不受破坏、人类健康不受损害的前提下，所能容纳的由自然和人类活动所产生的污染物排放量。大气环境容量，即某一环境在污染物累积浓度不超过环境标准规定的最大容许值的情况下，一定时期内所能容纳的污染物最大负荷量。大气环境容量的大小，除了与环境标准值和环境背景值有关外，还与环境对污染物的净化能力等自然因素及人为因素有关，如环境空间的大小、污染源排放特征、气象条件、地形地貌及污染物的理化特性等。

我国自从“六五”时期开始组织大气环境容量研究工作，逐步提出了“大气环境容量是包含大气环境的自然规律和社会效益两类参数的多变量函数，是一个多值函数”的观点，这为我国建立大气环境容量理论体系奠定了基础。“七五”期间，我国设立科技攻关项目，开展了珠江三角洲地区大气环境容量的研究，就大气环境容量理论和地方试点进行了积极探索。“十五”期间，启动了科技攻关项目“区域大气污染物总量控制技术与示范研究”，核算了全国、典型区域与城市的大气环境容量，此外国家环保总局于 2003 年组织开展了 113 个环保重点城市的大气环境容量核算工作。“十二五”期间，国家启动了绿色 GDP2.0 等一系列研究项目，起草了《大气环境容量核算技术指南（初稿)》。大气环境容量的理论与核算方法逐步得以完善，形成了较为完整的理论体系。

2.1.2　大气环境容量特征

大气环境容量是随着自然和社会条件变化而改变的变量，属于有科学规律可循的客观存在，大气环境容量作为环境的承载力是一种有限的自然资源。因此，大气环境容量具有客观性（自然属性)、主观性（社会属性）及资源性三重特征。客观性是指大气环境容量受气象条件、地形地貌、污染物背景浓度值等自然因素的影响；主观性是指大气环境容量受空气质量标准、污染源排放特征、外来源输送等人为因素的影响；资源性是指环境容量属非实物态、有限的自然资源，超负荷使用环境容量将导致资源的稀缺问题日益突出（表 2-1)。

表 2-1　大气环境容量的三性特征

特征	影响因素	影响方式
客观性	气象条件	风速、风向、混合层高度、降水等
	地形地貌	扩散条件与地形地貌直接相关
	背景浓度	受沙尘等背景值影响越大，容量空间越小
主观性	空气质量标准	环境容量随空气质量标准变化
	污染源排放特征	污染源排放的时空分布、污染源类别、污染物种类
	外来源输送	区域传输影响环境容量大小
资源性	稀缺性	稀缺资源

2.1.3 大气环境容量分类

在大气环境容量引入的初期，以煤烟型污染为主的环境问题存在单一性，大气环境容量是在 SO_2、NO_2 或者 PM_{10} 质量浓度达标约束下，对应的各污染物排放上限。针对酸雨污染问题，大气环境容量是酸沉降临界负荷约束下致酸污染物的环境容量。随着 $PM_{2.5}$、O_3 等区域性、复合型污染的日趋严重，大气环境容量核算变得更加复杂。为了实现空气质量全面达标，应同时考虑 $PM_{2.5}$、PM_{10}、O_3 等多重污染问题，$PM_{2.5}$、PM_{10}、O_3 达标约束下的多污染物环境容量核算技术的关键是多种污染物排放量在时间、空间和行业等多目标方面的最优化问题（表 2-2）。

表 2-2 大气环境容量的内涵

环境问题	污染物指标	核定思路	实践问题
煤烟型污染	SO_2、NO_2 及 PM_{10}	基于单一环境问题约束的单一污染物环境容量	SO_2、NO_2 及 PM_{10} 达标对应的各污染物环境容量
酸雨型污染	SO_2、NO_2	基于单一环境问题约束的多污染物环境容量	硫沉降临界负荷约束下的各污染物环境容量
复合型污染	$PM_{2.5}$、O_3、PM_{10} 等多项指标	基于多重环境问题同时约束的多污染物环境容量	$PM_{2.5}$、O_3、PM_{10} 等多指标同时达标下，SO_2、NO_x、PM、VOCs 及 NH_3 等多污染物环境容量

按照空气质量达标判别方式划分，环境容量可以基于城市点位平均值达标、所有点位空气质量达标、年均质量浓度达标及日均质量浓度达标率等多种方式。按核算思路划分，环境容量核算包括以下 3 种：

（1）基于单一环境问题约束的单一污染物环境容量

针对单一的环境问题，核算某种污染物的环境容量，污染物排放与环境问题一一对应，相互之间无化学反应或反应较弱。例如，基于 SO_2 排放指标，核算 SO_2 浓度达标情况下大气中 SO_2 的环境容量。比较适合的核算方法包括 A 值法或者线性规划法，两种方法均比较简单，但是 A 值法不能考虑优化问题，线性规划法仅考虑空间优化问题。

（2）基于单一环境问题约束的多污染物环境容量

单一的环境问题是多污染物排放引起的，污染物之间存在协同性或者化学转化关系。例如，基于 $PM_{2.5}$ 或 O_3 单一指标达标下，SO_2、NO_x、PM、VOCs 及 NH_3 等多污染物的环境容量。这一类环境容量的计算适合采用模型模拟方法，如基于 CMAQ、CMAx 等空气质量模型来模拟计算大气环境容量。该方法技术上相对复杂，但大气环境容量可以实现在空间上的优化分配、前体物间的协同优化。

（3）基于多重环境问题同时约束的多污染物环境容量

基于“一个大气”的理念，酸雨、$PM_{2.5}$、O_3、SO_2、NO_2 及 PM_{10} 等多指标同时达标约束下，核算 SO_2、NO_x、PM、VOCs 及 NH_3 等多污染物的环境容量，该方法要综合考虑多种污染物引起的复合污染，化学机理复杂，适合采用 CMAQ、CMAx 等空气质量模型来模拟计算大气环境容量，同时可以实现大气环境容量在空间上的优化分配以及前体物间的协同优化。

2.1.4　大气环境容量演变

随着大气污染问题从传统的煤烟型污染向区域型、复合型污染转变，我国大气污染管理模式大致经历了“排放浓度控制→排放总量控制→环境质量控制”三个阶段，伴随着大气污染问题和管理模式的演变，大气环境容量理论和核算方法不断完善。总体而言，我国大气环境容量经历了 4 个发展阶段。

第一阶段（1980—2000 年）：环境容量概念的引入与探索。

从 20 世纪 80 年代开始，随着经济的快速发展，能源消耗量急剧增加，我国城市煤烟型污染越来越严重。大气污染防治工作重点集中在工业点源的烟粉尘和 SO_2 治理，实施了以大气污染物排放标准为主要载体的浓度控制，但无法解决排放浓度达标而环境空气质量继续恶化的矛盾。这一时期，相关学者开始探索基于大气环境容量的总量控制，环境容量概念引入中国。针对 SO_2 浓度超标问题，我国开展了大量 SO_2 环境容量核算研究工作，代表性成果是任阵海等将 SO_2 空气质量二级标准浓度限值作为约束条件，考虑总量控制及大气输送，计算得出全国城市 SO_2 年均质量浓度达标下 SO_2 最大允许排放量约为 1 200 万 t。

第二阶段（2001—2005 年），环境容量理论的发展与实践。

从 20 世纪 90 年代开始，燃煤引起的酸雨污染问题引起了公众的关注，环境问题从局地煤烟型污染向区域型污染转变，污染控制思路从浓度控制向总量控制过渡，酸性污染物总量控制成为酸雨污染防治的重点。这一时期，有关学者围绕酸雨污染开展了酸沉降临界负荷及 SO_2 等大气污染物环境容量研究。在全国层面，郝吉明等研究了不同保证率下的全国及各省网格化的酸沉降临界负荷；柴发合等以 95%保证率下硫沉降临界负荷为约束条件，计算出全国 SO_2 环境容量约为 1 700 万 t；在区域层面，基于 CALPUF 空气质量模型和线性优化模型，计算出辽中城市群的 SO_2 环境容量为 32 万 t；在城市层面，基于 AERMOD 空气质量模型和线性优化模型计算了青岛市大气环境容量。国家环境保护总局于 2003 年组织核算了 113 个环保重点城市的大气环境容量。此外，根据主体功能区划类型，王金南等核算了 SO_2 年均质量浓度达标下的 SO_2 最大允许排放量。

第三阶段（2006—2012 年），环境容量研究的停滞期。

“十一五”时期以来，我国污染控制全面进入总量控制阶段，SO_2 纳入国家“十一五”约束性指标体系，SO_2、NO_x 双指标同时纳入了国家“十二五”约束性指标体系。实施总量控制以来，全国 SO_2、NO_x 排放总量出现大幅下降，SO_2、NO_2 年均质量浓度均有所降低，但 $PM_{2.5}$ 等区域污染问题日益严重，其主要原因是目标总量控制在一定程度上淡化了对区域、城市空气质量达标的要求，没有建立有效的污染减排与空气质量改善之间的关系。这一时期目标总量控制成为我国大气污染控制的重要制度，而环境容量控制及相关研究基本处于停滞期。

第四阶段（2013 年至今），以环境质量为核心的控制思路促进环境容量研究快速发展。

为控制日益突出的以 $PM_{2.5}$、O_3 污染为特征的区域型复合型大气污染，2012 年国务院批复了《重点区域大气污染防治“十二五”规划》，标志着大气污染防治工作思路由“排放总量目标导向”向“环境质量目标导向”转变。2013 年国务院印发的《大气污染防治行动计划》，正式确立了以环境质量为核心的大气污染防治模式。在此背景下，相关学者开始研究“污染排放”与“质量改善”的定量关系，探索基于 $PM_{2.5}$ 质量浓度达标约束下的多污染物环境容量计算方法。以王金南、薛文博等为代表的研究团队，基于第 3 代空气质量模型 WRF-CAMx，开发了大气环境容量三维迭代优化算法，并以 333 个地级城市 $PM_{2.5}$ 年均质量浓度达标为约束，计算了 31 个省份 SO_2、NO_x、一次 $PM_{2.5}$ 及 NH_3 的最大允许排放量。

预计 $PM_{2.5}$、PM_{10}、O_3 等污染问题将在未来一段时间内同时存在，因此大气环境容量研究的难点是如何核算多环境指标同时达标时，SO_2、NO_x、PM、VOCs 及 NH_3 等多污染物的环境容量，大气中多种污染物引起的环境问题的复杂性对大气环境容量核算提出更大挑战。此外，短期内大气环境形势很难在根本上扭转，重大赛会空气质量保障及重污染天气应急管理已成为大气污染管理的重要工作，环境容量核算如何提高时间分辨率是下一步的技术难题。

2.2 大气环境容量核算方法

大气环境容量的核算方法是伴随环境问题的演变以及环境理论认知水平的提高而不断改进和提升的，常见的核算方法包括 A 值法、线性优化方法、模型模拟法等（表 2-3）。

表2-3 不同核算方法的特征

核算方法	技术依据	特点
A值法	箱式模型	方法简单、方便，仅考虑自然因素，无法反映大气中化学转化过程，适用于核定理想状态下的大气环境容量
线性优化方法	线性优化	可反映“排放-受体”的响应关系，在区域上对大气环境容量进行优化配置，无法反映具有非线性特征的二次大气污染问题
模型模拟法	空气质量模型	考虑大气物理化学过程及污染源布局，兼顾自然因素和人为因素；环境容量的测算结果更具科学性，可体现减排有效性；存在技术复杂、计算量大等缺点

（1）A值法基于箱式模型原理，假设环境容量与大气环境自净能力、地区面积成正比关系，仅考虑自然因素，未反映排放源特征、化学转化过程，适用于核定理想状态下的大气环境容量，不适用于$PM_{2.5}$、O_3等达标约束下的环境容量，优点是简单、方便。

（2）线性优化方法基于线性优化理论计算大气环境容量，将污染源及其扩散过程与控制点联系起来，以目标控制点的浓度达标作为约束，通过多源模型与数学规划法等确定污染源的最大允许排放量。线性优化方法主要适用于尺度较小的区域，能够反映“排放-受体”的响应关系，可以对大气环境容量进行优化配置，但该方法受到线性假设的制约，不能处理具有非线性特征的大气二次污染问题。

（3）模型模拟法采用空气质量模型对污染源削减方案进行模拟，满足空气质量达标对应的污染源排放量即为区域大气环境容量。该方法可以兼顾气象、地形等自然因素和污染源等人为因素对于大气环境容量的影响，有效克服了传统方法的不足，可以反映复杂的大气物理化学过程，但最初该方法是建立在污染源排放的空间与行业分布特征等不发生显著变化的理想假设基础上，不能对大气环境容量进行优化配置。

为了改进模型模拟法的缺陷，王自发等开发了一种运用区域空气质量模式核算大气环境容量的新算法，该方法将大气环境作为一个开放的、动态的空间，充分考虑气象条件的复杂性，通过大气污染物的生成、转化、消亡过程量化大气对污染物的容纳能力，计算出目标区域具有时空动态特征的大气环境容量。王金南、薛文博等建立了大气环境容量三维迭代优化计算模型，基于动态的空间传输矩阵、行业贡献矩阵、前体物贡献矩阵，建立多目标非线性优化模型，计算出各地区、分行业的SO_2、NO_x、颗粒物、NH_3、VOCs等大气污染物环境容量。大气环境容量三维迭代优化方法统筹考虑了$PM_{2.5}$的区域传输、行业耦合以及前体物非线性协同等作用，所核算出的环境容量本质是空气质量达标约束下的各地区、各行业、各污染物的最大允许排放量或最佳削减方案。目前该方法已在京津冀区域及部分城市大气环境容量核算工作中得到广泛应用，并成为《大气环境容量核算技术指南（初稿）》的推荐方法之一，但该方法存在技术复杂、计算量大等缺点，环境容量核算技术有待进一步改进。

2.2.1 改进 A 值法

改进 A 值法遵循 A 值法的基本原理，根据地形、土地利用及气象等数据，利用中尺度气象模型 WRF 模拟风速、风向、混合层高度等主要气象要素，计算网格化的 A 值（通风系数）。以《环境空气质量标准》（GB 3095—2012）年均质量浓度限值为约束，利用改进后的 A 值核算 SO_2、NO_x、颗粒物等常规大气污染物环境容量，并给出大气环境容量的时空分布特征。

环境空气质量指标主要包括 SO_2、NO_2、PM_{10}，以三项污染物年均质量浓度达到《环境空气质量标准》二级限值为约束条件，基于 WRF 模型模拟高分辨率气象要素计算高分辨率的通风系数，采用 A 值法测算 SO_2、NO_x、PM_{10} 三种污染物的最大允许排放量，并分析三种大气污染物环境容量的时空分布格局。若忽略干湿沉降，大气污染物的环境容量可采用式（2-1）和式（2-2）计算：

$$Q_a = \sum 3.153\,6 \times 10^{-3} \times g \cdot (C_s - C_b)\left[\frac{\sqrt{\pi} V_E S_i}{2\sqrt{S}}\right] \quad (2\text{-}1)$$

$$V_E = \overline{u} H_i \quad (2\text{-}2)$$

式中，Q_a——典型月份气象条件下区域环境容量，10^4 t/a；

V_E——通风系数；

u——混合层内平均风速，m/s；

H_i——混合层高度，m；

S——核算区域面积，km^2；

S_i——各区块、网格面积，km^2；

C_s——污染物浓度控制标准；

C_b——污染物背景浓度，依据当地空气质量对照点观测数据确定，mg/m^3；

g——环境质量控制目标权重因子，即控制目标占标率，取 0.75。

PM_{10} 为固态污染物、粒径大、在混合层内呈非均匀分布状态，假设 PM_{10} 主要集中在 1/2 混合层高度内，基于上述假设对 PM_{10} 环境容量计算中采用的通风系数进行了修订。

2.2.2 空气质量模型法

污染源排放的 SO_2、NO_x、颗粒物等各种大气污染物均是 $PM_{2.5}$ 的直接或间接贡献者，$PM_{2.5}$ 生成过程存在显著的化学非线性特征，因此 A 值法难以用于核算 $PM_{2.5}$ 达标约束下的主要大气污染物环境容量。为计算 $PM_{2.5}$ 达标约束下的环境容量，本研究在 WRF-CAMx 模型的基础上，设计了环境容量迭代计算方法，具体迭代循环过程如下：

（1）基准情景 $PM_{2.5}$ 年均质量浓度模拟。基于 CMAx 模型搭建适用于城市尺度的空气质量模拟系统，模拟基准年 $PM_{2.5}$ 年均质量浓度。

（2）$PM_{2.5}$ 达标限值设定。依据《环境空气质量标准》（GB 3095—2012）规定的 $PM_{2.5}$ 年均质量浓度二级限值，设置 $PM_{2.5}$ 年均质量浓度达标限值。

（3）$PM_{2.5}$ 年均质量浓度达标判别。对于基准情景未达标的地区制定削减方案，进行迭代计算，直至 $PM_{2.5}$ 年均质量浓度达标。

（4）削减方案制定。利用 CAMx 模型的 PSAT 溯源技术，分析空间输送、行业贡献、化学组分特征，采用“谁贡献大，谁优先削减”的原则，制定各地市、各行业的 SO_2、NO_x 及颗粒物的减排方案。

（5）数值模型迭代。基于（4）制定的削减方案，模拟新削减方案下 $PM_{2.5}$ 年均质量浓度，然后重复（3）（4）（5），直至 $PM_{2.5}$ 年均质量浓度达标，得到 SO_2、NO_x、颗粒物的环境容量。

大气环境容量模拟技术路线见图 2-1。

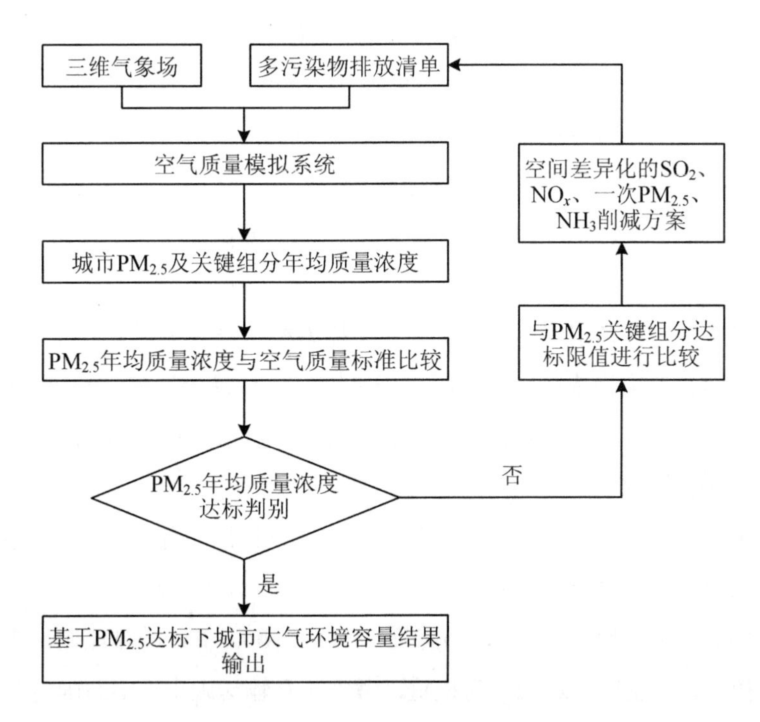

图 2-1　大气环境容量模拟技术路线

2.3 大气环境容量核算案例

2.3.1 河南省重污染时段大气环境容量核算

2.3.1.1 技术路线

以河南省北部6个城市（安阳、鹤壁、濮阳、新乡、焦作、郑州）2015年12月、2016年12月的静稳天气过程（2015年12月4—11日、2016年12月15—22日）空气质量达标为约束条件，采用空气质量模型迭代法核算 SO_2、NO_x 及 PM（颗粒物）三种主要大气污染物的环境容量，计算过程实现了“客观化，智能化”。具体方法如下：

（1）基准情景空气质量模拟。基于CMAQ搭建适用于河南省的空气质量模拟系统，模拟河南省2015年12月、2016年12月 PM_{10}、$PM_{2.5}$、SO_2、NO_2 等污染物浓度，并利用地面观测数据进行验证。

（2）空气质量达标约束设置。12月达标条件设置：对于月均质量浓度评价标准，国家未进行规范，因此借鉴年评价规范确定月达标限值。以 $PM_{2.5}$ 为例，首先，计算各城市全年 $PM_{2.5}$ 日均质量浓度的95%分位数质量浓度 $C_{95\%}$，然后对12月日均质量浓度进行从高到低排序，找出12月日均模拟浓度与 $C_{95\%}$ 相等的日期，以该日空气质量达到日均标准为约束条件；静稳天气过程达标条件设置：2015年12月4—11日、2016年12月15—22日 PM_{10}、$PM_{2.5}$、SO_2、NO_2 四项指标全部达到日均标准。

PM_{10}、$PM_{2.5}$、SO_2、NO_2 日均二级标准分别为 150 μg/m^3、75 μg/m^3、150 μg/m^3 和 80 μg/m^3。

（3）空气质量达标判别优化。从空气质量模型模拟结果中提取6个城市12月和静稳天气过程期间各污染物浓度，判别所有城市空气质量是否达到（2）设置的达标约束条件。如果达到（2）设置的约束条件，则终止模型迭代计算，否则不断重复步骤（4）（5）（6），直至满足（2）设置的达标约束条件。

（4）迭代计算削减方案制定。12月和静稳天气过程期间各城市 $PM_{2.5}$ 超标比例均高于 PM_{10} 超标比例，这是空气质量达标的瓶颈。因此，以硫酸盐、硝酸盐、一次PM质量浓度在 $PM_{2.5}$ 中所占比例为权重，动态确定 SO_2、NO_x、PM减排比例，实现前体物之间的最优化控制；以空间输送矩阵为权重，考虑相互输送因素，动态确定各地市减排比例，实现区域统筹和城市间的最优化。迭代最优化削减程序的代码已内置到CMAQ代码中，实现了伴随模拟与优化。

（5）多污染物排放清单生成。基于各地市间差异化的 SO_2、NO_x、PM 削减方案，在基准排放清单基础上创建新的多污染物排放清单。迭代排放清单程序的代码已内置到 CMAQ 代码中，实现了排放清单在线迭代。

（6）空气质量模型迭代计算。利用新生成的多污染物排放清单，模拟新的削减方案下河南省北部 6 个城市空气质量，然后按步骤（2）（3）（4）（5）循环往复，直至满足条件时终止计算，得到 SO_2、NO_x、PM 三种污染物环境容量。

2.3.1.2 模型设置

本研究的大气环境容量迭代方法建立在 WRF-CMAQ 模型的基础上，WRF 模型、CMAQ 模型设置如下（表 2-4、表 2-5）。

表 2-4 CMAQ 模型参数设置

模型参数	CMAQ
模型版本	5.0.2
网格嵌套方式	单层网格
水平分辨率	6 km
垂直分层层数	14
气相化学机制	CB05
气溶胶化学机制	AERO5
光化学速率	In-line
风沙尘	off
边界条件	默认
初始条件	逐日重启

表 2-5 WRF 模型参数化方案

参数化方案	所选方案名称
微物理过程方案	WSM6
长波辐射方案	New Goddard scheme
短波辐射方案	RRTM
近地层方案	Pleim Xiu
陆面过程方案	Pleim Xiu
边界层方案	ACM2
积云对流方案	Kain-Fritsch

（1）模拟时段：模拟时段为 2015 年 12 月、2016 年 12 月（包括静稳天气过程），模拟时间间隔为 1 h。

（2）模拟区域：CMAQ 模拟区域采用 Lambert 投影坐标系，中心经度为 113.5°E，中心纬度为 34°N，两条平行标准纬度为 32°N 和 36°N，网格间距为 6 km，共将模拟区域划分为 124×124 个网格，研究区域包括河南全省及周边部分地区。模拟区域垂直方向共设置 14 个气压层，层间距自下而上逐渐增大。

（3）气象模拟：CMAQ 模型所需要的气象场由中尺度气象模型 WRF 提供，WRF 模型与 CMAQ 模型采用相同的空间投影坐标系，但模拟范围大于 CMAQ 模拟范围，采用双层嵌套，网格间距为 18 km 和 6 km，垂直方向共设置 28 个气压层。WRF 模型的初始输入数据采用美国国家环境预报中心（NCEP）提供的 6 h 一次、1°分辨率的 FNL 全球分析资料，每日重新初始化一次，spinup 设置为 6 h，并利用实际气象观测资料进行客观分析与资料同化，确保模拟结果与实际天气过程接近。

2.3.1.3 排放清单

CMAQ 模型所需排放清单的化学物种主要包括 SO_2、NO_x、颗粒物（PM_{10}、$PM_{2.5}$ 及其组分）、NH_3 和 VOCs（含多种化学组分）等多种污染物。其中 SO_2、NO_x、PM 排放数据来源于河南省各地市 2015 年环境统计数据，而其他污染物采用清华大学 MEIC 排放清单中的数据，生物源 VOCs 排放数据源基于 MEGAN 模型在线计算。对于 PM_{10}，模型最难准确模拟，关键是扬尘排放清单不确定性过大，本研究结合了源解析结果模拟 PM_{10}，大致按照扬尘对 PM_{10} 的贡献约为 40%计算。

2015 年 12 月、2016 年 12 月及静稳天气期间各地市 SO_2、NO_x 及 PM 实际排放量，2015 年 12 月的 SO_2、NO_x 及 PM 排放量（表 2-6），按全年排放量的 10.80%、9.53%、12.69% 的经验值进行折算，2015 年 12 月 4—11 日的排放量依据 12 月平均排放量折算。2016 年 12 月 15—22 日的排放量假设方法与 2015 年 12 月 4—11 日相同。

表 2-6　2015 年 SO_2、NO_x 及 PM 排放量

城市	12 月/（t/月）			4—11 日（t/8 d）		
	SO_2	NO_x	PM	SO_2	NO_x	PM
安阳	11 047.06	10 001.29	18 499.72	2 850.85	2 580.98	4 774.12
鹤壁	4 695.53	3 831.82	2 381.66	1 211.75	988.86	614.62
濮阳	2 725.46	5 002.45	3 270.03	703.35	1 290.96	843.88
新乡	6 140.87	6 627.46	3 814.27	1 584.74	1 710.31	984.33

城市	12 月/（t/月）			4—11 日（t/8 d）		
	SO_2	NO_x	PM	SO_2	NO_x	PM
焦作	5 848.70	8 688.62	5 654.47	1 509.34	2 242.23	1 459.22
郑州	10 244.79	14 102.18	8 415.67	2 643.82	3 639.27	2 171.78

2.3.1.4　气象模拟

WRF 模拟的 2015 年 12 月、2015 年 12 月 4—11 日、2016 年 12 月 15—22 日边界层高度、风场、近地面大气压分别见图 2-2、图 2-3、图 2-4。

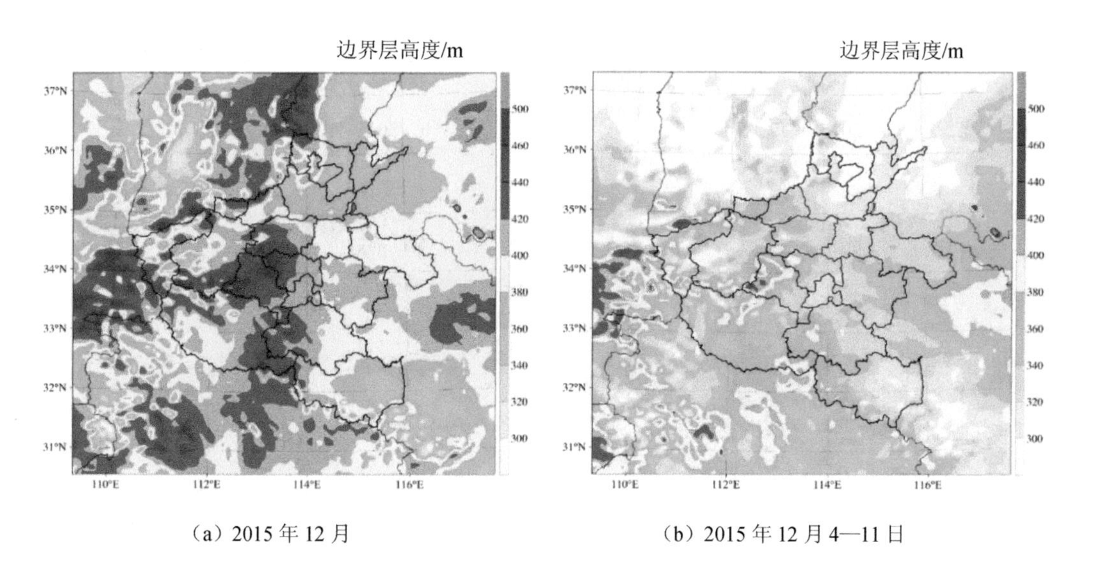

（a）2015 年 12 月　　（b）2015 年 12 月 4—11 日

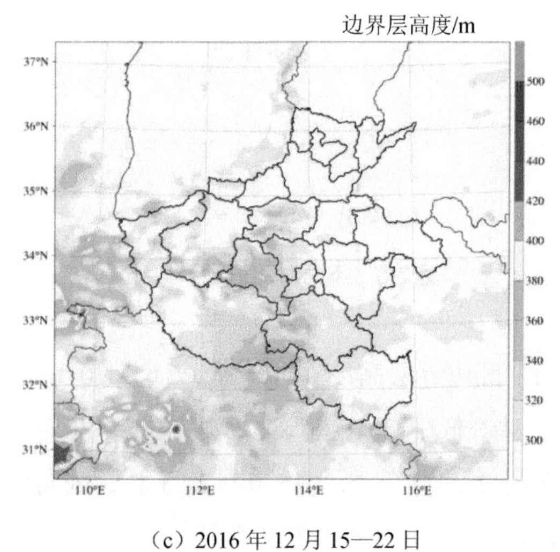

（c）2016 年 12 月 15—22 日

图 2-2　不同时间段边界层高度

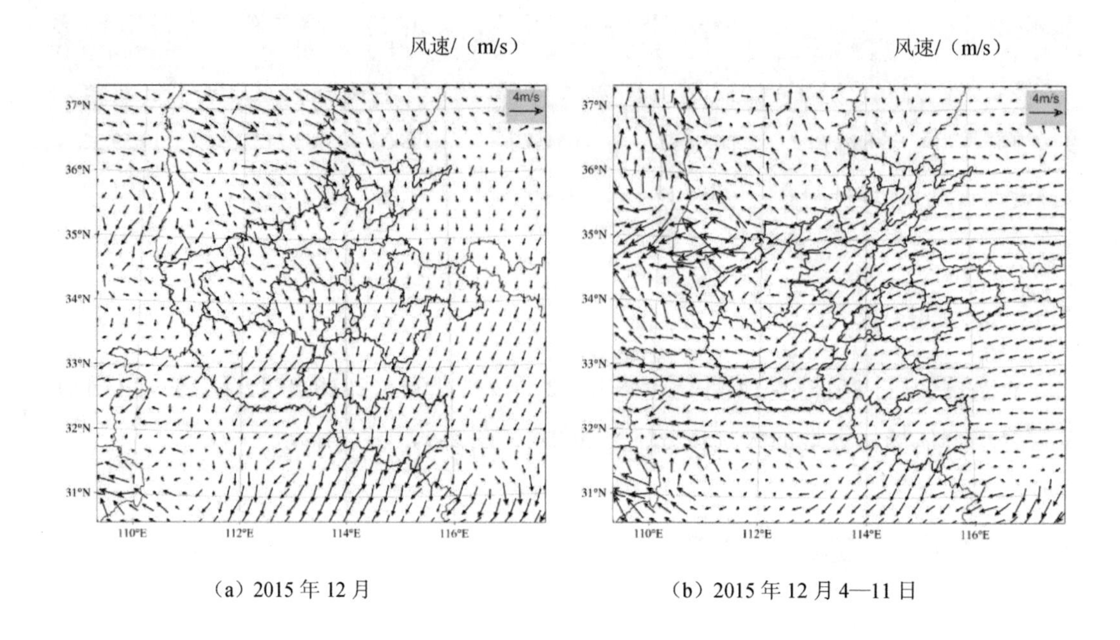

（a）2015 年 12 月　　（b）2015 年 12 月 4—11 日

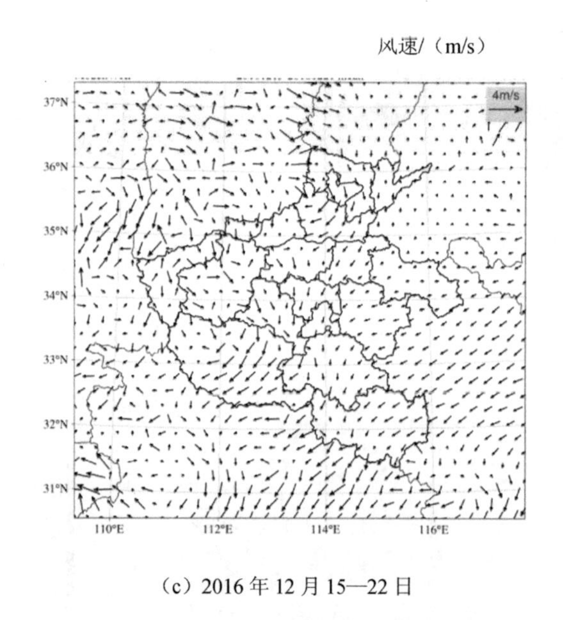

（c）2016 年 12 月 15—22 日

图 2-3　不同时间段主导风场

2015 年 12 月 4—11 日边界层高度在 400 m 以下、2016 年 12 月 15—22 日边界层高度在 300 m 以下，显著低于 2015 年 12 月边界层高度均值（500 m），极不利于大气污染物垂直扩散（图 2-2）；全省 2015 年 12 月主导风向均为西北和东北，2015 年 12 月 4—11 日、2016 年 12 月 15—22 日静稳天气期间主导风向为东北，且 2016 年 12 月 15—22 日相比 2015 年 12 月 4—11 日风速更小（图 2-3）；全省 2015 年 12

月和 2015 年 12 月 4—11 日、2016 年 12 月 15—22 日静稳天气期间大部分地区近地面主要受均压场控制，不利于大气污染物的水平扩散（图 2-4）。

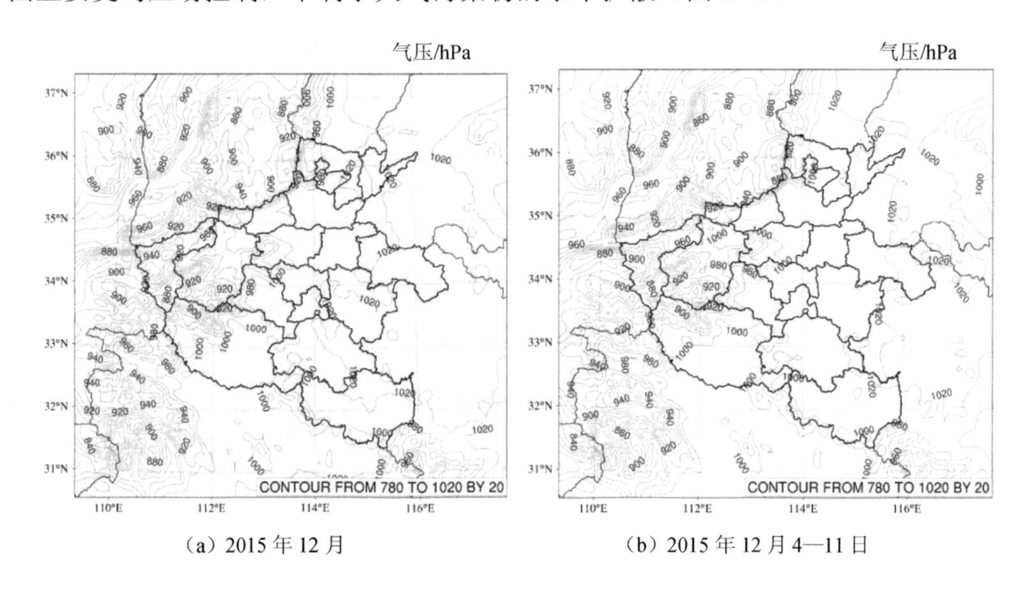

（a）2015 年 12 月　　（b）2015 年 12 月 4—11 日

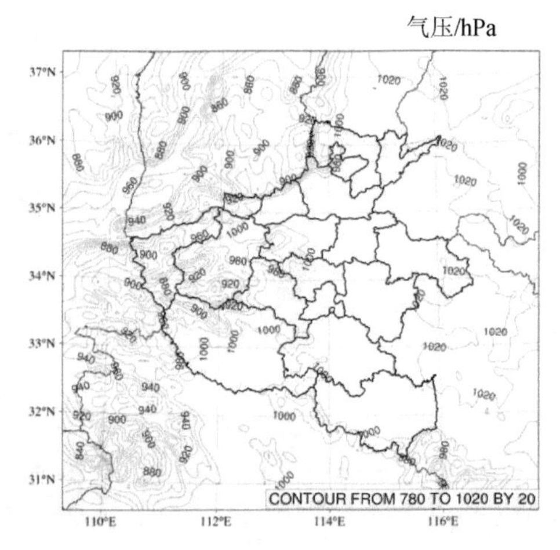

（c）2016 年 12 月 15—22 日

图 2-4　不同时间段近地面压力场

2.3.1.5　空气质量实况

2015 年 12 月全省共经历两次重污染过程，其中 4—11 日为典型的静稳天气过程，污染程度高、持续时间长、气象特征典型（图 2-5）。2016 年 12 月全省空气质量状况如图 2-6 所示。

开始时间：2015-12-01 结束时间：2015-12-31 因子：AQI 查询 导出

区域	城市代码	城市	1日	2日	3日	4日	5日	6日	7日	8日	9日	10日	11日	12日	13日	14日
北部	A1	安阳市	200	88	78	113	223	226	381	364	500	431	148	144	144	98
	A2	鹤壁市	147	84	59	79	137	195	332	344	389	328	203	183	155	128
	A3	新乡市	206	75	31	95	113	266	329	328	308	408	150	176	224	147
	A4	焦作市	240	97	47	63	124	178	317	294	277	407	168	147	231	117
	B1	濮阳市	155	112	80	96	103	115	227	229	234	500	152	100	182	198
中部	C1	郑州市	244	121	70	83	144	210	322	317	336	410	156	88	183	83
	C2	开封市	189	94	62	84	101	113	271	282	222	446	202	99	201	80
	C3	许昌市	110	119	82	79	159	212	262	293	296	320	220	76	156	97
	C4	漯河市	99	126	84	75	159	175	158	264	312	269	334	129	198	117
	C5	平顶山市	105	97	62	65	134	166	190	234	312	244	215	95	166	81
东部	D1	商丘市	186	102	93	119	120	125	169	114	114	290	237	144	258	262
	D2	周口市	113	111	88	84	165	249	147	224	284	296	290	113	182	145
西部	E1	三门峡市	170	114	65	66	94	123	248	266	238	262	227	130	150	51
	E2	洛阳市	115	107	56	62	123	186	253	262	202	218	183	118	160	49
西北部	F1	济源市	102	82	58	62	92	119	262	293	182	238	206	110	207	84
西南部	G1	南阳市	56	79	96	94	103	124	88	204	256	238	205	104	140	125
南部	H1	驻马店市	109	99	76	75	125	180	138	310	327	310	318	133	166	112
	H2	信阳市	93	113	87	67	84	99	94	231	226	287	341	212	159	117

图 2-5　2015 年 12 月空气质量

区域	城市	12月河南省省辖市实况AQI															实际过程		预测过程	空气质量过程AQI级别预测				
		1日	2日	3日	4日	5日	6日	7日	8日	9日	10日	11日	12日	13日	14日	15日	15日		15日	16日	17日	18日	19日	20日
北部	安阳市	176	216	245	236	372	124	207	206	110	189	276	249	186	90	198	108	296						
	鹤壁市	127	190	224	178	285	129	163	192	104	143	221	211	183	104	139	94	203						
	新乡市	117	206	192	119	251	127	139	185	79	120	158	163	166	75	153	104	214						
	焦作市	97	211	162	115	253	120	123	178	107	137	129	156	230	88	188	148	264						
	濮阳市	244	214	143	178	205	113	183	137	82	123	135	210	108	84	202	120	305						
中部	郑州市	178	244	163	100	277	127	107	168	99	122	186	202	176	68	175	123	258						
	开封市	255	266	234	87	152	103	100	155	97	112	124	182	138	65	144	102	223						
	许昌市	189	271	227	112	227	145	114	143	137	90	87	159	147	63	176	129	230						
	漯河市	140	236	198	132	202	135	132	153	175	122	99	173	199	80	166	114	242						
	平顶山市	134	260	243	143	160	159	115	153	165	110	127	155	169	78	166	109	238						
东部	商丘市	163	253	129	145	144	85	127	170	93	66	72	103	128	72	182	130	259						
	周口市	125	206	153	109	206	124	110	143	117	67	64	139	134	72	153	107	239						
南部	驻马店市	109	214	183	99	178	107	109	125	150	72	83	158	190	70	137	75	226						
	信阳市	102	149	134	102	122	104	103	130	180	68	83	134	195	80	118	74	213						
西南部	南阳市	114	153	166	105	100	138	123	122	147	99	104	113	138	65	138	98	211						
西部	三门峡市	92	212	189	117	85	71	108	160	97	100	118	100	212	169	166	94	309						
	洛阳市	124	252	208	106	100	114	127	183	120	135	193	142	206	112	189	113	287						
西北部	济源市	107	224	133	109	88	95	114	129	103	110	119	105	217	89	159	112	206						

图 2-6　2016 年 12 月空气质量

2.3.1.6　容量测算结果

经过 7 次迭代计算，得到安阳、鹤壁、濮阳、新乡、焦作、郑州 6 个城市空气质量达标约束下的最大（最优）允许排放量，即环境容量。各地市 SO_2、NO_x 及 PM（不含扬尘排放量）环境容量如表 2-7、表 2-8 所示。安阳、鹤壁、濮阳、新乡、焦作、郑州 6 个城市的环境容量相比基准排放量的削减比例如表 2-9、表 2-10 所示，具体削减原则如下：

表 2-7　2015 年 SO_2、NO_x 及 PM 环境容量

城市	12 月/（t/月）			12 月 4—11 日/（t/8 d）		
	SO_2	NO_x	PM	SO_2	NO_x	PM
安阳	5 198.78	4 275.82	5 556.13	1 192.79	957.40	1 194.79
鹤壁	2 929.05	1 825.69	908.42	649.74	403.26	200.39
濮阳	1 923.38	2 522.34	1 325.23	498.40	676.11	370.06
新乡	3 230.18	2 664.80	1 219.38	789.20	723.45	331.02
焦作	3 542.35	4 334.70	2 146.90	879.38	1 034.07	528.26
郑州	7 954.27	7 010.16	3 131.34	1 982.12	1 523.81	663.52

表 2-8　2016 年 SO_2、NO_x 及 PM 环境容量　单位：t/8 d

城市	12 月 15—22 日		
	SO_2	NO_x	PM
安阳	1 119.92	731.01	1 082.88
鹤壁	617.99	359.66	162.59
濮阳	603.06	562.26	240.48
新乡	1 032.51	611.45	283.87
焦作	981.52	792.54	343.56
郑州	1 827.27	1 320.53	535.23

表 2-9　2015 年环境容量相比基准排放量的减排比例　单位：%

城市	12 月			12 月 4—11 日		
	SO_2	NO_x	PM	SO_2	NO_x	PM
安阳	52.94	57.25	69.97	58.16	62.91	74.97
鹤壁	37.62	52.35	61.86	46.38	59.22	67.40
濮阳	29.43	49.58	59.47	29.14	47.63	56.15
新乡	47.40	59.79	68.03	50.20	57.70	66.37
焦作	39.43	50.11	62.03	41.74	53.88	63.80
郑州	22.36	50.29	62.79	25.03	58.13	69.45

表 2-10　2016 年环境容量相比基准排放量的减排比例　　单位：%

城市	12 月 15—22 日		
	SO_2	NO_x	PM
安阳	60.72	71.68	77.32
鹤壁	49.00	63.63	73.55
濮阳	14.26	56.45	71.50
新乡	34.85	64.25	71.16
焦作	34.97	64.65	76.46
郑州	30.89	63.71	75.36

（1）各地市 SO_2、NO_x 及 PM（不含扬尘）总排放量相比基准排放量削减比例应达到表 2-9、表 2-10 要求，同时各地市扬尘排放量削减比例不得低于表 2-9、表 2-10 中 PM 要求；

（2）环境容量研究只能得到各地市、各种污染物的环境容量，以及相比基准排放量的削减比例；

（3）对于工业、生活、机动车及扬尘各类源的削减比例，必须依据 PM_{10}、$PM_{2.5}$ 源解析各类源的贡献率（各地市基本都开展了源解析工作），因地制宜，确定优先控制序，明确各类源的减排比例；

（4）要将各地市环境容量分解到重点企业，应结合原环保部下发的《大气污染源优先控制分级技术指南（试行）》开展更复杂的、全新的研究，实现精准减排。

2.3.1.7　环境容量检验

（1）2015 年 12 月检验

利用空气质量模型对环境容量的准确性进行检验，模型模拟结果显示：当河南省北部 6 个城市 2015 年 12 月污染物排放量控制在环境容量以内，在 2015 年 12 月天气条件下，上述城市空气质量基本可以实现达标。PM_{10}、$PM_{2.5}$ 评估结果如表 2-11 所示，当 PM_{10}、$PM_{2.5}$ 达标时，SO_2、NO_2 浓度均可达标（图 2-7～图 2-9）。

表 2-11　2015 年 12 月环境容量情景减排评估　　单位：μg/m³

城市	实测质量浓度均值		削减至环境容量时的质量浓度均值	
	PM_{10}	$PM_{2.5}$	PM_{10}	$PM_{2.5}$
安阳	297.81	169.81	96.46	58.47

城市	实测质量浓度均值		削减至环境容量时的质量浓度均值	
	PM_{10}	$PM_{2.5}$	PM_{10}	$PM_{2.5}$
鹤壁	200.35	151.48	88.07	56.18
濮阳	277.97	142.48	99.54	57.93
新乡	280.23	183.71	82.37	58.19
焦作	245.52	145.68	94.38	59.15
郑州	237.06	141.90	93.55	56.86

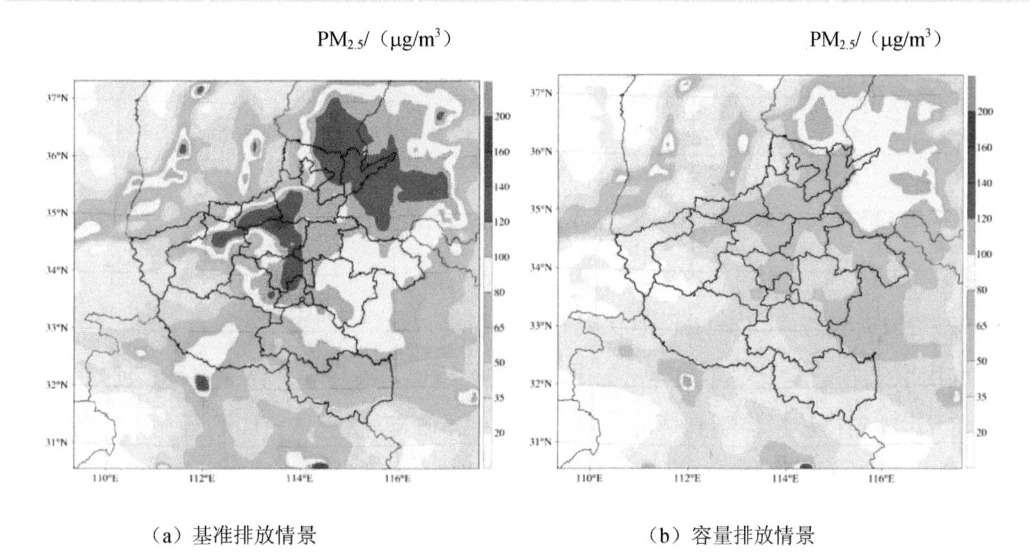

（a）基准排放情景　　（b）容量排放情景

图 2-7　不同情景下 $PM_{2.5}$ 月均质量浓度

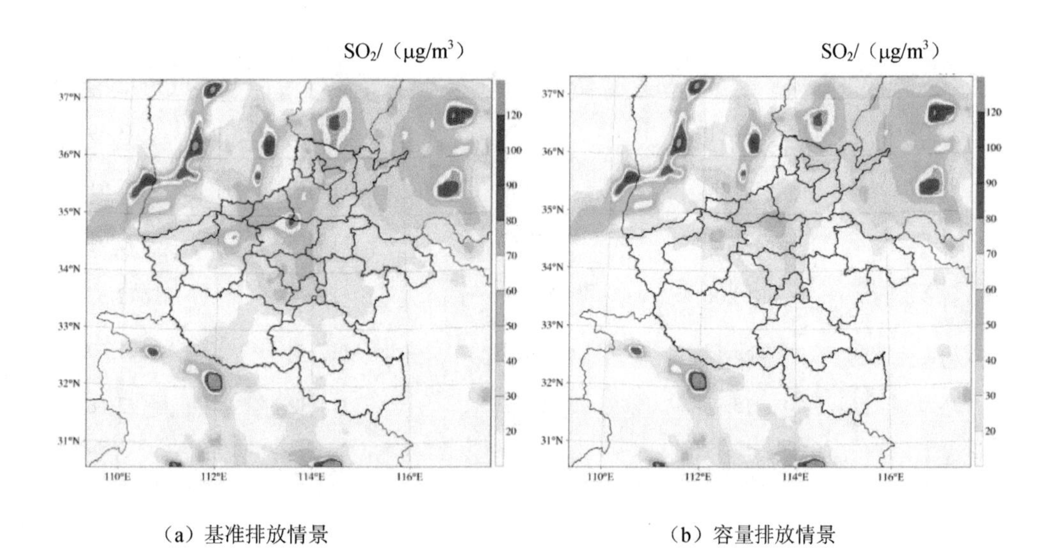

（a）基准排放情景　　（b）容量排放情景

图 2-8　不同情景下 SO_2 月均质量浓度

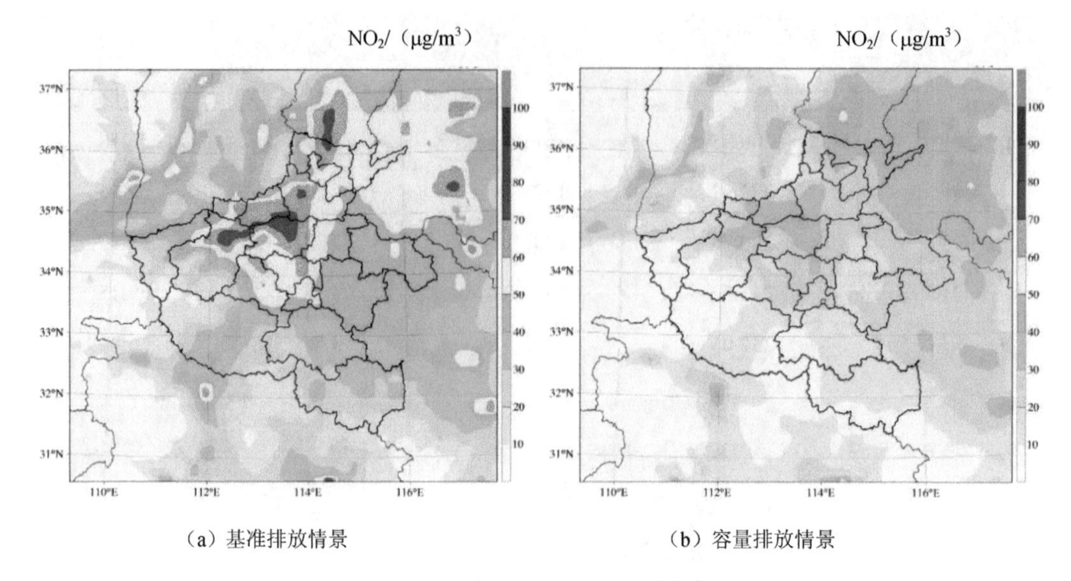

（a）基准排放情景　　（b）容量排放情景

图 2-9　不同情景下 NO_2 月均质量浓度

（2）2015 年 12 月 4—11 日静稳天气过程检验

利用空气质量模型对环境容量的准确性进行检验，模型模拟结果显示：河南省北部 6 个城市污染物排放量控制到环境容量以内，在 2015 年 12 月 4—11 日静稳天气条件下，空气质量基本可以达到环境空气质量国家日均标准。PM_{10}、$PM_{2.5}$ 评估结果如表 2-12 所示，当 PM_{10}、$PM_{2.5}$ 达标时，SO_2、NO_2 浓度均可达标（表 2-12，图 2-10～图 2-12）。

表 2-12　静稳天气过程环境容量情景减排评估　　单位：μg/m³

城市	静稳过程实测质量浓度均值		削减至环境容量时的质量浓度均值	
	PM_{10}	$PM_{2.5}$	PM_{10}	$PM_{2.5}$
安阳	373.50	237.75	113.11	73.69
鹤壁	269.00	206.75	116.28	71.61
濮阳	291.25	153.63	118.40	73.91
新乡	319.00	203.75	115.86	72.57
焦作	283.13	178.25	117.54	71.09
郑州	315.75	201.63	114,32	73.18

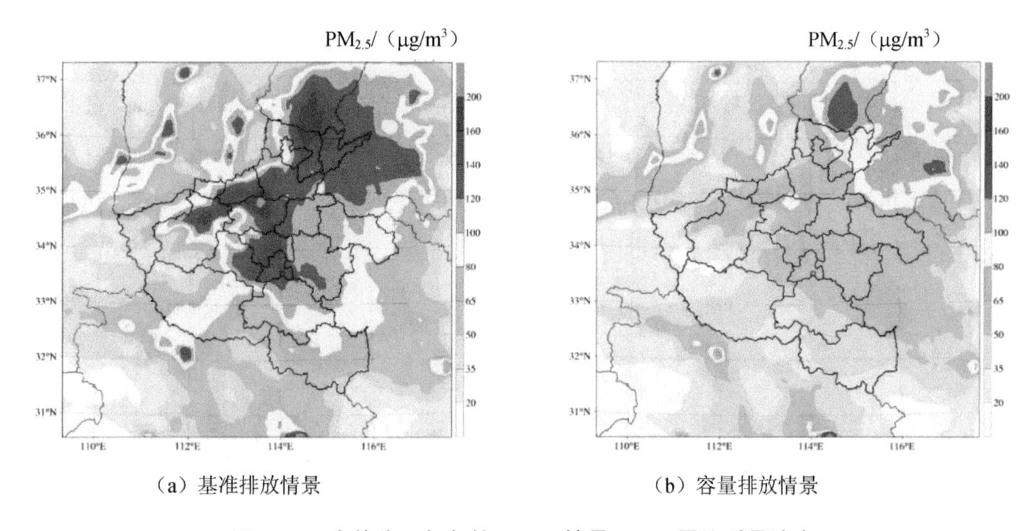

（a）基准排放情景　　（b）容量排放情景

图 2-10　在静稳天气条件下不同情景 $PM_{2.5}$ 平均质量浓度

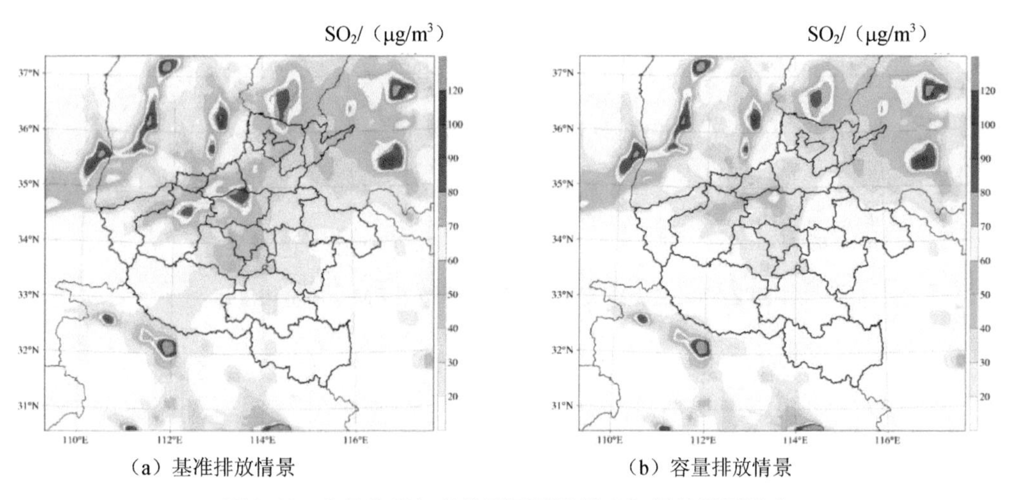

（a）基准排放情景　　（b）容量排放情景

图 2-11　在静稳天气条件下不同情景 SO_2 平均质量浓度

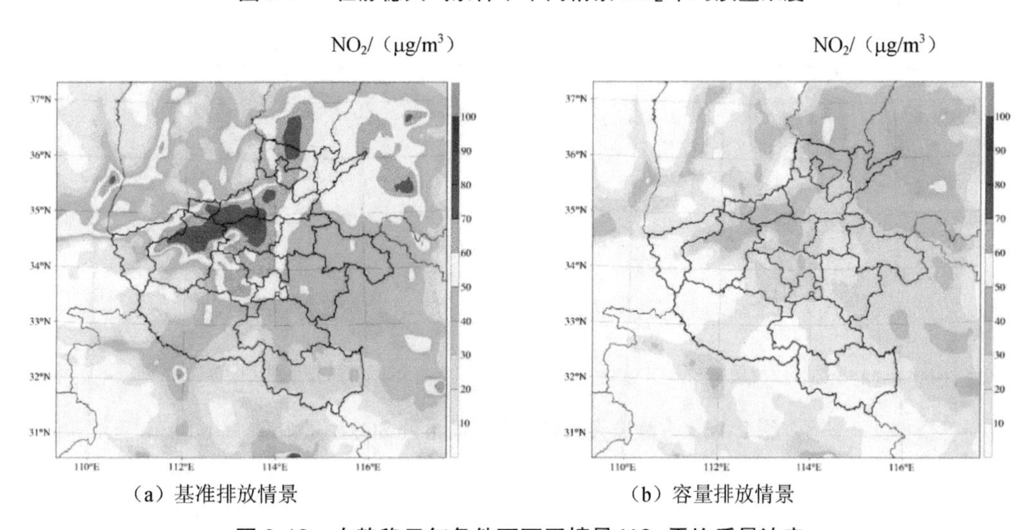

（a）基准排放情景　　（b）容量排放情景

图 2-12　在静稳天气条件下不同情景 NO_2 平均质量浓度

（3）2016 年 12 月 15—22 日静稳天气过程检验

利用空气质量模型对环境容量的准确性进行检验，模型模拟结果显示：河南省北部 6 个城市污染物排放量控制到环境容量以内，在 2016 年 12 月 15—22 日静稳天气条件下，空气质量基本可以达到日均标准。PM_{10}、$PM_{2.5}$评估结果见表 2-13，当 PM_{10}、$PM_{2.5}$达标时，SO_2、NO_2浓度均可达标（图 2-13～图 2-15）。

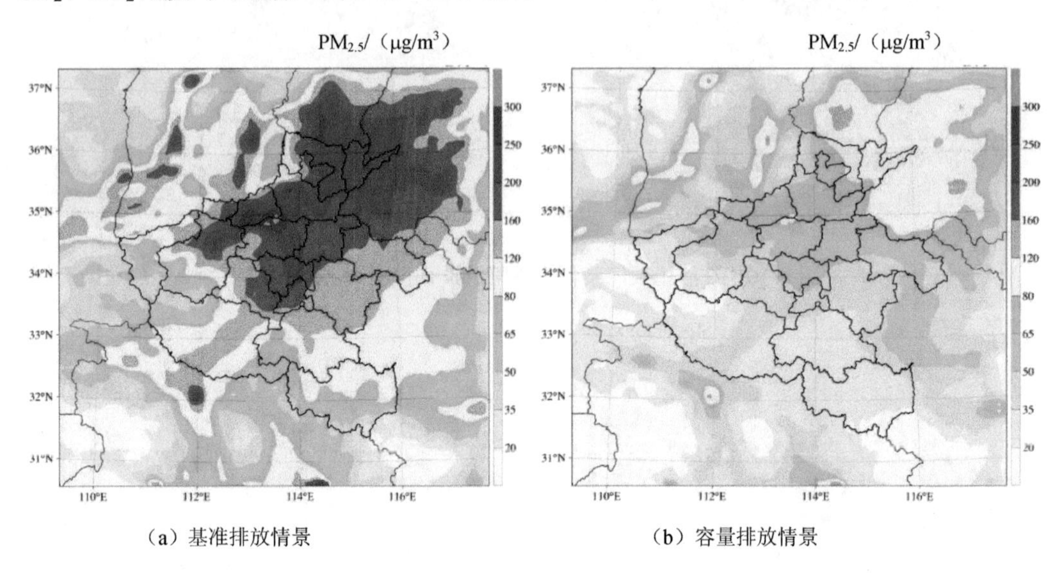

（a）基准排放情景　　（b）容量排放情景

图 2-13　在静稳天气条件下不同情景 $PM_{2.5}$ 质量浓度

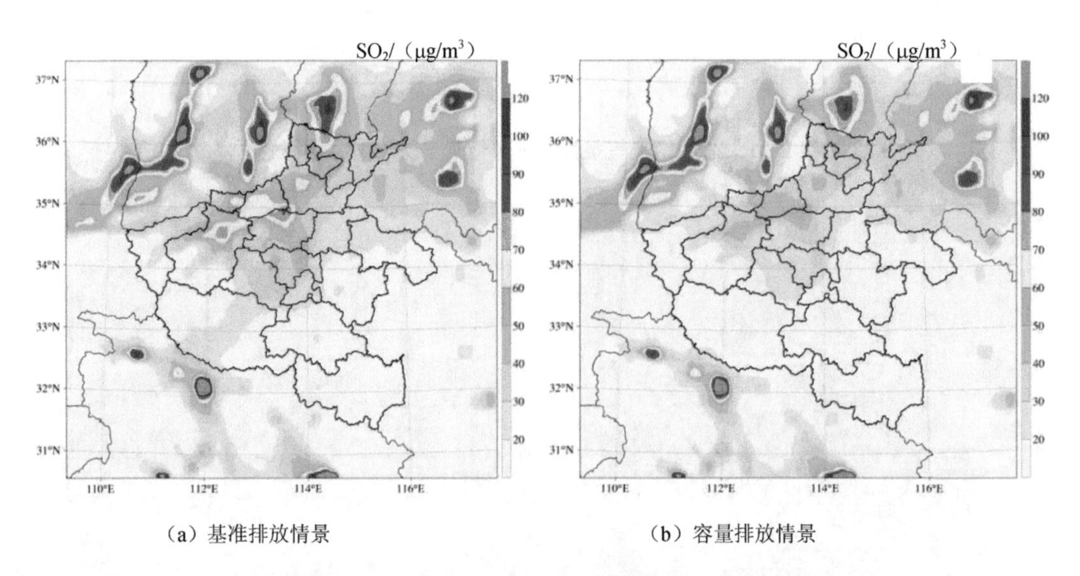

（a）基准排放情景　　（b）容量排放情景

图 2-14　在静稳天气条件下不同情景 SO_2 质量浓度

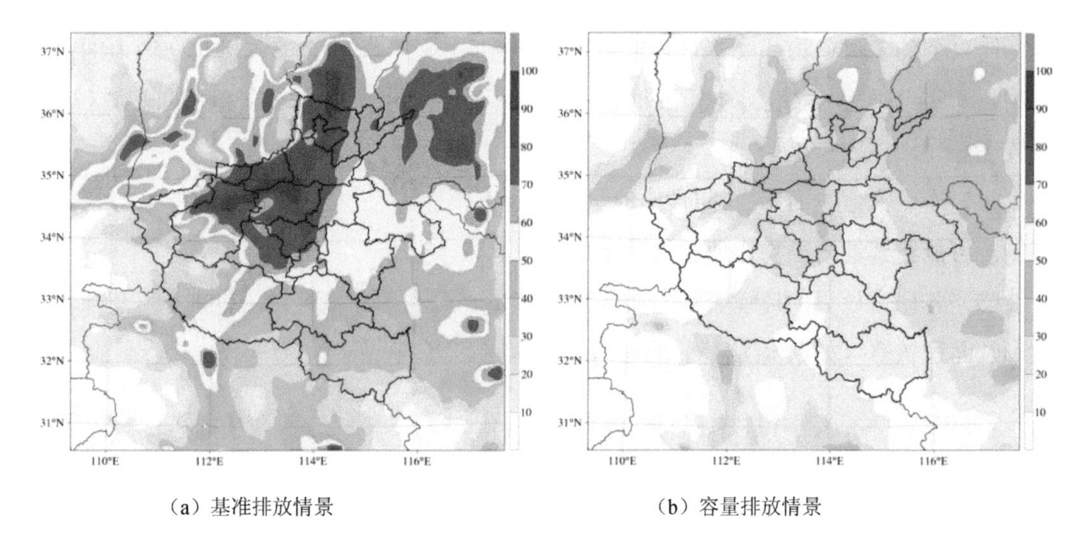

（a）基准排放情景　　（b）容量排放情景

图 2-15　在静稳天气条件下不同情景 NO_2 质量浓度

表 2-13　静稳天气过程环境容量情景减排评估　　单位：μg/m³

城市	静稳天气过程实测质量浓度均值		削减至环境容量时的质量浓度均值	
	PM_{10}	$PM_{2.5}$	PM_{10}	$PM_{2.5}$
安阳	413.30	345.98	118.53	74.53
鹤壁	300.41	240.79	103.21	70.18
濮阳	294.09	233.36	105.49	74.25
新乡	306.22	234.88	108.37	73.16
焦作	341.36	267.59	107.46	73.14
郑州	301.12	255.29	112.36	72.69

2.3.1.8　不确定性分析

（1）本次测算 CMAQ 模型采用单层网格，未考虑河南省周边（特别是京津冀区域）远距离输送对河南省的影响。若考虑远距离输送，河南省周边省份至少应保持与河南省相当的削减力度。

（2）本次测算环境容量约束条件采用了日均标准，因此不能将本研究测算结果简单、线性折算至全年环境容量。原因之一是 12 月气象条件较全年气象条件更不利于污染物扩散；原因之二是全年环境容量是以年均标准为约束条件，而《环境空气质量标准》（GB 3095—2012）中的年均标准与日均标准并没有相互依存关系（年均质量浓度达标不能保证日均质量浓度达标，日均质量浓度达标更不能保证年均质量浓度达标）。

（3）$PM_{2.5}$ 存在显著的区域输送与化学复合特征（多种前体物共同导致），因此 $PM_{2.5}$

达标约束下的多污染物环境容量必然不是唯一解，环境容量核算的关键是在城市间、前体物之间实现平衡与优化。本研究核算的环境容量是空气质量达标约束下的最大（最优或较优）允许排放量。

（4）本研究假设河南省 NH_3 排放量未得到有效控制，如果 NH_3 排放能够得到显著控制，可能给其他污染物排放腾出一定容量空间。

（5）本研究核算的环境容量为实际环境容量、可利用环境容量，有别于基于气象、地形及面积核算（如 A 值法等）的理想环境容量。

2.3.2 西宁市及周边城市环境容量核算

2.3.2.1 核算范围和核算指标

（1）时间：以 2015 年为基准年核算大气环境容量。

（2）核算范围：包括西宁市行政辖区和海东市行政辖区（图 2-16），具体范围如下：

图 2-16 核算范围（西宁市及周边地区）

西宁市行政辖区：西宁市城区、湟源县、湟中县、大通回族土族自治县。

海东市行政辖区：乐都区、平安区、民和回族土族自治县、互助土族自治县、化隆回族自治县、循化撒拉族自治县。

（3）核算指标：基于 SO_2、NO_2、PM_{10}、$PM_{2.5}$ 年均质量浓度达标，分别核算西宁市、海东市 SO_2、NO_x 以及颗粒物 3 种主要大气污染物环境容量。

2.3.2.2　西宁市及海东市大气环境容量

（1）模型模拟法

基于 WRF-CMAQ 模型进行环境容量迭代计算。以西宁市、海东市 $PM_{2.5}$ 年均质量浓度达标为约束目标，计算出西宁市 SO_2、NO_x、颗粒物（含扬尘）的环境容量分别为 47 228 t/a、38 423 t/a、102 217 t/a；海东市 SO_2、NO_x、颗粒物（含扬尘）的环境容量分别为 11 719 t/a、8 834 t/a、85 129 t/a（图 2-17）。

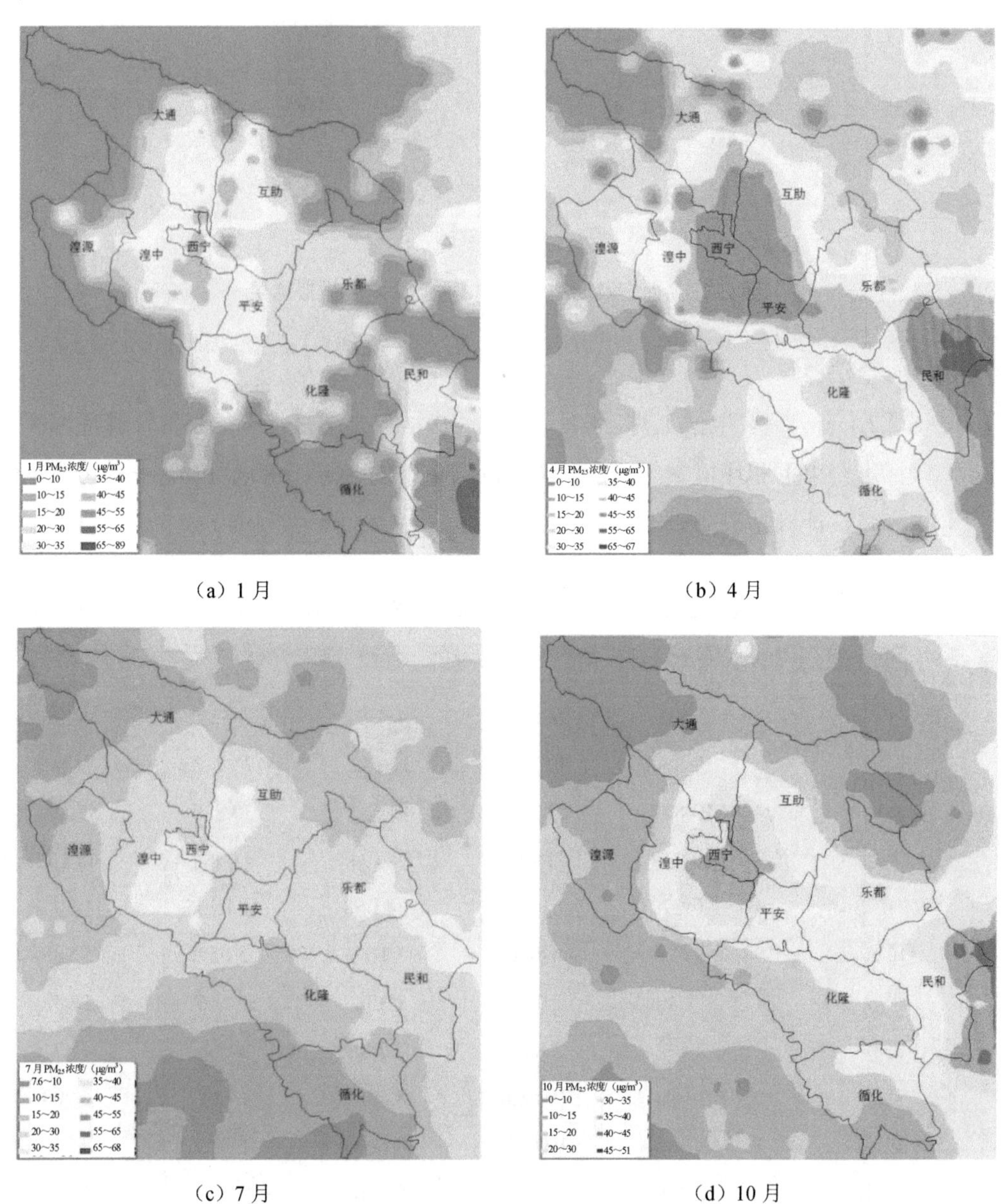

（a）1 月　（b）4 月

（c）7 月　（d）10 月

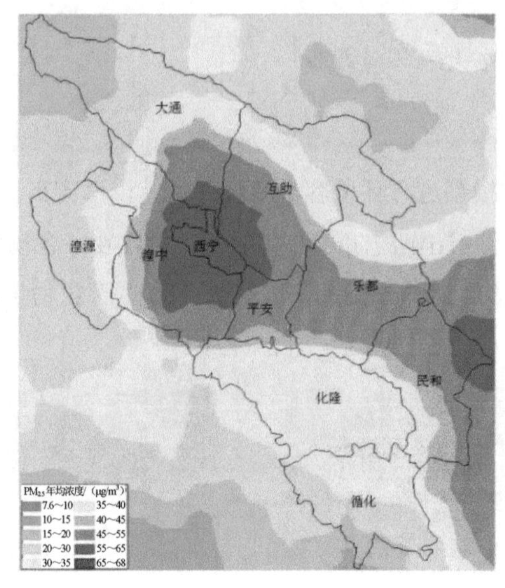

（e）年均

图 2-17　西宁及周边地区 $PM_{2.5}$ 质量浓度模拟结果

（2）A 值法核算

依据 2.2.1 节公式，根据 1 月、4 月、7 月、10 月等典型月份气象条件计算环境空气质量二级标准约束下和环境空气质量一级标准约束下的 SO_2、NO_x、PM_{10} 三种污染物的全年环境容量，计算结果如表 2-14～表 2-19 所示。

表 2-14　二级标准约束下西宁市和海东市 SO_2 环境容量　单位：t/a

区（县）	1 月	4 月	7 月	10 月	全年
西宁市城区	2 035	6 439	4 939	4 330	4 436
湟源	17 850	40 780	34 252	25 313	29 549
湟中	19 847	52 207	40 683	30 838	35 894
大通	20 347	62 145	54 194	43 984	45 168
西宁市合计	60 079	161 571	134 068	104 465	115 047
乐都	3 233	8 484	7 167	5 058	5 986
平安	1 049	2 759	2 358	1 646	1 953
民和	2 402	5 834	4 780	3 268	4 071
互助	3 018	10 085	8 309	6 201	6 903
化隆	3 661	10 607	8 663	5 310	7 060
循化	2 359	7 213	5 676	3 567	4 704
海东市合计	15 722	44 982	36 953	25 050	30 677

表 2-15 二级标准约束下西宁市和海东市 NO_x 环境容量 单位：t/a

区（县）	1 月	4 月	7 月	10 月	全年
西宁市城区	1 002	3 170	2 432	2 132	2 184
湟源	8 788	20 077	16 863	12 463	14 548
湟中	9 771	25 703	20 030	15 183	17 672
大通	10 017	30 596	26 682	21 655	22 237
西宁市合计	29 578	79 546	66 007	51 433	56 641
乐都	1 360	3 568	3 014	2 127	2 517
平安	441	1 160	992	692	821
民和	1 010	2 454	2 010	1 375	1 712
互助	1 269	4 242	3 495	2 608	2 903
化隆	1 540	4 461	3 643	2 233	2 969
循化	992	3 033	2 387	1 500	1 978
海东市合计	6 612	18 918	15 541	10 535	12 900

表 2-16 二级标准约束下西宁市和海东市颗粒物（含扬尘）环境容量 单位：t/a

区县	1 月	4 月	7 月	10 月	全年
西宁市城区	1 765	5 583	4 282	3 754	3 846
湟源	15 476	35 356	29 696	21 946	25 619
湟中	17 207	45 263	35 272	26 736	31 120
大通	17 641	53 879	46 986	38 134	39 160
西宁市合计	52 089	140 081	116 236	90 570	99 745
乐都	9 831	25 796	21 792	15 378	18 199
平安	3 188	8 388	7 170	5 006	5 938
民和	7 304	17 738	14 535	9 937	12 379
互助	9 177	30 665	25 265	18 853	20 990
化隆	11 131	32 252	26 341	16 145	21 467
循化	7 172	21 931	17 259	10 846	14 302
海东市合计	47 803	136 770	112 362	76 165	93 275

表 2-17　一级标准约束下西宁市和海东市 SO_2 环境容量　　单位：t/a

区县	1 月	4 月	7 月	10 月	全年
西宁市城区	754	2 385	1 829	1 604	1 643
湟源	6 611	15 104	12 686	9 375	10 944
湟中	7 351	19 336	15 068	11 422	13 294
大通	7 536	23 017	20 072	16 290	16 729
西宁市合计	22 252	59 842	49 655	38 691	42 610
乐都	1 198	3 142	2 655	1 873	2 217
平安	388	1 022	873	610	723
民和	890	2 161	1 771	1 210	1 508
互助	1 118	3 735	3 078	2 297	2 557
化隆	1 356	3 929	3 209	1 967	2 615
循化	874	2 671	2 102	1 321	1 742
海东市合计	5 824	16 660	13 688	9 278	11 362

表 2-18　一级标准约束下西宁市和海东市 NO_x 环境容量　　单位：t/a

区县	1 月	4 月	7 月	10 月	全年
西宁市城区	1 055	3 337	2 560	2 244	2 299
湟源	9 251	21 134	17 751	13 118	15 314
湟中	10 286	27 056	21 084	15 982	18 602
大通	10 545	32 206	28 086	22 794	23 408
西宁市合计	31 137	83 733	69 481	54 138	59 623
乐都	1 478	3 878	3 276	2 312	2 736
平安	479	1 261	1 078	753	893
民和	1 098	2 667	2 185	1 494	1 861
互助	1 380	4 610	3 798	2 835	3 156
化隆	1 674	4 849	3 960	2 427	3 228
循化	1 078	3 297	2 595	1 631	2 150
海东市合计	7 187	20 562	16 892	11 452	14 024

表 2-19　一级标准约束下西宁市和海东市颗粒物（含扬尘）环境容量　　单位：t/a

区县	1 月	4 月	7 月	10 月	全年
西宁市城区	1 062	3 358	2 576	2 258	2 313
湟源	9 309	21 267	17 862	13 201	15 410
湟中	10 350	27 226	21 216	16 082	18 719
大通	10 611	32 409	28 262	22 938	23 555
西宁市合计	31 332	84 260	69 916	54 479	59 997
乐都	6 242	16 378	13 836	9 764	11 555
平安	2 024	5 326	4 552	3 178	3 770
民和	4 637	11 262	9 229	6 309	7 859
互助	5 827	19 470	16 041	11 970	13 327
化隆	7 067	20 477	16 724	10 251	13 630
循化	4 554	13 924	10 958	6 886	9 081
海东市合计	30 351	86 837	71 340	48 358	59 222

在二级标准约束下，根据 1 月、4 月、7 月、10 月等典型月份气象条件，计算出西宁市 SO_2、NO_x、颗粒物（含扬尘）全年环境容量分别约为 115 047 t/a、56 641 t/a、99 745 t/a，海东市 SO_2、NO_x、颗粒物（含扬尘）全年环境容量分别约为 30 677 t/a、12 900 t/a、93 275 t/a。以气象条件最不利的 1 月为典型月份计算全年环境容量，西宁市 SO_2、NO_x、颗粒物（含扬尘）环境容量分别约为 60 079 t/a、29 578 t/a、52 089 t/a，海东市 SO_2、NO_x、颗粒物环境容量分别约为 15 722 t/a、6 612 t/a、47 803 t/a。

在一级标准约束下，根据 1 月、4 月、7 月、10 月等典型月份气象条件，计算出西宁市 SO_2、NO_x、颗粒物（含扬尘）全年环境容量分别约为 42 610 t/a、59 623 t/a、59 997 t/a，海东市 SO_2、NO_x、颗粒物（含扬尘）全年环境容量分别约为 11 362 t/a、14 024 t/a、59 222 t/a。以气象条件最不利的 1 月为典型月份计算全年环境容量，西宁市 SO_2、NO_x、颗粒物（含扬尘）环境容量分别约为 22 252 t/a、31 137 t/a、31 332 t/a，海东市 SO_2、NO_x、颗粒物（含扬尘）环境容量分别约为 5 824 t/a、7 187 t/a、30 351 t/a。

从 3 种污染物环境容量空间分布来看，西宁市大气环境容量呈以下特征：①从整个市域范围来看，东部地区容量较大，至西南部逐渐变小；②就各重点区块来看，大通县东部、湟源县容量较大，西宁市城区、湟中县容量较小。海东市大气环境容量呈以下特征：①湟水河沿线及其周边地区环境容量较大；②互助、乐都、平安、民都、化隆、循化等县（区）的交界地区环境容量较大。从环境容量的时间分布特征来看，西宁市及周边地区环境容量呈现 4 月>7 月>10 月>1 月的总体特征。西宁市、海东市 SO_2、NO_x、颗粒物（含扬尘）环境容量空间分布如图 2-18 所示。

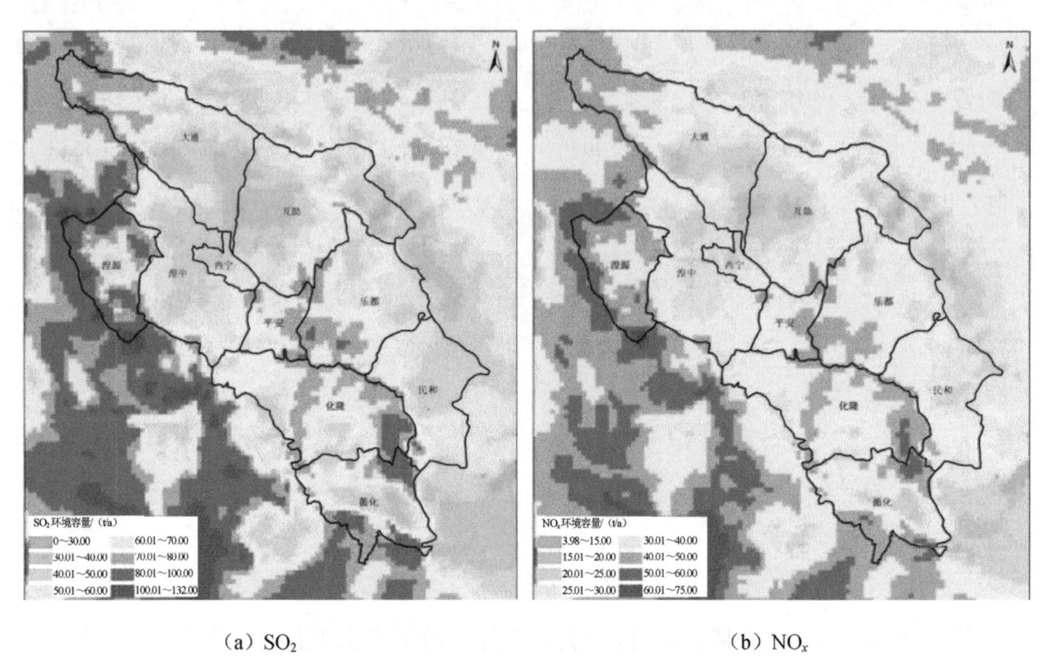

（a）SO_2　　（b）NO_x

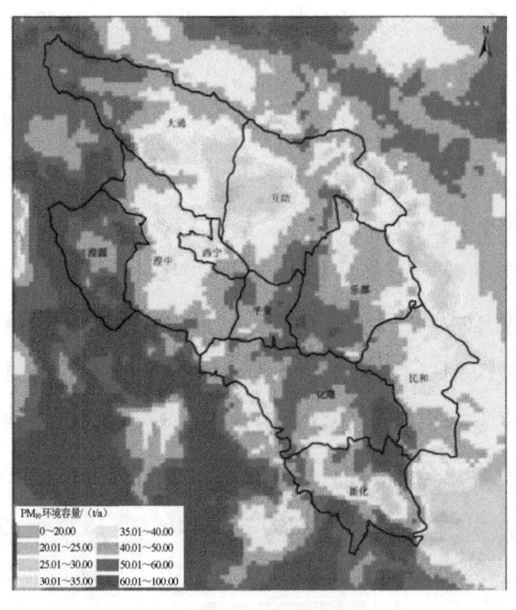

（c）颗粒物（含扬尘）

图 2-18　西宁市、海东市二级标准约束下主要大气污染物环境容量空间分布

2.3.2.3　实际容量与承载指数

利用空气质量模型模拟法、改进 A 值法两种方法分别计算全年大气环境容量，取最小值得到西宁市、海东市 SO_2、NO_x、颗粒物的最终环境容量，具体见表 2-20。

表 2-20　西宁市、海东市各种污染物实际环境容量　单位：t/a

区域	方法	SO_2	NO_x	颗粒物
西宁市	改进 A 值法（常规污染物达标）	115 047	56 641	99 745
	模型模拟法（$PM_{2.5}$ 年均质量浓度达标）	47 228	38 423	102 217
	实际容量	47 228	38 423	99 745
海东市	改进 A 值法（常规污染物达标）	30 677	12 902	93 275
	模型模拟法（$PM_{2.5}$ 年均质量浓度达标）	11 719	8 834	85 129
	实际容量	11 719	8 834	85 129

各污染物大气环境承载指数，以各市/区域 SO_2、NO_x 和颗粒物等主要污染物的年排放量与各种污染物的环境容量为基础数据，计算各项污染指标的环境承载指数，其指数值越小，表示大气承载状况越好，计算式（2-3）如下：

$$R_{气ij} = P_{ij} / Q_{ij} \qquad (2\text{-}3)$$

式中，$R_{气ij}$ ——某地 j 的某种污染物 i 的大气环境承载指数；

P_{ij} ——某地 j 的某种污染物 i 的年排放量，t/a；

Q_{ij} ——某地 j 的某种污染物 i 的环境容量，t/a。

i=1，2，3，分别代表 SO_2、NO_x、颗粒物。

基于大气环境容量，计算西宁市、海东市大气环境承载指数。西宁市 SO_2、NO_x、颗粒物的承载指数分别为 1.40、1.47、1.52；海东市 SO_2、NO_x、颗粒物的承载指数分别为 1.55、1.55、1.81。西宁市、海东市 3 项污染物排放量均超过环境容量，其中颗粒物承载指数最大，远超环境容量（表 2-21）。

表 2-21　西宁市和海东市大气环境承载指数

污染物	SO_2	NO_x	颗粒物
西宁市	1.40	1.47	1.52
海东市	1.55	1.55	1.81

第3章　空间输送模拟

随着城市规模扩张，区域连片发展，以 $PM_{2.5}$、O_3 为主的区域复合型大气污染问题日益凸显。揭示大气污染跨界输送机理及相互影响规律，量化研究空间输送对 $PM_{2.5}$ 和 O_3 的影响，是大气环境精细化管理中亟须回答的问题。本章利用第三代空气质量模型 CAMx 模拟了 $PM_{2.5}$ 和 O_3 的空间输送特征，建立京津冀 13 个城市间的 $PM_{2.5}$ 和 O_3 相互影响矩阵，通过量化分析不同源区对受体城市的贡献，揭示了区域内各城市间 $PM_{2.5}$ 和 O_3 污染的相互影响规律，为京津冀 $PM_{2.5}$ 和 O_3 污染精准治理和区域联防联控提供科学依据。

3.1　京津冀区域 $PM_{2.5}$ 污染相互输送特征研究

过去二三十年我国经济发展迅猛，燃煤、工业、机动车等多源污染叠加，颗粒物（PM）、SO_2、NO_x 等污染物导致的大气复合污染问题日趋严重，尤其是细颗粒物（$PM_{2.5}$）造成的灰霾天气频发，危害公众健康和生活。$PM_{2.5}$ 在大气中存续时间长、传输距离远、影响范围大、区域性输送特征显著，是京津冀、长三角、珠三角等重点城市群连片重污染频发的主要原因。为有效控制 $PM_{2.5}$ 污染，除了开展精细化源解析研究以靶向控制本地污染排放外，还应该打破行政区划限制，属地管理与区域联防联控相结合，系统研究 $PM_{2.5}$ 污染跨界传输机制。全国尺度 $PM_{2.5}$ 跨区域传输特征研究结果表明，北京、天津、河北 $PM_{2.5}$ 年均质量浓度受外来源的贡献分别为 37%、42%、36%，北京和天津的外来源主要来自河北，河北对北京和天津 $PM_{2.5}$ 年均质量浓度的贡献分别为 24%、26%，但全国尺度 $PM_{2.5}$ 跨区域传输特征研究由于尺度较大，难以从城市层面界定河北省各地级市对北京、天津的传输贡献，更不能准确掌握河北省各地市之间 $PM_{2.5}$ 相互传输规律，因此本节在前期研究基础上进行深入研究，排放源分区划分细化到城市，环境受体点确定为国控空气质量监测站点。

本节利用空气质量模型 CAMx 的颗粒物溯源技术 PSAT，对 2015 年京津冀 $PM_{2.5}$ 污染及传输特征进行定量模拟，建立京津冀区域 13 个城市间的 $PM_{2.5}$ 相互传输矩阵，分析 $PM_{2.5}$ 来源构成和传输矩阵的时空差异分布，结合大气污染空间传导的网络结构特征，量化各源区对受体城市的贡献，通过源汇分区，差异化分配大气污染防治任务，为有效治理区域大气污染提供支撑。

3.1.1 方法与数据

3.1.1.1 CAMx 模型

空气质量模型 CAMx 在城市和区域等多种尺度上，基于“一个大气”的框架，对气态、颗粒态污染物进行综合模拟，通过求解每个网格中每种污染物的物理、化学变化方程来模拟排放、扩散、化学反应及污染物在大气中的去除过程。模型特点包括：双向嵌套及弹性嵌套、网格烟羽（PiG）模块、颗粒物溯源技术（PSAT）模块、O_3 和其他物质源灵敏性的直接去耦合法（DDM）等。

作为一种耦合在 CAMx 模型中的敏感性分析和过程分析综合方法，PSAT 以示踪的方式获取有关 $PM_{2.5}$ 及其前体物生消信息，并统计不同地区、不同源类以及边界条件 BC、初始条件 IC 对 $PM_{2.5}$ 污染的贡献，其核心功能是模拟污染源与环境受体之间的响应关系。

3.1.1.2 模型设置

模拟区域：采用 Lambert 投影坐标系，中心经度为 103°E，中心纬度为 37°N，2 条平行标准纬度分别为 25°N 和 40°N。水平模拟范围 X 方向为–2 690～2 690 km、Y 方向为–2 150～2 150 km，网格间距为 20 km，共将全国划分为 270×216 个网格，模拟区域垂直方向共设置 14 个气压层，层间距自下而上逐渐增大。

气象参数：CAMx 模型所需要的气象场由中尺度气象模型 WRF 提供，WRF 模型与 CAMx 模型采用相同的空间投影坐标系，但模拟范围大于 CAMx 模拟范围，其水平模拟范围 X 方向为–3 600～3 600 km、Y 方向为–2 520～2 520 km，网格间距为 20 km，共将研究区域划分为 360×252 个网格。垂直方向共设置 30 个气压层，层间距自下而上逐渐增大。WRF 模型的初始场与边界场数据采用美国国家环境预报中心（NCEP）提供的 6 h 一次、1°分辨率的 FNL 全球分析资料，并利用 NCEP ADP 资料进行客观分析及四维同化，每日初始化一次，spinup 时间为 6 h。CAMx 具体模型参数设置见表 3-1，WRF 参数化方案见前文。

表 3-1　CAMx 模型参数设置

模型版本	6.3	垂直扩散方案	隐式欧拉
网格嵌套方式	单层网格	干沉降方案	Wesely89
水平分辨率	20 km	气相化学机制	CB05
垂直分层层数	14	气溶胶化学机制	CF
水平平流方案	PPM	光化学速率	In-line
垂直对流方案	隐式欧拉	网格烟羽模块	关
水平扩散方案	显式同步	初始、边界条件	默认

模拟时段：2015 年 1 月、4 月、7 月、10 月等 4 个典型月份，分别代表春季、夏季、秋季、冬季，扣除 UTC 时区差值和 CAMx 模型的 spinup 时段，实际模拟时段为每月 3 日至月底。

污染源分类：依据城市行政区划，将京津冀区域内北京、天津和石家庄等 13 个城市划分为 13 个源区，每个分区代表各城市本地排放源（以下简称本地），将京津冀区域内除本城市之外的其他 12 个城市的影响定义为对该城市的区内传输贡献（区内）；加上边界场（BC）和京津冀区域外周围省份污染源传输贡献（区外），本研究共计 15 个有效污染源分区，公式表达为：本地+区内+区外+BC=100%，其中区内、区外、BC 皆为传输贡献。

受体城市：本研究区域包括北京、天津和石家庄等 13 个城市，区内共 80 个国控空气质量监测点作为受体点，将各个城市辖区内受体点模拟数据取平均值，代表该城市 $PM_{2.5}$ 质量浓度水平，京津冀区域地形及城市监测点位分布见图 3-1。

3.1.1.3　排放清单

CAMx 模型所需排放清单主要包括 SO_2、NO_x、PM、NH_3 和 VOCs 等多种污染物，不同污染物排放清单的具体处理规则不同：依据全国环境统计数据，对工业源、生活源及移动源排放数据进行空间分配、时间分配与化学分配，建立我国 2015 年 20 km 分辨率人为源 SO_2、NO_x 网格化排放清单；人为源 PM、NH_3、VOCs（含主要组分）等排放数据采用清华大学 MEIC 排放清单，生物源 VOCs 排放数据通过 MEGAN 天然源模型在线计算。

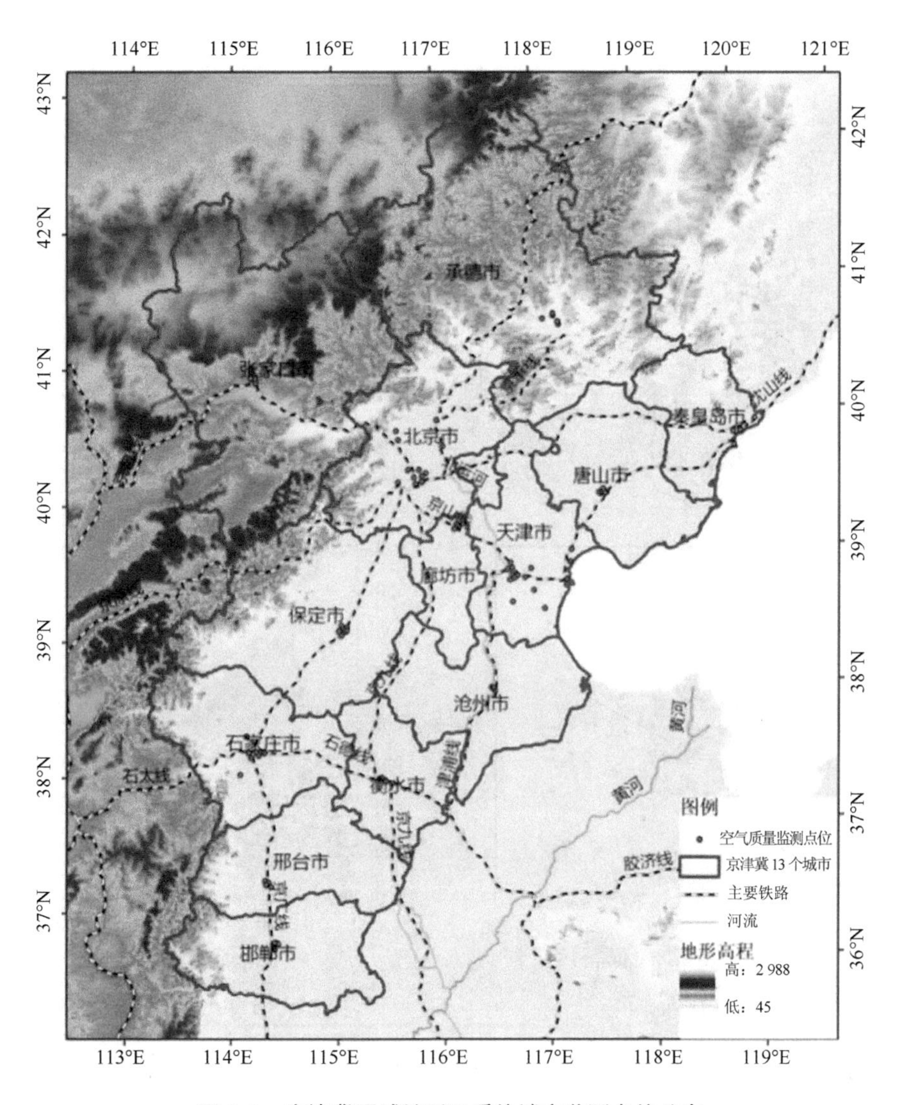

图 3-1　京津冀区域地形及受体城市监测点位分布

3.1.2　模型验证

因为排放源清单的不确定性和反应机理的不完整性，CAMx-PSAT 模型模拟存在一定误差，利用环境监测站点同期 $PM_{2.5}$ 质量浓度数据，分 4 个典型月验证本次模型模拟效果。结果显示模型模拟值与观测值（n=1 495，p<0.01）具有较好的相关性（图 3-2），标准化平均偏差 NMB 为−15.56，标准化平均误差 NME 为 41.49，基本满足美国国家环保局（EPA）关于模型验证的相关要求。综合考虑各项评估指标，本研究所选用的空气质量模型及模拟参数设置等对 $PM_{2.5}$ 的模拟效果较好，可用于分析京津冀区域 $PM_{2.5}$ 污染时空分布特征。

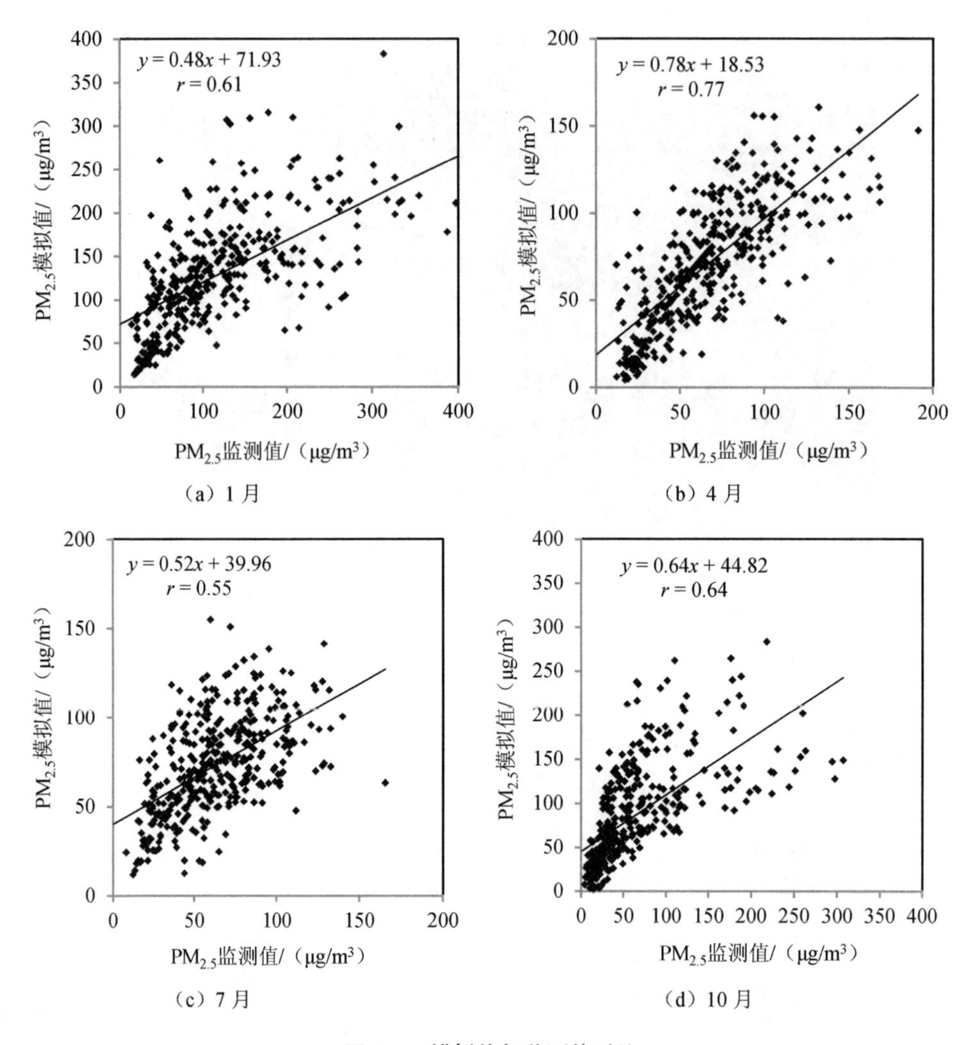

图 3-2 模拟值与监测值对比

3.1.3 结果讨论

3.1.3.1 京津冀区域 $PM_{2.5}$ 传输矩阵

基于 CAMx-PSAT 模型模拟，获得 2015 年京津冀区域 13 个城市间 $PM_{2.5}$ 相互传输矩阵（表 3-2）。结果显示在年均尺度上，京津冀区域内多数城市 $PM_{2.5}$ 以本地污染源贡献为主（21.49%～68.74%）、传输贡献为辅，其中区内传输贡献为 13.31%～54.62%，区外贡献为 13.32%～45.02%。

京津冀 13 个城市中 $PM_{2.5}$ 质量浓度受本地贡献最显著的是唐山和北京，本地贡献分别为 68.74%、66.29%，其次是天津、保定、石家庄，本地贡献分别为 55.67%、54.22%

和 52.16%；除了本地源贡献的 $PM_{2.5}$，唐山主要受天津、秦皇岛、北京等相邻城市影响，区内贡献合计 13.30%，区域外远距离输送贡献超过区内输送贡献，区外贡献了 17.21%；北京主要受区内传输影响，廊坊、天津、保定等城市对北京的区内贡献合计为 19.86%，而区外传输贡献为 13.32%；天津、保定、石家庄的区内贡献与区外贡献水平整体相当，均占 1/5 左右。其余 8 个城市受传输贡献均超过 50%，其中衡水、秦皇岛、邯郸、邢台的 $PM_{2.5}$ 质量浓度受区外传输影响显著，分别为 45.02%、43.67%、40.18%和 37.14%，另外受区内传输贡献分别为 29.12%、21.42%、19.86%和 28.74%；而廊坊因地理位置特殊，被北京、天津所包围，区内传输贡献显著，区内贡献合计高达 54.62%，区外贡献、本地贡献相对较小，分别为 22.77%、21.49%。

表 3-2　京津冀 13 个城市间 $PM_{2.5}$ 污染传输矩阵　　单位：%

受体城市	源分区贡献率														
	北京	天津	石家庄	唐山	秦皇岛	邯郸	邢台	保定	张家口	承德	沧州	廊坊	衡水	区外	BC
北京	66.29	3.45	0.91	2.22	0.24	0.52	0.49	3.16	1.47	0.42	1.68	4.81	0.49	13.32	0.54
天津	2.23	55.67	0.91	3.55	0.44	0.61	0.56	1.95	0.32	0.34	5.73	3.53	0.75	22.36	0.74
石家庄	0.85	0.88	52.16	0.83	0.16	2.51	4.28	5.16	0.27	0.12	1.69	0.66	1.70	27.72	0.83
唐山	1.24	4.73	0.51	68.74	1.48	0.37	0.32	0.81	0.23	0.89	1.47	0.92	0.33	17.21	0.61
秦皇岛	1.28	2.68	0.72	10.56	33.23	0.54	0.45	0.99	0.30	1.03	1.66	0.76	0.44	43.67	1.35
邯郸	0.71	0.81	3.54	0.76	0.15	38.90	9.06	1.75	0.20	0.11	1.29	0.53	0.96	40.18	0.84
邢台	0.83	0.93	6.64	0.86	0.17	13.20	33.00	2.36	0.24	0.12	1.52	0.63	1.22	37.14	0.91
保定	1.95	1.69	4.22	1.29	0.24	1.26	1.51	54.22	0.66	0.17	5.01	2.15	2.28	22.34	0.84
张家口	3.69	1.59	2.00	1.65	0.25	1.02	0.85	3.90	43.25	0.31	1.67	1.29	0.65	35.25	2.27
承德	4.55	4.97	1.55	11.17	0.87	0.98	0.89	2.55	0.83	35.03	2.46	2.26	0.81	29.15	1.62
沧州	1.57	3.88	1.33	1.69	0.35	0.97	0.96	1.58	0.30	0.25	43.11	2.04	1.76	38.98	1.02
廊坊	15.35	18.28	1.42	4.44	0.47	0.86	0.82	5.45	0.83	0.56	5.12	21.49	1.04	22.77	0.93
衡水	1.22	1.53	4.88	1.26	0.27	2.51	6.40	3.62	0.29	0.18	5.77	1.19	24.54	45.02	1.05

注：BC——边界场，以下同。

3.1.3.2　京津冀区域 $PM_{2.5}$ 传输矩阵时空差异分析

受城市地理位置、气候季风、经济结构、工业类型和污染源分布等影响，不同城市 $PM_{2.5}$ 污染程度、来源构成不同，本研究基于京津冀区域 $PM_{2.5}$ 传输矩阵，分析 $PM_{2.5}$ 污

染本地贡献、传输贡献占比的时空差异分布

京津冀区域 $PM_{2.5}$ 污染传输贡献空间差异分布如图 3-3 所示。

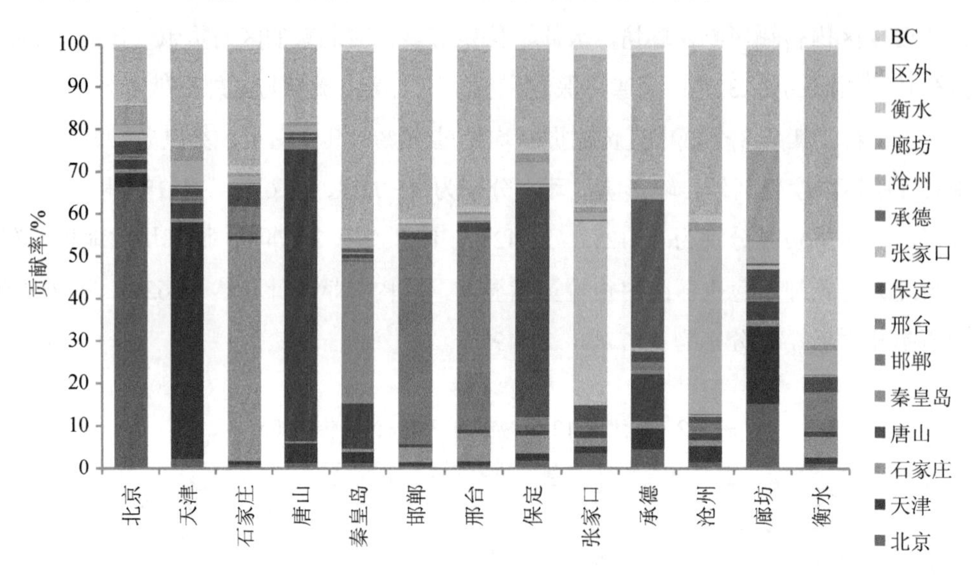

图 3-3 京津冀区域 $PM_{2.5}$ 污染传输贡献空间差异分布

以本地贡献为主的城市多分布在京津冀区域中部，受燕山、太行山夹持，因山谷地形大气污染扩散条件较差。北京、天津、石家庄、唐山和保定等城市，产业结构偏重、污染排放量大是其 $PM_{2.5}$ 污染严重的根本原因，其 $PM_{2.5}$ 均以燃煤、工业、机动车等本地污染源贡献为主，区内、区外传输贡献并不显著。

传输贡献超过本地贡献的城市多分布在区域边界且集中在南部，与京津冀区域内 $PM_{2.5}$ 污染“南重北轻”格局有关，其中邯郸、邢台、衡水、保定是本次研究 CAMx-PSAT 模型模拟的高值区，与同期监测结果基本吻合，受区域外围如山东、河南等周边省份的污染物输入影响较大，区内其他城市的贡献相对较小；廊坊情况特殊，其处在京津冀区域中心位置，空间传导效应显著，来自北京、天津等城市的污染物输入影响大，区内传输对其贡献高达 54.62%，需要基于空间协同的区域联防联控才能解决其 $PM_{2.5}$ 污染问题。

传输矩阵空间上的差异分布主要受城市地理和污染源布局影响，而时间上的差异主要受季风等气象条件影响。京津冀区域不同季节的主导风向、风速不同，污染物传输路径和强度会发生变化，导致各城市 $PM_{2.5}$ 的来源构成呈现季节差异。从全年尺度看，以本地贡献为主的城市有北京、天津、石家庄、唐山和保定，以区内传输贡献为主的城市有廊坊，以区外传输贡献为主的城市有秦皇岛、衡水；而邯郸、邢台、张家口、承德和沧州由于地处京津冀区域边界，受季风主导的传输影响变化剧烈，其 $PM_{2.5}$ 来源构成随季节发生变化。将本地贡献与区内贡献、区外贡献做比较，分析不同季节的主控单因子，在污染相对最重的冬季 1 月，除了秦皇岛、廊坊和衡水，其余 10 个城市均以本地贡献为主，在春季 4 月，北京、天津、石家庄、唐山、保定和张家口 6 个城市以本地贡献为主，夏季 7 月仅承德、廊坊和衡水以传输为主，以本地贡献为主的城市回升至 10 个，在秋季 10 月仅北京、天津、石家庄、唐山和保定 5 个城市以本地为主（图 3-4）。

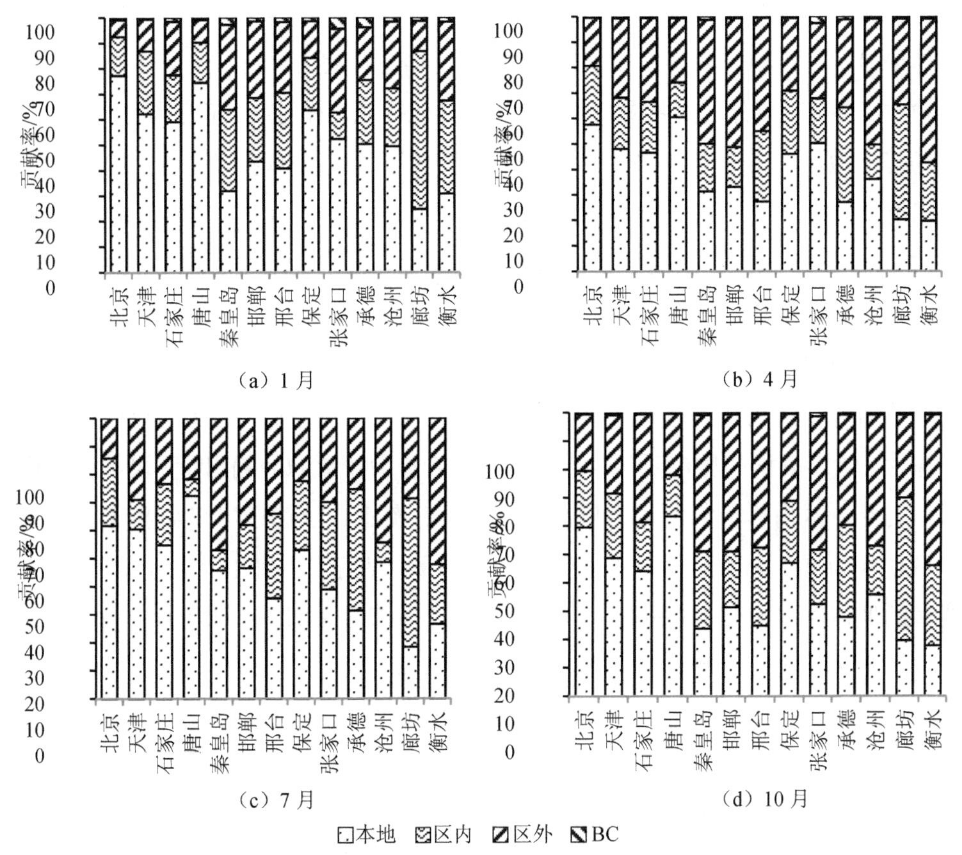

图 3-4 京津冀区域 $PM_{2.5}$ 污染传输贡献季节差异

3.1.3.3 京津冀区域内各城市 $PM_{2.5}$ 源汇分区

$PM_{2.5}$ 在大气中存续时间长、输送距离远、影响范围广，是典型的传输性污染物。京津冀区域 $PM_{2.5}$ 传输矩阵表明 13 个城市之间相互输送显著，各城市之间相互影响程度不同。本研究根据 $PM_{2.5}$ 传输矩阵计算传输通量，识别传输通道核心城市，根据净输出量对区域进行源汇分区，分析京津冀区域各城市 $PM_{2.5}$ 污染的输入/输出平衡性和传输活跃性，明确污染传输的来源、去向以及传输影响程度，厘清区域各城市相互影响程度和权责关系。

每个城市既作为“受体”受到区域范围内其他城市 $PM_{2.5}$ 的输入，又作为“排放源”向区域范围内其他城市输出 $PM_{2.5}$。各城市输入、输出之和即为该城市传输通量 C_{flux}，两者之差表示区域对该城市的净输入量 C_{net}，公式表示如下：

$$C_{flux}=C_{in}+C_{out} \quad (3\text{-}1)$$

$$C_{net}= C_{in}-C_{out} \quad (3\text{-}2)$$

式中，C_{in}——“受体”城市受到区域范围内其他城市输入 $PM_{2.5}$ 的量；

C_{out}——“排放源”城市对区域范围内其他城市输出 $PM_{2.5}$ 的量。

结果显示，传输通量较大的城市有 10 个，C_{flux} 均超过 35 μg/m^3，反映京津冀区域内传输效应显著。结合《京津冀大气污染防治强化措施》所列重点管控城市和地理位置、气象场等参数，归为 3 条污染传输通道并估算传输通量：①东部通道：唐山—北京；②东南通道：沧州—天津—廊坊—北京；③邯郸、邢台、石家庄、衡水、沧州和保定是入京的西南通道，其中西南通道和东南通道是华北平原大气流场中的两个风场辐合带的显性结果。传输通量大，表明该通道上污染物相互输送、积累叠加，应重点对其加大管控力度，以控制京津冀区域 $PM_{2.5}$ 污染。

传输通量 C_{flux} 仅反映通道城市传输活跃性，还需分析净输出量 C_{net} 以明确其输入输出平衡性。$C_{net}>0$ 即该城市受传输输入量大于其作为排放源的输出量，表示污染输入城市，即为汇。区内作为汇的城市依次有：廊坊、衡水、承德、秦皇岛和邢台；$C_{net}<0$ 即该城市作为排放源的输出量大于其受传输的量，表示污染输出城市，即为源。区内作为源的城市依次有天津、沧州、唐山、北京、石家庄和邯郸；张家口和保定 $C_{net}\approx0$，表示其对区内城市输出和区内输入基本持平，但保定的传输通量 C_{flux} 大，主要是与石家庄、衡水、邯郸和邢台相互输送 $PM_{2.5}$，其对区域空气质量和周边城市的影响不容忽视（图 3-5）。

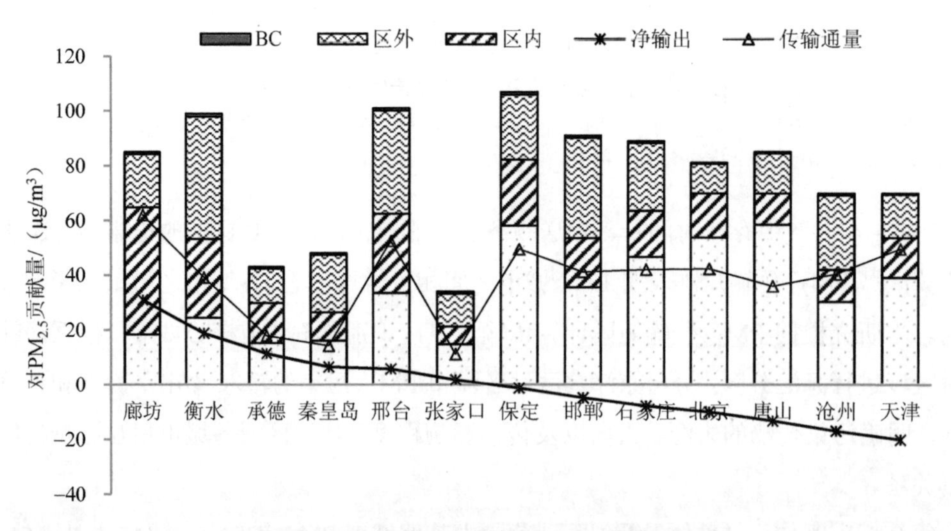

图 3-5 京津冀区内城市间 $PM_{2.5}$ 传输通量

3.1.3.4 京津冀区域典型城市 $PM_{2.5}$ 传输矩阵分析

选择北京、天津和石家庄 3 个典型城市，以 1 月、4 月、7 月、10 月和全年模拟值分析 $PM_{2.5}$ 季均、年均传输矩阵，研究其 $PM_{2.5}$ 来源构成季节差异和输入输出平衡性。结果显示，北京、天津和石家庄全年均以本地贡献为主，尤其在冬季本地贡献占绝对主导，具体贡献率随季节有所波动（表 3-3）。

表 3-3 典型城市 $PM_{2.5}$ 月均传输矩阵　　单位：%

受体城市	传输路径	贡献率				
		1 月	4 月	7 月	10 月	年均
北京	本地	77.05	57.50	61.57	59.45	66.29
	区内	15.26	23.02	24.23	19.92	19.85
	区外	6.63	18.87	14.17	19.88	13.32
	BC	0.91	0.49	0.02	0.62	0.54
天津	本地	62.00	47.86	60.42	48.62	55.67
	区内	24.63	20.11	10.50	22.71	20.92
	区外	12.48	31.10	29.06	27.63	22.36
	BC	0.68	0.70	0.03	0.90	0.74
石家庄	本地	58.90	46.37	54.70	44.00	52.16
	区内	18.30	19.88	21.80	17.24	19.12
	区外	21.01	32.88	23.45	38.00	27.72
	BC	1.53	0.62	0.04	0.64	0.83

年均传输矩阵显示，2015 年北京、天津和石家庄 $PM_{2.5}$ 受本地贡献分别为 66.29%、55.67%和 52.16%，模型模拟的 3 个典型城市受本地贡献水平与源解析结果基本吻合（源解析结果显示北京、天津、石家庄的 $PM_{2.5}$ 来源中本地污染排放影响分别占 64%～72%、66%～78%、70%～77%）；传输部分，北京主要受廊坊、天津等京津冀区域内城市传输影响，合计区内贡献 19.85%，高于区外传输贡献（13.32%）；区内对天津贡献较大的城市依次有沧州、廊坊、唐山、北京和保定等，合计贡献 20.92%，略低于区外传输贡献（22.36%）；区内对石家庄贡献较大有保定、邢台、邯郸、沧州和衡水等，合计贡献 19.12%，不如区外传输贡献（27.72%）显著。

季均传输矩阵显示，本地贡献在冬季最显著，在 2015 年 1 月北京、天津和石家庄分别贡献了 77.05%、62.00%和 58.90%，同期监测数据显示京津冀区域共发生 4 次大范围重污染，冬季燃煤取暖等本地污染排放持续积累，再加上冬季常出现静稳、逆温天气，导致重污染频发；春季、夏季、秋季受季风影响，传输贡献显著上升，京津冀区域春季主导风向为西北风向，来自区域外围远距离传输明显增强，夏季、秋季主导风向为东南风、南风，唐山、廊坊和保定等区内城市对北京、天津和石家庄的 $PM_{2.5}$ 输入明显。

除了对本地贡献，北京 $PM_{2.5}$ 主要输出给廊坊、保定、承德、天津和沧州等城市，也受以上城市输入 $PM_{2.5}$ 的影响较大，北京对 $PM_{2.5}$ 污染治理，既需要加大北京自身管控力度，也需要着力减少跨界传输影响，比如解决周边地区高架源问题；天津主要与廊坊、唐山、北京、沧州和保定等城市之间传输较显著，石家庄主要与邢台、衡水、保定、邯郸和廊坊等城市相互输送 $PM_{2.5}$。以上关于 $PM_{2.5}$ 城市间交互影响程度的传输贡献分析，为京津冀“核心区”6 市（北京+廊坊和保定、天津+唐山和沧州）的 $PM_{2.5}$ 防控细化提供指导，在京津冀及周边地区形成治污合力，以实现共同改善区域环境空气质量的目标（图 3-6）。

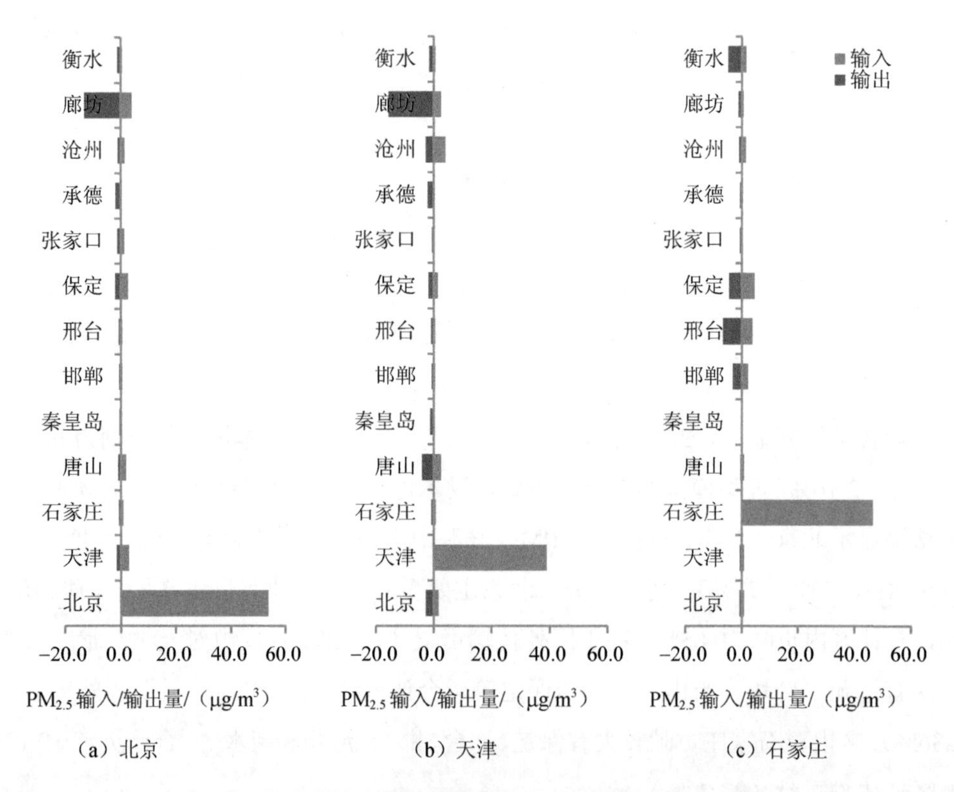

图 3-6 京津冀区内典型城市 $PM_{2.5}$ 输入/输出平衡分析

3.1.4 小结

本研究基于 CAMx-PSAT 空气质量模型，对 2015 年京津冀 13 个城市的 $PM_{2.5}$ 污染及传输规律进行了定量模拟，通过建立京津冀区域 13 个城市 $PM_{2.5}$ 传输矩阵，分析 $PM_{2.5}$ 污染来源的时空变化特征及传输影响程度，获得以下结论：

（1）在年均尺度上，京津冀区域 $PM_{2.5}$ 以本地污染源贡献为主、传输贡献为辅，其中本地贡献为 21.49%（廊坊）～68.74%（唐山），区内贡献为 13.31%（唐山）～54.62%（廊坊），区外贡献为 13.32%（北京）～45.02%（衡水）。其中本地贡献超过 50%的城市有唐山、北京、天津、保定和石家庄；传输贡献超过 50%的城市有秦皇岛、邯郸、邢台、衡水、张家口、沧州、承德和廊坊。

（2）京津冀中部城市多以本地贡献为主，而以传输贡献为主的城市多分布在区域边界且集中在南部；在 1 月、7 月，区域内多数城市 $PM_{2.5}$ 以本地贡献为主，在 4 月、10 月受季风影响，污染传输影响加强，尤其以区外传输贡献提升显著，$PM_{2.5}$ 污染传输矩阵呈现明显的时空分布特征。

（3）分析 $PM_{2.5}$ 输入/输出平衡性和传输活跃性，区内作为汇的城市有廊坊、衡水、承德、秦皇岛和邢台，作为源的城市有天津、沧州、唐山、北京、石家庄和邯郸，张家口和保定对区内城市输出和受区内城市输入基本持平。

（4）典型城市北京、天津和石家庄全年均以本地贡献为主，在冬季占绝对主导，具体贡献率随季节有所波动；北京与廊坊、保定、承德、天津和沧州等城市之间 $PM_{2.5}$ 传输显著，天津主要与廊坊、唐山、北京、沧州和保定等城市相互传输，石家庄主要与邢台、衡水、保定、邯郸和廊坊等城市相互输送 $PM_{2.5}$。

3.2 京津冀区域典型时段 O_3 污染输送特征研究

目前已有的关于 O_3 跨区污染输送研究主要集中在长三角、珠三角等区域，而针对京津冀区域的研究较少，且多是对北京、天津等单个城市 O_3 污染的空间来源进行解析，缺乏区域尺度 O_3 传输特征的系统研究，为明确区域及城市 O_3 污染来源，有必要在京津冀开展区域尺度 O_3 来源解析。

本节基于空气质量模型 CAMx 的 O_3 溯源技术 OSAT，以 2015 年 7 月为例，对京津冀区域的 O_3 污染及传输特征进行定量模拟，建立京津冀区域 13 个城市间的 O_3 相互影响矩阵，通过量化分析不同源区对受体城市的贡献，揭示区域内各城市间 O_3 污染的相互影响规律，为京津冀区域 O_3 污染精准治理和区域联防联控提供科学依据。

3.2.1 方法与数据

3.2.1.1 CAMx-OSAT 模型

CAMx 是基于“一个大气”的框架，在城市和区域等多种尺度上，对气态、颗粒态污染物进行综合模拟，通过求解每个网格中每种污染物的物理化学变化方程来模拟排放、扩散、化学反应及污染物在大气中去除等过程。模型特点包括：双向嵌套及弹性嵌套、网格烟羽（PiG）模块、污染溯源（OSAT、PSAT）模块、O_3 和其他物质源灵敏性的直接分裂算法（DDM）等。

OSAT 是耦合在 CAMx 模型中的敏感性分析和过程分析的综合方法，以示踪的方式获取有关 O_3 及其前体物生消信息，并统计不同地区、不同源类以及边界条件 BC、初始条件 IC 对 O_3 污染的贡献，其核心功能是模拟污染源与环境受体之间的响应关系，关键点是判别 O_3 生成受 VOCs 限制还是 NO_x 限制。

3.2.1.2 模型设置

模拟区域：模型采用 Lambert 投影坐标系，中心经度为 103°E，中心纬度为 37°N，2 条平行标准纬度分别为 25°N 和 40°N。水平模拟范围为 X 方向（–2 690～2 690 km）、Y 方向（–2 150～2 150 km），网格间距 20 km，将全国划分为 270×216 个网格。模拟区域垂直方向共设置 14 个气压层，层间距自下而上逐渐增大。CAMx 模型参数设置及气象参数设置见前文。

模拟时段：2015 年 6 月 15 日—7 月 31 日。为了减少初始条件的扰动对模拟结果的影响，设置 6 月 15 日至 7 月 1 日为 CAMx 模型的 spinup 时段，正式研究时段为 7 月 2—31 日。以北京时间 10:00—17:00 的 O_3 定时 8 h 平均质量浓度（O_3-8 h）为指标，模拟分析京津冀区域 O_3 输送规律。

污染源分类：依据城市行政区划，将京津冀区域内北京、天津和石家庄等 13 个城市划分为 13 个源区，每个分区代表各城市本地排放源贡献（LS），将京津冀区域内除本城市之外的其他 12 个城市的影响定义为对该城市的区内传输贡献（IRS）；将京津冀区域外如山西、山东、河南和内蒙古等外围污染源传输贡献（ORS）统一划分为 1 个源区，将边界场（BC）、初始场（IC）划分为 1 个源区。由于设置了 15 天 spinup 时段，IC 对 O_3 的影响可以忽略，本研究的 15 个有效污染源分区可用公式表达为：LS+IRS+ORS+BC=100%，其中 IRS、ORS、BC 统称为传输贡献（TS），表示除城市本地源排放之外的外来污染源排放贡献。

受体城市：空气质量监测点为城市空气质量评价的基本单元，本研究在北京、天津和石家庄等 13 个城市内，共选择 80 个国控空气质量监测点作为受体点，将各个城市辖区内的所有受体点模拟数据取平均值，代表该城市 O_3 浓度水平，并用于分析污染输送特征，污染源分区及受体点位分布见图 3-7。

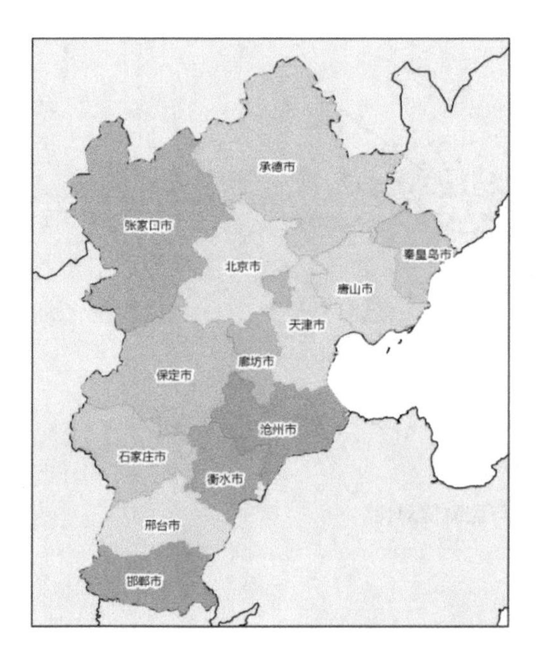

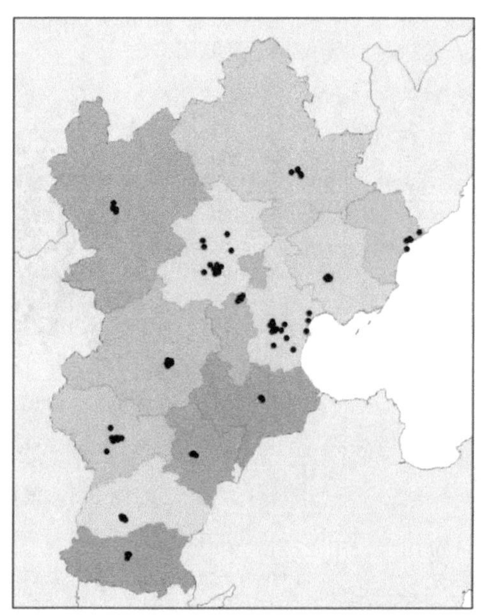

图 3-7　污染源分区及受体点位分布

3.2.1.3　排放清单

CAMx 模型所需排放清单主要包括 SO_2、NO_x、PM、NH_3 和 VOCs 等多种污染物，不同污染物排放清单的具体处理规则不同：依据全国环境统计数据，对工业源、生活源及移动源排放数据进行空间分配、时间分配与化学分配，建立我国 20 km 分辨率人为源 SO_2、NO_x 网格化排放清单；人为源 PM、NH_3、VOCs（含主要组分）等排放数据采用 2013 年清华大学 MEIC 排放清单，生物源 VOCs 排放数据通过 MEGAN 天然源模型在线计算。

3.2.2　模型验证

利用京津冀地区 13 个城市 2015 年 1 月、4 月、7 月、10 月等 4 个典型月份的监测数据 O_3 日最大 8 h 浓度，共计 1 485 个有效数据样本，验证 CAMx 模型模拟结果的准确性。将模拟值与监测值进行比较，发现两者具有较好的相关性（图 3-8），相关系数 R^2

为 0.60，显著水平 $p<0.01$，平均相对偏差 MFB 为–5.7%，平均相对误差 MFE 为 25.0%，满足美国国家环保局关于空气质量模型验证的相关要求。因此，本节所选的空气质量模型及模拟参数，能够较好地模拟京津冀区域 O_3 污染的时空分布特征。

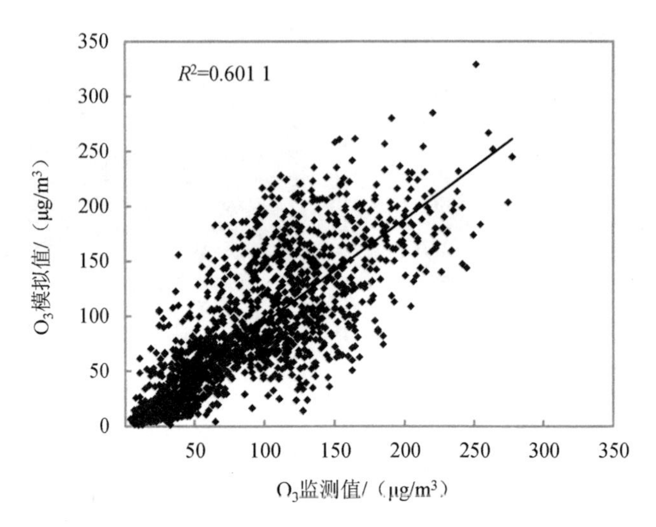

图 3-8 模拟值与监测值对比

3.2.3 结果讨论

3.2.3.1 京津冀区域 O_3 传输矩阵

基于 CAMx-OSAT 模型模拟，建立 2015 年 7 月京津冀区域 13 个城市间 O_3 相互影响矩阵（表 3-4）。结果显示，各城市 O_3-8 h 浓度受本地源排放贡献 LS 为 6.9%（廊坊）～19.7%（北京），本地贡献 LS 相对较小而传输贡献 TS 影响显著（>80.0%），其中尤以区域外围远距离输送影响最为突出，区外传输 ORS 贡献为 37.3%（承德）～60.7%（秦皇岛），区内传输 IRS 贡献为 10.3%（沧州）～32.2%（廊坊），边界场 BC 贡献为 14.4%（邯郸）～23.1%（张家口）。

表 3-4 京津冀区域城市间 O_3 污染传输矩阵　　单位：%

受体城市	源分区贡献率														
	北京	天津	石家庄	唐山	秦皇岛	邯郸	邢台	保定	张家口	承德	沧州	廊坊	衡水	BC	ORS
北京	19.7	5.6	1.3	2.9	0.6	1.1	1.0	2.9	1.1	0.9	2.8	4.5	0.8	14.8	40.0
天津	1.5	14.7	0.8	2.5	0.7	0.7	0.6	0.8	0.4	0.6	4.8	0.9	0.6	17.8	52.6

受体城市	源分区贡献率														
	北京	天津	石家庄	唐山	秦皇岛	邯郸	邢台	保定	张家口	承德	沧州	廊坊	衡水	BC	ORS
石家庄	1.0	0.8	18.6	0.6	0.2	3.9	5.7	3.6	0.7	0.4	1.9	0.4	2.1	14.5	45.6
唐山	0.9	4.5	0.7	16.6	1.5	0.6	0.5	0.7	0.4	0.7	1.9	0.4	0.5	18.5	51.5
秦皇岛	0.7	1.3	0.6	3.9	10.4	0.4	0.4	0.6	0.3	0.6	1.2	0.3	0.4	18.2	60.7
邯郸	0.8	0.5	1.8	0.4	0.1	17.2	4.0	1.0	0.5	0.3	1.0	0.3	0.7	14.4	57.1
邢台	0.8	0.5	2.9	0.4	0.1	10.5	13.2	1.2	0.6	0.3	1.1	0.3	0.9	14.8	52.2
保定	1.6	2.0	2.7	1.0	0.3	2.0	1.9	14.5	0.6	0.4	6.4	1.8	2.6	15.5	46.7
张家口	4.3	1.7	2.4	1.0	0.3	1.2	1.0	3.6	16.0	0.3	2.2	1.0	0.7	23.1	41.1
承德	3.8	5.0	1.0	8.5	1.1	0.7	0.7	1.8	1.0	13.4	2.4	1.6	0.6	21.2	37.3
沧州	0.9	1.7	0.9	1.3	0.6	1.0	0.8	0.8	0.4	0.4	15.2	0.6	1.0	18.1	56.3
廊坊	4.1	13.5	0.9	3.3	0.7	1.0	0.8	1.8	0.6	0.6	3.9	6.9	0.9	15.4	45.5
衡水	0.9	0.7	1.8	0.7	0.2	2.3	3.9	1.1	0.4	0.4	2.8	0.3	11.3	16.8	56.3

本地污染对 O_3 的贡献大小，与本地 NO_x 和 VOCs 等前体物排放强度、光化学反应平衡（如夏季太阳辐射强、日照时间长导致光化学反应活跃，生成的 O_3 在本地持续积累）有关。模拟结果表明，京津冀区域 13 个城市中北京、石家庄、邯郸、唐山、张家口和沧州 O_3 的本地贡献 LS 大于 15%，表明受本地源排放影响较大，同期监测数据表明以上城市在 2015 年 7 月 O_3 污染程度相对较重，超标现象普遍；天津、秦皇岛、邢台、保定和承德这 5 个城市本地贡献 LS 为 10%～15%，秦皇岛和廊坊本地贡献 LS 小于 10%。

O_3 传输矩阵显示周边城市或区域外围污染输送是各城市 O_3 最主要的来源，各城市受传输贡献 TS 均超过 80.0%，其中来自区域外围传输 ORS 占比最大，天津、秦皇岛、邯郸、沧州、衡水、邢台和唐山 7 个城市受区外贡献 ORS 大于 50%，区域外围对京津冀区域 O_3 污染的显著影响体现出 O_3 易远距离输送的污染特性；区域内城市之间的 O_3 传输比外围传输稍弱，但均超过多数城市的本地贡献，如北京、石家庄、保定、承德和廊坊受区内贡献 IRS 大于 20%，其中北京与天津、廊坊、唐山、保定、沧州等区内城市 O_3 相互输送较显著，石家庄主要与邢台、邯郸、保定、衡水和沧州等城市相互影响，而地理位置较为特殊的廊坊市，绝大部分 O_3 来自传输贡献，其中区内贡献为 32.2%、区外贡献为 45.5%，远高于本地贡献（6.9%），特别是北京、天津等周边城市对廊坊市 O_3 污染影响显著。

上述分析表明，京津冀区域 13 个城市 O_3 污染受本地源排放 LS 的贡献相对较小，O_3 污染主要来自传输贡献 TS，包括区域内城市交互影响 IRS 贡献、外围污染源远距离输送 ORS 贡献和边界场 BC 贡献，合计贡献 80%以上，与已有研究量化的北京、上海等城市受外来源传输影响水平相当。京津冀区域内各城市 O_3 相互输送显著，但受地理位置、排放特征和气象等因素影响，O_3 输送路径、输送强度不尽相同，但 O_3 受传输贡献占主导是区域内所有城市的共性。因此，加强区域联防联控，降低 O_3 区域性输送，才能有效控制 O_3 污染。

3.2.3.2 京津冀区域典型城市 O_3 逐日溯源

以北京、天津和石家庄为典型城市分别建立各城市 O_3 逐日传输矩阵，解析其 O_3 来源构成及时间变化规律。3 个典型城市 O_3 逐日传输矩阵表明，传输贡献 TS 占主导，尤其以区外贡献 ORS 最显著，其中北京、天津和石家庄受区外传输贡献分别为 6.2%～63.4%、15.8%～72.4%、16.9%～66.7%，而北京本地贡献 LS 为 6.9%～42.8%，天津本地贡献 LS 为 5.6%～27.7%，石家庄本地贡献 LS 为 5.3%～29.6%（图 3-9），具体贡献率及贡献构成逐日波动较大，反映气象场波动及大气化学反应的影响。

O_3 输送主要包括上风向源区向受体城市输送 VOCs、NO_x 等前体物的间接贡献及输送 O_3 的直接贡献，前体物在输送过程中及输送到受体城市后均有可能经光化学反应生成 O_3。受太行山、燕山包围的京津冀区域，远距离输送的 NO_x、VOCs、O_3 等污染物容易在此滞留积聚，再加上 7 月夏季光照强，光化学反应活跃，持续的本地贡献和显著的传输贡献综合导致 O_3 污染。

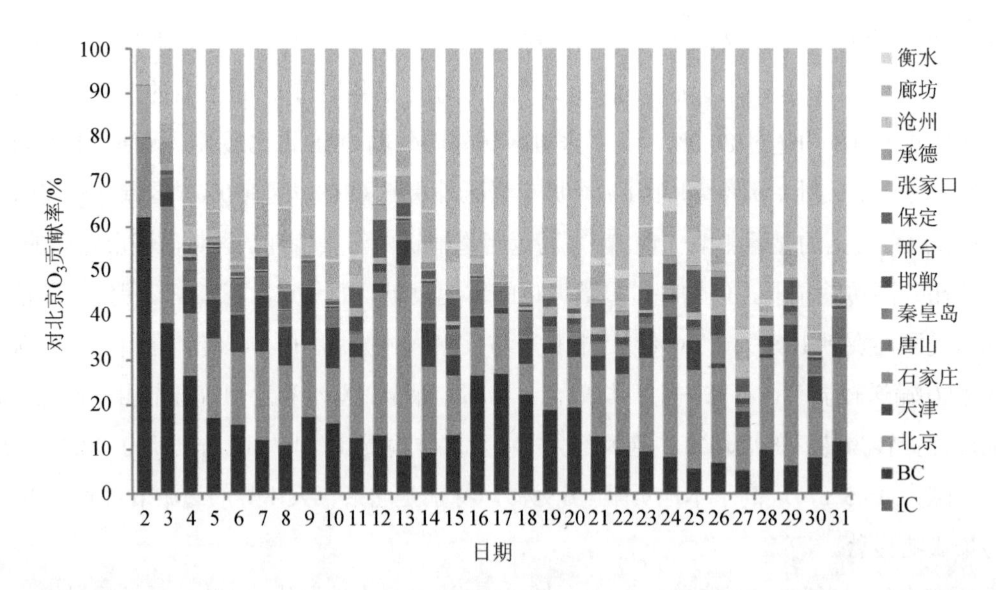

（a）北京

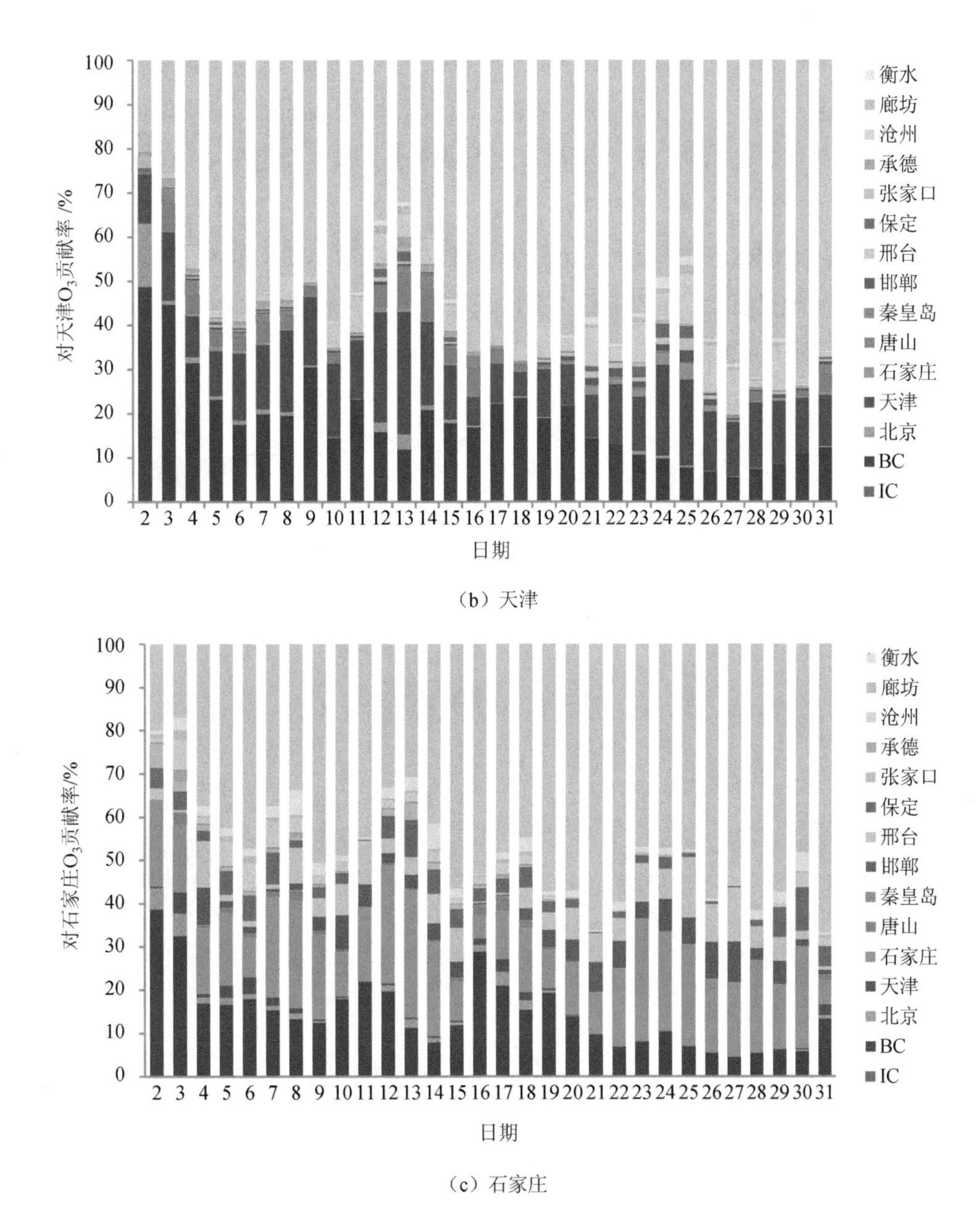

（b）天津

（c）石家庄

图 3-9　2015 年 7 月典型城市 O_3 逐日传输矩阵

依据《环境空气质量标准》（GB 3095—2012）区分达标和超标，比较在不同污染程度下北京、天津和石家庄 O_3 来源的差异（图 3-10）。从达标日到超标日，北京 O_3-8 h 浓度本地贡献 LS 由 13.9%增为 21.2%，区内贡献 IRS 由 18.9%上升到 27.1%，主要来源于天津、唐山、保定、廊坊和沧州等区内城市的传输，而区外贡献 ORS 由 43.7%降至 39.0%，边界场贡献 BC 由 23.5%减为 12.7%。

天津 O_3-8 h 浓度本地贡献 LS 增幅较小，从 11.0%增至 15.0%，区外贡献 ORS 增幅相对较大，从 48.5%增至 59.4%，而 BC 贡献减半，区内贡献 IRS 基本稳定，在达标日区内传输主要来自北京、唐山和沧州，在超标日来自北京的区内传输减弱而从石家庄的输入加强，由唐山、沧州继续输入天津，区内贡献水平基本稳定在 13.1%～14.3%；石家庄与北京规律一致，在超标日 LS 由 12.8%上升为 20.2%，区内贡献 IRS 也由 17.5%上升为 22.4%，而 ORS 和 BC 占比有所下降，但传输贡献（ORS+IRS）在达标日和超标日基本稳定。本地贡献 LS 在超标日上升，说明持续积累的本地贡献和显著的传输贡献综合导致 O_3 污染（图 3-10）。

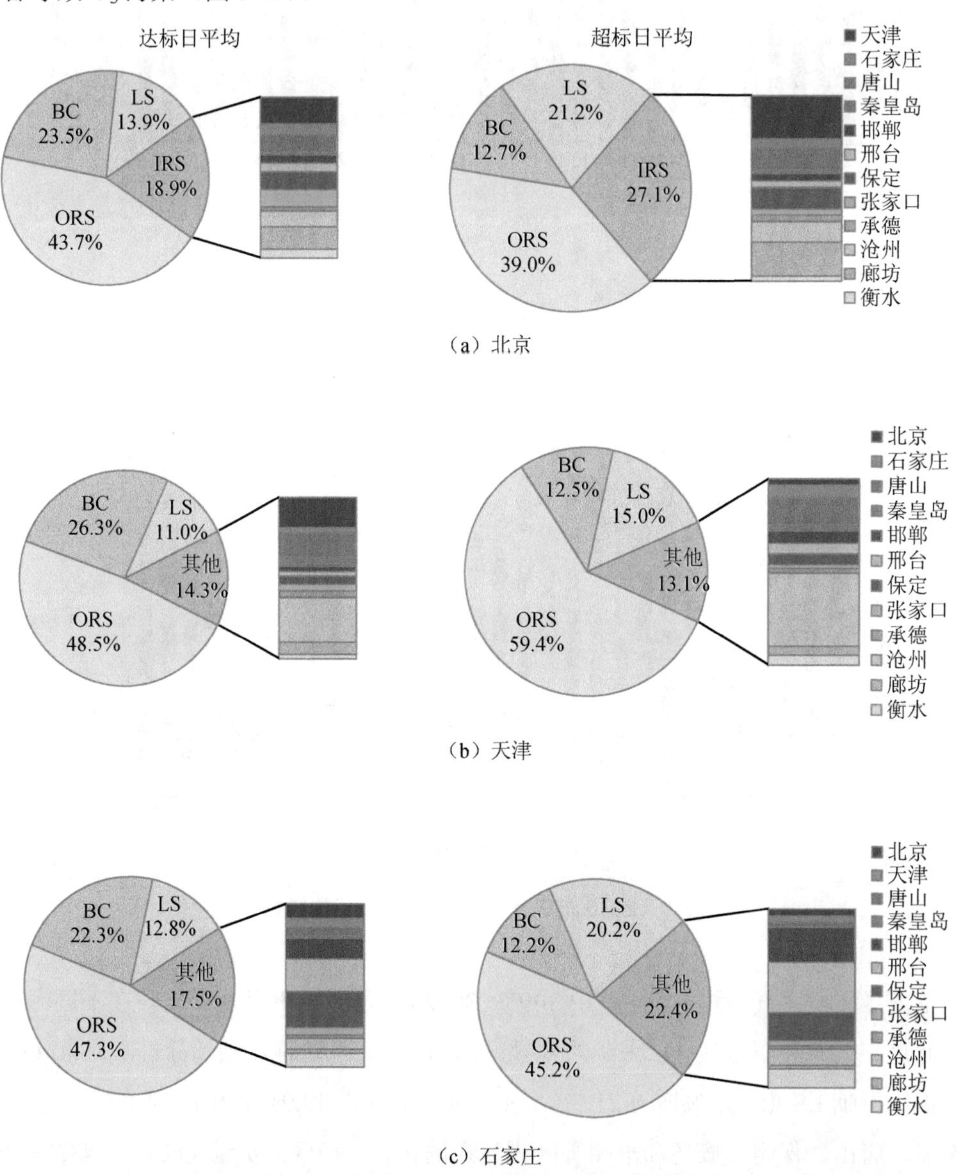

（a）北京

（b）天津

（c）石家庄

图 3-10　典型城市 O_3 在达标日和超标日的溯源结果

3.2.4 小结

（1）O_3受传输贡献主导而本地贡献相对较小。京津冀区域 13 个城市 O_3污染受本地源排放贡献 LS 影响较小，仅占 6.9%（廊坊）～19.7%（北京），而受外来污染源 TS 影响显著（80.3%～93.1%），其中来自区内传输 IRS 贡献为 10.3%（沧州）～32.2%（廊坊），区外传输 ORS 贡献 37.3%（承德）～60.7%（秦皇岛），BC 贡献 14.4%（邯郸）～23.1%（张家口）。

（2）京津冀区域内城市间 O_3 相互输送显著。北京与天津、廊坊、唐山、保定、沧州等城市之间，石家庄与邢台、邯郸、保定、衡水和沧州等城市之间，存在显著的 O_3 输送，受北京、天津包夹的廊坊，绝大部分 O_3 来自传输，区内贡献 32.2%，区外贡献 45.5%，远远高于其本地贡献（6.9%）。

（3）O_3超标日本地贡献 LS 占比上升。典型城市 O_3逐日传输矩阵证明传输贡献占持续主导，以区外贡献 ORS 最为突出，具体贡献率及贡献构成逐日波动较大，反映气象场波动及大气化学反应的影响；本地贡献与 O_3污染程度相关，在 O_3达标日，本地贡献 LS 相对较小，而在超标日，本地贡献 LS 明显上升，持续的本地贡献和显著的传输贡献综合导致 O_3污染。

综上所述，O_3污染是典型的区域性污染问题，实施区域联防联控、协同治理，有效降低 O_3及其前体物的远距离输送，是有效控制 O_3污染的关键。

第4章　行业贡献模拟

以煤炭为主的能源利用方式支撑了中国经济30多年的高速发展，同时也对大气环境、人体健康、生态环境、水资源等造成了严重的损害。2013年9月国务院颁布了《大气污染防治行动计划》，明确提出煤炭消费总量控制要求，实行目标责任制，到2017年煤炭占能源消费总量比重降低到65%以下，其中京津冀、长三角、珠三角等区域力争实现煤炭消费总量控制负增长。本章共分两节，其中第一节模拟分析主要煤炭消费行业（重点考虑电力、热力的生产和供应业，非金属矿物制品业，化学原料及化学制品制造业，黑色金属冶炼及压延加工业，石油加工、炼焦及核燃料加工业五大高耗能、高排放行业）污染物排放对空气质量的影响，第二节模拟分析了煤炭消费大户电力行业对空气中SO_2、NO_2、$PM_{2.5}$浓度的影响。

4.1　煤炭消费对$PM_{2.5}$的影响研究

改革开放以来，我国经济取得了持续快速发展的巨大成就，煤炭作为我国主要能源，支撑了经济高速发展。2000—2012年，我国煤炭消费总量由14亿t增长到35亿t，煤炭的开采和利用导致了大气污染物排放量急剧增加，造成酸雨污染、建筑物腐蚀、能见度下降、重污染天气频发等，这些问题不仅影响人民群众正常工作和生活，而且严重破坏了生态环境，直接威胁到人民群众身心健康。

2013年9月国务院发布了《大气污染物防治行动计划》，明确提出了制定国家煤炭消费总量中长期控制目标，控制煤炭消费总量，确定了到2017年，煤炭占能源消费总量比重降低到65%以下，京津冀、长三角、珠三角等区域力争实现煤炭消费总量负增长的目标。科学评估实施煤炭消费总量控制带来的大气污染物排放量削减、空气质量改善等环境效益，进而评估煤炭消费总量控制的综合效益，对制定煤炭消费总量控制方案具有重要意义。

4.1.1　煤炭消费对主要大气污染物排放影响分析

（1）大气污染物排放总量居高不下

“十一五”以来，我国将 SO_2 作为约束性指标，实行全国排放总量控制，通过大量建设电厂烟气脱硫设施、淘汰落后产能等措施使 SO_2 排放总量明显下降，到 2012 年我国 SO_2 排放总量下降到 2 117.6 万 t，比 2005 年降低 17%。与 SO_2 不同，我国 NO_x 排放控制起步较晚，2006 年才纳入环境统计指标体系，2010 年纳入主要污染物总量控制指标，NO_x 排放总量在 2011 年以前持续上升；2012 年由于大量烟气脱硝设施陆续投运并发挥效果，全国 NO_x 排放总量下降到 2 337.8 万 t，相比 2006 年下降 2.8%。近年来，全国烟粉尘排放控制效果明显，排放总量逐年下降，2012 年全国烟粉尘排放总量为 1 234.3 万 t。虽然我国污染减排已经取得了一定成效，但从世界范围来看，我国主要大气污染物排放总量均居世界前列。2005—2012 年我国大气污染物排放变化趋势见图 4-1。

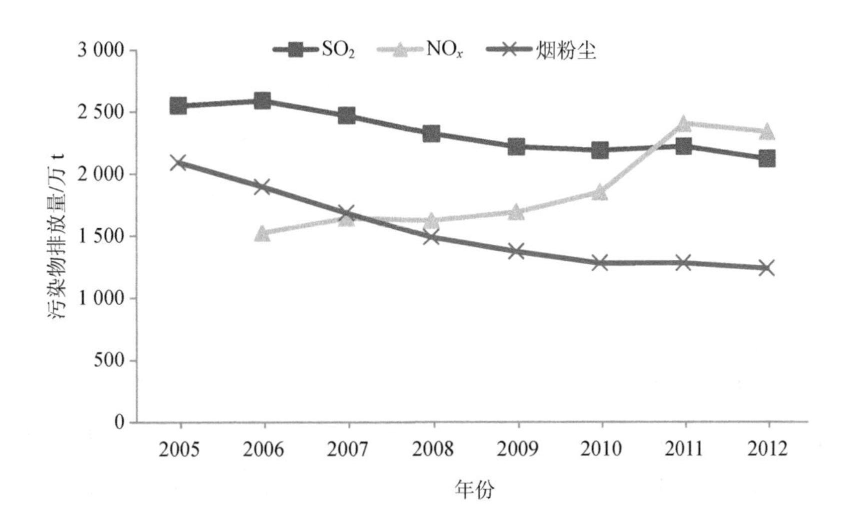

图 4-1　2005—2012 年我国大气污染物排放变化趋势

从单位 GDP 排放强度变化趋势（按 2005 年价格）来看，2005 年以来，全国单位 GDP 大气污染物排放强度呈持续下降的趋势，2012 年，SO_2、NO_x、烟粉尘单位 GDP 排放强度分别比 2005 年下降 58.5%、13.6%、70.5%，NO_x 的排放强度表现为先上升后下降的情况。从单位煤炭消费量的污染物排放强度来看，2012 年全国单位煤炭消费的 SO_2、烟粉尘排放强度分别比 2005 年下降 45.4%、61.2%。2005—2012 年我国大气污染物排放强度变化趋势见图 4-2。

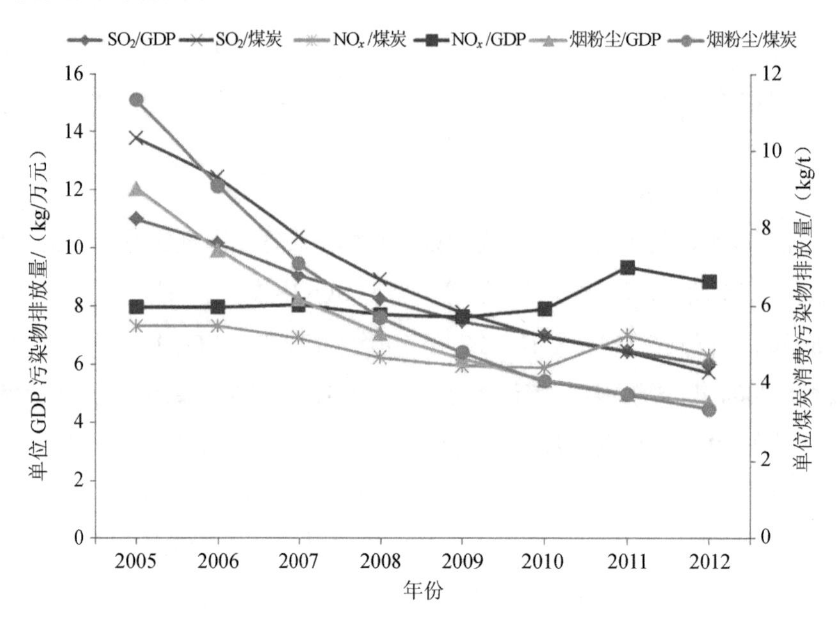

图 4-2　2005—2012 年我国大气污染物排放强度变化趋势

（2）耗煤行业污染物排放占比高

根据我国环境统计数据，2012 年我国 SO_2、NO_x 和烟粉尘排放量分别为 2 117.6 万 t、2 337.8 万 t 和 1 234.3 万 t。其中城镇生活源排放分别为 200.4 万 t、39.3 万 t 和 142.7 万 t，基本上全部来自煤炭使用过程的排放；工业源排放分别为 2 017.2 万 t、1 658.1 万 t 和 1 029.3 万 t，其中大部分来自煤炭使用过程的排放，或是伴随煤炭使用的工业过程的排放。

工业源是对我国 SO_2、NO_x 和烟粉尘排放量贡献最大的一类源。我国按行业重点调查工业废气排放及处理数据表明（表 4-1），电力、热力生产和供应业，非金属矿物制品业，化学原料及化学制品制造业，黑色金属冶炼及压延加工业，石油加工、炼焦及核燃料加工业是我国工业 SO_2、NO_x 和烟粉尘排放量最大的行业，排放量合计分别达 81%、93%和 80%，而这 5 个行业燃料煤的消费量也占到全国工业行业燃料煤消费总量的 91%。因此这 5 个行业中煤炭对 SO_2、NO_x 和烟粉尘排放的贡献情况，基本上能代表我国工业源中煤炭对 SO_2、NO_x 和烟粉尘排放的贡献。

电力、热力的生产和供应业是我国煤炭消费量最大的工业行业，其煤炭消费量占全国工业行业煤炭消费量的 56%，但是由于其大气污染物排放控制水平高于其他行业，SO_2 和烟粉尘排放量占全国工业行业排放量的比重分别为 45%和 23%。

表 4-1　2012 年我国各工业行业燃煤量和主要大气污染物排放量　　单位：万 t

行业	煤炭消费量	燃料煤消费量	SO_2 排放量	NO_x 排放量	烟粉尘排放量
煤炭开采和洗选业	21 079	1 613	12.5	4.5	33.3
石油和天然气开采业	78	76	2.2	3.0	0.7
黑色金属矿采选业	151	144	2.4	0.7	10.3
有色金属矿采选业	153	150	2.4	0.5	2.2
非金属矿采选业	274	261	3.9	1.1	3.7
开采辅助活动	13	12	0.3	0.2	0.1
其他采矿业	22	22	0.0	0.0	0.2
农副食品加工业	2 159	2 146	23.8	9.2	18.2
食品制造业	1 206	1 203	14.7	4.7	5.8
饮料制造业	1 127	1 123	12.9	4.1	6.6
烟草制品业	68	67	1.1	0.4	0.7
纺织业	2 343	2 315	27	7.7	9.2
纺织服装、鞋、帽制造业	137	137	1.7	0.5	0.8
皮革、毛皮、羽毛（绒）及其制品业	184	183	2.7	0.6	1.0
木材加工及木、竹、藤、棕、草制品业	267	234	4.3	1.4	15.7
家具制造业	14	14	0.3	0.1	0.3
造纸及纸制品业	4 944	4 933	49.7	20.7	16.7
印刷业和记录媒介的复制	29	29	0.5	0.2	0.2
文教体育用品制造业	12	12	0.2	0.1	0.2
石油加工、炼焦及核燃料加工业	34 585	7 505	80.2	37.6	44.2
化学原料及化学制品制造业	19 045	10 783	126.2	50.2	58.3
医药制造业	899	894	10.8	3.1	4.4
化学纤维制造业	1 060	1 032	10.1	4.9	2.2
橡胶和塑料制品业	726	721	8.8	2.8	3.3
非金属矿物制品业	30 652	21 847	199.8	274.2	255.2
黑色金属冶炼及压延加工业	30 603	9 971	240.6	97.2	181.3
有色金属冶炼及压延加工业	5 270	4 588	114.4	23	31.9
金属制品业	556	440	7.6	2.4	8.2
通用设备制造业	187	179	2.3	0.9	3.2
专用设备制造业	188	164	1.9	1.0	2.2

行业	煤炭消费量	燃料煤消费量	SO_2排放量	NO_x排放量	烟粉尘排放量
汽车制造业	123	120	1.4	0.6	2.1
其他运输设备制造业	212	206	1.7	1.0	5.2
电气机械及器材制造业	80	69	1.1	0.5	0.7
通信设备、计算机及其他电子设备制造业	48	48	0.8	0.5	1.3
仪器仪表制造业	8	8	0.1	0.0	0.1
其他制造业	391	218	6.2	1.3	2.5
废弃资源和废旧材料回收加工业	28	27	0.4	0.1	0.4
金属制品、机械和设备修理业	7	7	0.1	0.0	0.9
电力、热力的生产和供应业	201 571	201 266	797	1 018.7	222.8
燃气生产和供应业	902	163	1.7	1.2	0.7

非金属矿物制品业是我国煤炭消费量第二大的工业行业，2012 年煤炭消费量达 3.07 亿 t，其中燃料煤消费 2.18 亿 t。非金属矿物制品业 2012 年消费了我国工业行业中 8.5%的煤炭，排放了 11.3%的 SO_2、17.3%的 NO_x 和 26.7%的烟粉尘。水泥生产是我国非金属矿物制品业中煤炭消费量最大的部分，2012 年消费煤炭 2.24 亿 t，占非金属矿物制品行业消费量的 73%，但是其 SO_2、NO_x 和烟粉尘的占比分别为 17%、72%和 26%。

化学原料及化学制品制造业是我国煤炭消费量第三大的工业行业，2012 年煤炭消费量达 1.9 亿 t，其中燃料煤消费 1.08 亿 t。化学原料及化学制品制造业 2012 年消费了我国工业行业中 5.3%的煤炭，排放了 7.1%的 SO_2、3.2%的 NO_x 和 6.1%的烟粉尘。

黑色金属冶炼及压延加工业是我国燃料煤炭消费量第四大的工业行业，2012 年煤炭消费量达 3.06 亿 t，但其中燃料煤消费仅 1.00 亿 t。黑色金属冶炼及压延加工业中，煤炭使用最重要的形式是进行炼焦和高炉喷煤，2012 年用于炼焦和高炉喷煤的煤炭量分别为 1.58 亿 t 和 1.02 亿 t。2012 年黑色金属冶炼及压延加工业消费了我国工业行业中 8.5%的煤炭，排放了 13.5%的 SO_2、6.1%的 NO_x 和 18.9%的烟粉尘。

石油加工、炼焦及核燃料加工业是我国燃料煤炭消费量第五大的工业行业，2012 年煤炭消费量达 3.46 亿 t，但是其中绝大部分是作为原料煤进行炼焦，转化为焦炭，作为燃料煤直接燃烧的仅为 0.75 亿 t。2012 年石油加工、炼焦及核燃料加工业消费了我国工业行业中 2.7%的燃料煤，排放了 4.5%的 SO_2、2.4%的 NO_x 和 4.6%的烟粉尘。

其他工业行业中，煤炭消费最主要的形式是作为燃料煤，在燃煤锅炉中进行燃烧，提供蒸汽或热水。燃煤工业锅炉作为我国煤炭消费最主要的设备之一，不仅在工业行业中发挥作用，也是最主要生活源的大气污染物排放设备。据估算，2012 年我国通过燃煤工业锅炉消费的煤炭共约 7.9 亿 t，SO_2、NO_x 和烟粉尘排放量分别为 873 万 t、316 万 t 和 320 万 t。

根据煤炭使用形式的差异，把煤炭使用过程的大气污染物排放分为两类：煤炭直接燃烧的大气污染物排放和煤炭相关重点行业的大气污染物排放。其中煤炭直接燃烧的大气污染物排放是指通过电站锅炉（主要是电力、热力的生产和供应业）、燃煤工业锅炉（工业行业中煤炭利用的主要形式）和民用燃煤设备产生的大气污染物排放，煤炭相关重点行业的大气污染物排放主要是指在焦炭、钢铁、水泥、有色金属等生产中，通过焦炉、各种窑炉等设备产生的大气污染物排放，以及在相关工艺过程中虽然不直接消耗煤炭，但是与生产密切相关的粉尘排放。

如图 4-3 所示，2012 年煤炭直接燃烧造成的 SO_2、NO_x 和烟粉尘的排放量分别占我国污染物排放总量的 79%、57%和 44%；煤炭相关重点行业的 SO_2、NO_x 和烟粉尘的排放量分别占我国污染物排放总量的 15%、13%和 23%。所有和煤炭使用过程相关的 SO_2、NO_x 和烟粉尘的排放量分别占我国污染物排放总量的 94%、70%和 67%。

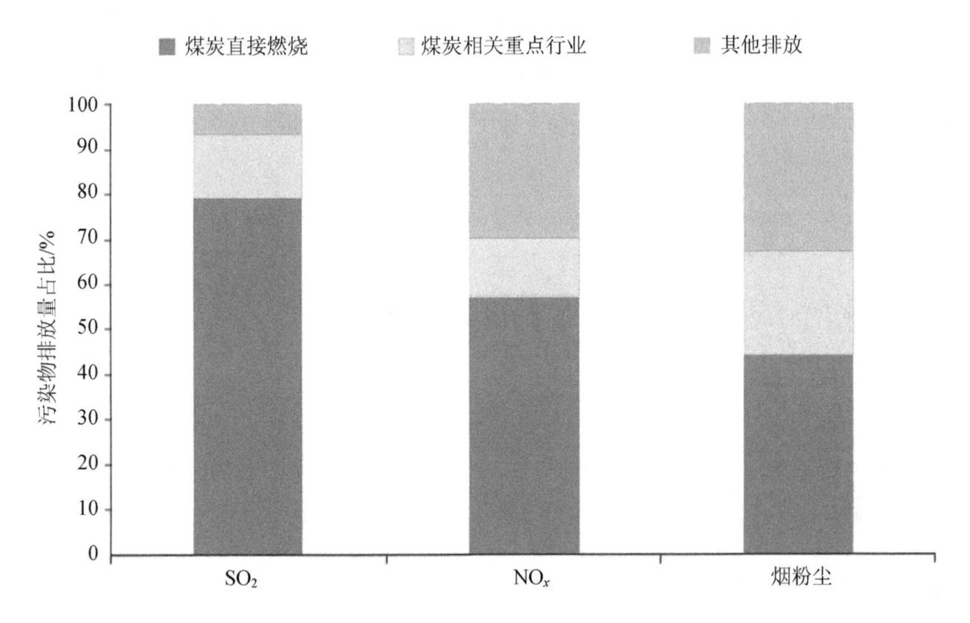

图 4-3　2012 年我国煤炭使用过程中 SO_2、NO_x 和烟粉尘的排放量占比

（3）污染物排放集中于中东部耗煤大省

从污染物排放的地区分布来看，京津冀区域、山东、河南、安徽以及长三角区域等重点地区的煤炭消费量与污染物排放量均较大。2012 年，9 个省（市）以占全国 9.2%的区域面积，消费了全国 38.2%的煤炭，排放了全国 33.3%的 SO_2、39.6%的 NO_x 和 31.8%的烟粉尘，重点地区单位面积煤炭消费量为全国平均水平的 4 倍，其中上海市单位面积

煤炭消费量最大，为 9 kg/m^2。重点地区单位面积大气污染物排放量为全国平均水平的 2 倍左右，特别是上海，单位面积 SO_2、NO_x、烟粉尘的排放强度分别为全国平均水平的 14 倍、23 倍和 9 倍。2012 年重点地区单位面积煤炭消费见图 4-4。2012 年重点地区单位面积污染物排放见图 4-5。

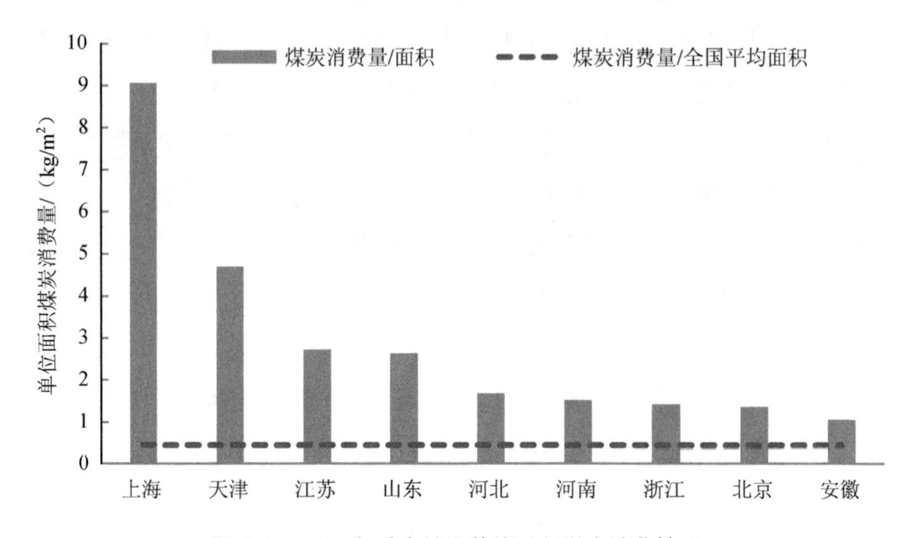

图 4-4 2012 年重点地区单位面积煤炭消费情况

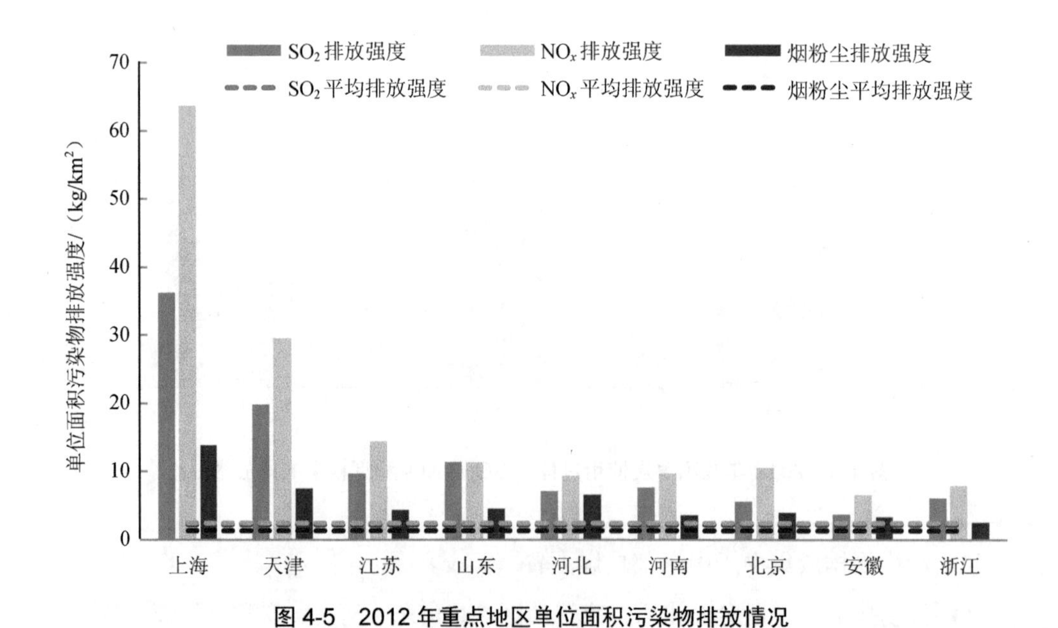

图 4-5 2012 年重点地区单位面积污染物排放情况

从单位煤炭消费量的污染物排放强度来看，重点地区 NO_x 排放强度显著高于全国平均水平，SO_2、烟粉尘排放强度一般低于全国平均水平。重点地区 SO_2、NO_x、烟粉尘排放强度见图 4-6。

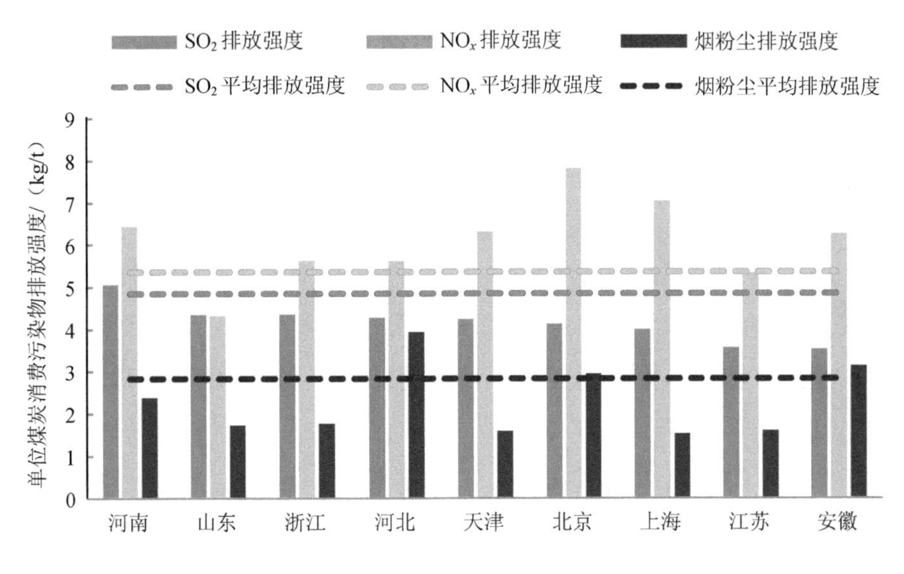

图 4-6　重点地区 SO_2、NO_x、烟粉尘排放强度

4.1.2　基准年煤炭消费对大气环境质量影响模拟研究

4.1.2.1　研究方法与数据

（1）空气质量模型

我国大气环境污染特征总体上已由单一的局地煤烟型污染阶段过渡到区域复合型污染阶段，大气环境污染总体上已呈现“多污染问题共存、多污染源叠加、多尺度关联、多过程演化、多介质影响”的复合型特征。因此，空气质量模型的选取应满足以下 3 个要求：①能充分考虑各污染物间的物理传输及化学转化过程，可模拟多污染物间的协同效应；②能够用于模拟局地、区域及全国等多种尺度的大气环境问题；③可一次性模拟 SO_2、NO_2、PM_{10}、$PM_{2.5}$、O_3、酸雨等多种大气污染过程，特别是模拟区域复合型大气污染过程。而 CAMx 模型最典型的特点即采用了基于“一个大气”的设计理念，考虑了复杂的物理及化学过程，能够同时模拟各种尺度、各种复杂的大气环境问题，因此本研究利用 CAMx 模型模拟煤炭消费总量控制的环境效益。

（2）模型参数设置

1）CAMx 模型参数设置。

模拟时段：CAMx 模型模拟时段为 2012 年 1 月、4 月、7 月、10 月，分别代表冬季、春季、夏季、秋季，模拟时间间隔为 1 h。

模拟区域：CAMx 模型模拟区域采用 Lambert 投影坐标系，中心经度 103°E，中心纬度 37°N，两条标准平行纬度为 25°N 和 47°N。水平模拟范围为 *X* 方向（–2 682～2 682 km）、*Y* 方向（–2 142～2 142 km），网格间距 36 km，将模拟区域共划分为 150×120 个网格。研究区域包括中国全部陆域范围。模拟区域垂直方向共设置 9 个气压层，层间距自下而上逐渐增大。

化学机制：模型采用 CAMx 5.41 版本，化学机制为 CB05 气相化学反应机理和 CF 气溶胶反应机理。

2）WRF 模型参数设置。

模拟时段：WRF 模型模拟时段与 CAMx 模型相同，为 2012 年 1 月、4 月、7 月、10 月，模拟时间间隔为 1 h。

模拟范围：WRF 模型与 CMAQ 模型采用相同的空间投影坐标系，但模拟范围大于 CMAQ 模型模拟范围，其水平模拟范围为 *X* 方向（–3 582～3 582 km）、*Y* 方向（–2 502～2 502 km），网格间距 36 km，将研究区域共划分为 200×140 个网格。垂直方向共设置 28 个气压层，层间距自下而上逐渐增大。

（3）气象数据及排放清单

气象数据：WRF 模型的初始输入数据采用美国国家环境预报中心（NCEP）提供的 6 h 一次、1°分辨率的 FNL 全球分析资料。

排放清单：CAMx 模型采用的排放清单主要包括 SO_2、NO_x、颗粒物（PM_{10}、$PM_{2.5}$ 及其组分）、NH_3 和 VOCs（含多种化学组分）等多种污染物。对于 SO_2、NO_x 排放清单的具体处理规则为：①依据全国污染源普查数据中的污染源分类规则，将污染源划分为电力源、工业源、生活源、移动源 4 个部门；②对污染源普查数据中所有工业企业（含电力），依据企业经纬度坐标，采用 GIS 空间分析技术，“自下而上”建立全国 36 km 分辨率工业源 SO_2、NO_x 网格化排放清单；③对于以区县或乡镇行政区为统计单元的生活源，以 1 km 分辨率人口密度为权重，将生活源排放量分解到 1 km 网格，采用 GIS 空间融合技术建立全国 36 km 分辨率生活源 SO_2、NO_x 网格化排放清单；④对于以地级城市为统计单元的移动源，以路网数据为基础，将移动源排放量分解到 36 km 网格，建立全国 36 km 分辨率移动源 NO_x 网格化排放清单；⑤最后对工业源、生活源及移动源排放清单进行空间叠加，得到我国 36 km 分辨率人为源 SO_2、NO_x 网格化排放清单。除 SO_2、NO_x 外，人为源颗粒物（含 PM_{10}、$PM_{2.5}$、BC、OC 等）、NH_3、VOCs（含主要组分）等排放数据采用清华大学 MEIC 排放清单，生物源 VOCs 排放数据源于全球排放清单 GEIA。排放清单数据来源见表 4-2。

表 4-2 排放清单数据来源

污染物	SO_2	NO_x	VOCs	$PM_{2.5}$	NH_3
来源	污染源普查	污染源普查	MEIC	MEIC	MEIC
特征	点源：经纬度 面源：行政区	点源：经纬度 面源：行政区	0.25°×0.25° 网格数据	0.25°×0.25° 网格数据	0.25°×0.25° 网格数据

（4）模拟结果验证

本节研究所采用的模型模拟参数、模拟范围等设置均与本书 3.1 节研究内容相同，模拟结果验证见 3.1 节相关内容。

4.1.2.2 煤炭消费对大气环境质量影响

（1）基于组分分析结果

通过 CAMx 模型进行模拟，得到全国 333 个地级及以上城市的 $PM_{2.5}$ 质量浓度以及其中关键组分，包括硫酸盐、硝酸盐、一次 $PM_{2.5}$ 以及其他组分的质量浓度。在此基础上得到各省城市的质量浓度，进而得到各省 $PM_{2.5}$ 中不同组分的占比，如图 4-7 所示。

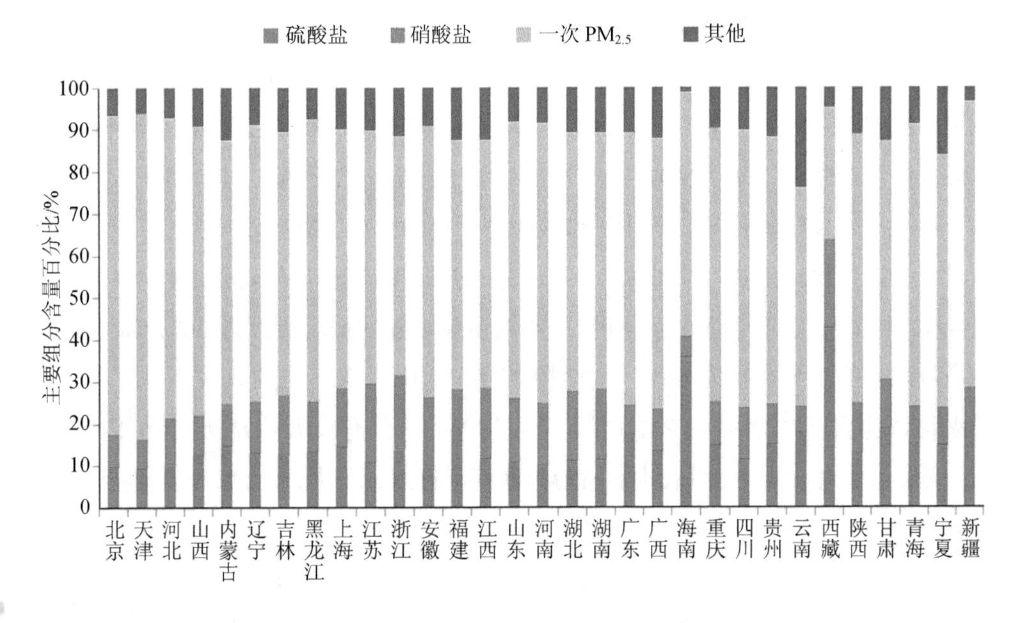

图 4-7 各省份 $PM_{2.5}$ 中主要组分的含量百分比模拟结果

从图 4-7 中可以发现，除了海南、西藏等自身大气污染物排放量显著偏低的省份以外，硫酸盐和硝酸盐在其他省份中的比例之和大多在 20%～30%范围内浮动；一次 $PM_{2.5}$ 是各省环境空气 $PM_{2.5}$ 中的主要来源；其他组分，包括铵盐和二次有机气溶胶等的比例约为 10%。

假设不同来源对于某种气态前体物的排放贡献率和其对于相应的 $PM_{2.5}$ 化学组分贡献率相当，即煤炭使用过程的 SO_2 排放量占比等于煤炭使用在 $PM_{2.5}$ 中硫酸盐浓度的占比，结合图 4-7 的结果，我们可以粗略估算煤炭燃烧所排放的污染物对全国环境空气 $PM_{2.5}$ 中各组分的贡献率。计算结果显示，煤炭直接燃烧对全国环境空气 $PM_{2.5}$ 浓度的贡献为 37.2%，其中 SO_2、NO_x 和一次 $PM_{2.5}$ 排放的贡献分别为 9.5%、7.7%和 20.0%；伴随煤炭使用，重点行业排放的污染物对全国环境空气 $PM_{2.5}$ 的浓度贡献为 24%，其中 SO_2、NO_x 和一次 $PM_{2.5}$ 排放的贡献分别为 1.8%、1.8%和 20.0%。煤炭使用对我国环境 $PM_{2.5}$ 浓度的贡献总体约为 61%。

（2）基于情景模拟结果

在现有排放情景的基础上，假设只有涉及煤炭使用的排放源，构造因煤排放情景，并利用空气质量模型模拟此情景下的 $PM_{2.5}$ 质量浓度。将因煤排放情景和现有排放情景下的 $PM_{2.5}$ 质量浓度进行比较，即可估算煤炭消费产生的大气污染物排放对环境空气中 $PM_{2.5}$ 年均质量浓度的贡献率。

从 $PM_{2.5}$ 年均质量浓度空间分布上来看，因煤排放情景下 $PM_{2.5}$ 年均质量浓度分布与基准情景下 $PM_{2.5}$ 年均质量浓度分布基本一致，污染严重区域都集中在京津冀区域、长三角区域、成渝城市群及长江中下游城市群。因煤排放对 $PM_{2.5}$ 质量浓度贡献较大的区域主要集中在东北、华北、华东及成渝等区域，而中部地区及华南地区贡献相对较小。

煤炭燃烧产生的 SO_2、NO_x 及烟粉尘均会促进 $PM_{2.5}$ 的形成，排放到大气中污染物经过干湿沉降、化学氧化等物理化学过程和空间传输形成 $PM_{2.5}$ 等二次污染物。利用空气质量模型模拟煤炭消费产生的大气污染物在空气中的物理化学转化过程及空间传输，结果表明 2012 年煤炭消费对全国 $PM_{2.5}$ 年均质量浓度的平均贡献为 56%，对全国 SO_2 年均质量浓度的平均贡献为 66%，对全国 NO_2 年均质量浓度的平均贡献为 52%。就各省份来看，煤炭消费对各省份 $PM_{2.5}$ 年均质量浓度的贡献有较大差异，贡献范围为 37%～63%，煤炭消费对 $PM_{2.5}$ 贡献较小的省份为西藏、青海、云南、北京，煤炭消费对 $PM_{2.5}$ 贡献较大的省份为黑龙江、重庆、辽宁、吉林、内蒙古。

由于各省份煤炭消费量存在较大差异，加上末端治理措施及去除效率也存在较大差异，煤炭消费对全国各地 $PM_{2.5}$ 的贡献存在较大差异。总体来说，经济欠发达地区由于工业发展水平低、煤炭消费量较小，这些区域煤炭燃烧所产生的大气污染物所占的比重较小，煤炭消费对其 $PM_{2.5}$ 贡献相对较小；而对所有省份来说，绝大部分 SO_2 均为煤炭燃烧所排放，在 SO_2 的贡献率上，各省份之间差异很小；而对于 NO_2 浓度，NO_x 除了来自煤炭燃烧以外，机动车排放占了一定的比例，而各省份机动车保有量、尾气治理水平、燃油品质等不同而导致煤炭消费排放 NO_x 比例差异较大，因此煤炭消费对 NO_2 浓度贡献也存在较大差异。各省份煤炭消费对 $PM_{2.5}$、SO_2 及 NO_2 贡献如图 4-8 所示。

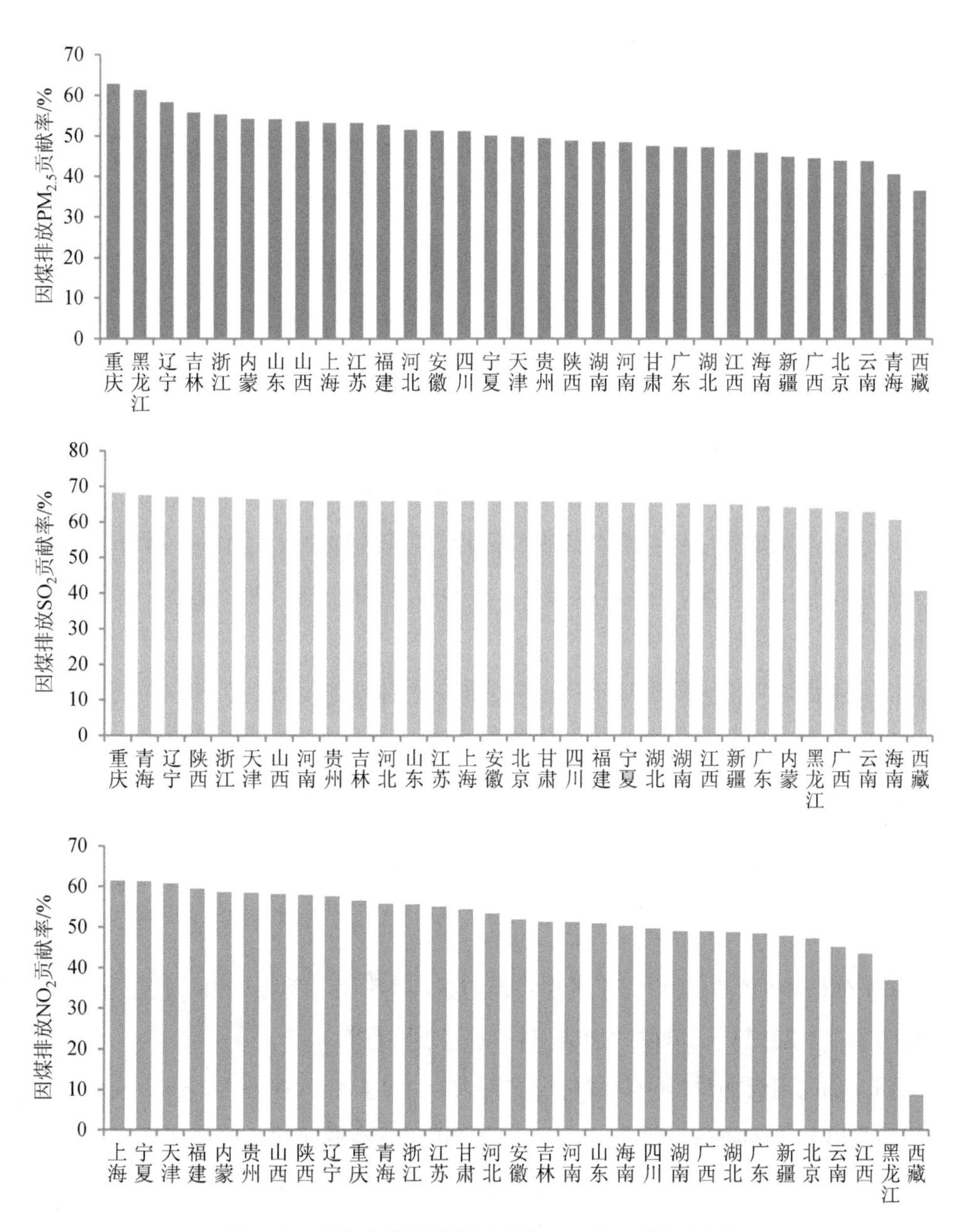

图 4-8　各省份煤炭消费对 $PM_{2.5}$、SO_2、NO_2 贡献

4.1.3　煤炭消费总量控制环境效果模拟研究

本节基于基准情景和煤控情景下煤炭消费总量在不同区域和不同行业间分解方案，

考虑技术进步、污染物控制水平提高等与污染物排放相关因素，分别计算电力、钢铁、水泥、燃煤锅炉、生活源等重点燃煤行业2020—2050年煤炭消费总量控制所取得的SO_2、NO_x、烟粉尘减排效益，在基准情景和煤控情景下 SO_2、NO_x、烟粉尘减排基础上，建立基准情景和煤控情景下全国大气污染物排放清单，最后利用本研究搭建的“国家大气污染物减排与空气质量响应模拟平台”模拟 2020—2050 年基准情景和煤控情景下全国空气质量，对比分析即可以评估煤控情景下全国环境空气质量改善效益，重点分析时间为2020年及2030年。

4.1.3.1 能源消费总量控制情景

（1）煤炭消费基准情景

煤炭消费基准情景是考虑国家既有政策导向、各省发展诉求、各省份已采取行动等因素，通过建立分部门煤炭需求预测模型，预测全国各省份自身科学发展所需的煤炭消费量。基于煤炭消费的驱动因素和消费结构，各省份煤炭需求预测的思路如下：

第一，参考国家发展目标和各省份经济社会发展规划，对 2015—2030 年各省份经济社会发展情景进行设定，主要包括人口、GDP、产业结构、城镇化水平、居民收入等宏观指标。

第二，根据各省份宏观经济指标，考虑国家主体功能区规划、产业布局规划以及节能减排等既有政策导向，同时基于各省能源、水、土地资源条件以及自身的发展取向和已采取的一系列政策措施，分析各省份未来主要用煤行业发展前景，主要耗煤部门包括电力、供热、冶金（包括钢铁和有色金属）、建材（主要是水泥、玻璃制造等）、煤化工（既包括煤制化肥等传统煤化工，又包括煤制油、煤制气以及煤制烯烃等新型煤化工）、居民生活等，预测各部门代表性指标未来变化情况。

第三，分析各部门煤炭利用技术潜力及前景，对各部门煤炭利用特征指标进行预测，主要包括单位产品煤耗、单位增加值煤耗及人均煤耗等。

第四，部门用煤加总得到各省份煤炭需求。主要耗煤行业发展、煤炭利用技术进步及替代前景既基于各省份发展规划，又考虑了国家既有政策导向，还考虑了本省份的水土等资源条件以及自身行动，因此，该煤炭需求预测结果可称为各省份自身发展所需的煤炭需求。

由于目前全国煤炭消费量与地方煤炭消费量之和的统计数据之间存在巨大差异，本节基于地方统计数据，“自下而上”研究各省、区域乃至全国煤炭消费总量控制目标。

根据国家发展改革委能源所的预测，基准情景下煤炭消费需求增长将在2030年前后达到顶峰，之后逐渐下降，2020年和2030年全国煤炭消费总量分别比2012年增加10.1亿t

和 11.8 亿 t。电力用煤持续增长是最主要的拉动力量，其次是现代煤化工，这些增长主要集中于山西地区和西北省份，详见图 4-9。图中煤炭消费总量为“自下而上”加总得到的各省煤炭消费量之和，因此煤炭消费总量大于全国统计结果。

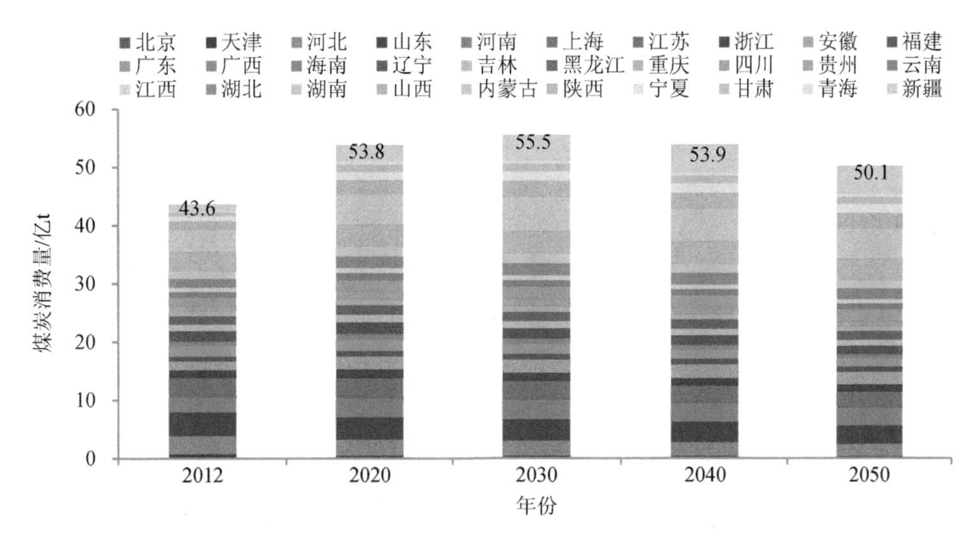

图 4-9 基准情景各省煤炭消费预测结果

（2）煤炭消费总量控制情景

基于不同区域的资源、环境约束，按照环境效益-成本最优原则，考虑不同部门削减煤炭消费的环境效益和成本，对煤炭消费基准情景进行调整，得到控煤情景。生活原煤散烧、小型燃煤工业或供热锅炉及水泥行业是煤炭削减的重点。北方优先削减城镇及城郊生活用煤，其次是燃煤工业锅炉用煤，再者是供热锅炉。南方重点是解决燃煤工业锅炉用煤，以及强化水泥行业用煤控制。

控煤情景预测结果如图 4-10 所示，各省份加总煤炭消费总量在 2020 年前后达到峰值，约 49 亿 t，较 2012 年增长约 5.4 亿 t，之后逐渐下降，到 2030 年将逐步降至 45.4 亿 t，2040 年降至 38.4 亿 t，2050 年下降至 32.3 亿 t。考虑到当前各省份加和总数与全国煤炭消费总量统计数据存在 8.5 亿 t 的差距，意味着 2020 年全国煤炭消费总量应控制在约 40.5 亿 t，2030 年控制到 36.9 亿 t，2040 年、2050 年分别控制在 29.9 亿 t 和 23.8 亿 t。煤炭消费进一步向电力集中。现代煤化工是未来煤炭消费的一大增长点，但基于晋陕蒙宁地区和新疆水资源约束，并考虑技术成熟度、经济性、市场需求等因素，到 2030 年全国产能应控制在 7 000 万 t 油当量以内。城镇居民生活用煤和工业锅炉用煤是重点削减对象，必须加大减量替代力度；考虑到供热需求的潜在增幅，应因地制宜采取替代措施，尽可能减少供热用煤的增加。

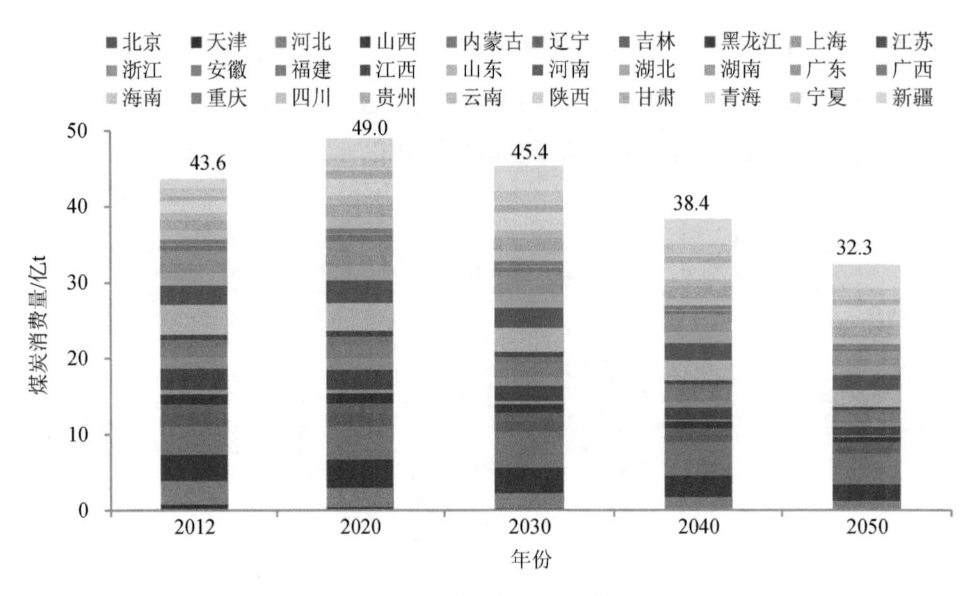

图 4-10 控煤情景下各省份煤炭消费总量预测结果

4.1.3.2 污染治理技术情景

（1）电力行业

电力行业的大气污染物主要来源于煤炭燃烧，因此，根据电力行业煤炭需求量乘以吨煤排放系数，计算得到 2020—2030 年电力行业的大气污染物排放量。本研究所采用的区域差异化单位煤炭污染物排放系数和选择标准如表 4-3 所示。

表 4-3 不同地区电力行业 SO_2、NO_x、烟粉尘排放系数 单位：kg/t 煤

项目	地区	2020 年		2030 年	
		排放系数	选择标准	排放系数	选择标准
SO_2	一般地区	3.0	参考 2011 年发布的《火电厂大气污染物排放标准》，重点地区执行特别排放限值，一般地区执行一般标准，考虑一定的超标率	1.5	参考 2011 年发布的《火电厂大气污染物排放标准》，重点地区执行特别排放限值，一般地区执行一般标准，新源执行特别排放限值
	重点地区	1.0		0.7	
NO_x	一般地区	1.9		1.2	
	重点地区	1.7		1.2	
烟粉尘	一般地区	0.5		0.2	
	重点地区	0.3		0.2	

考虑到电力机组的寿命通常为 30 年左右，2040 年、2050 年吨煤排放系数（表 4-4）参照目前新建电厂最严格标准，同时参考发达国家最佳减排技术实例取值。2040 年，

东部、中部燃煤发电机组全部达到超低排放，即 SO_2、NO_x、烟粉尘排放质量浓度分别达到 35 mg/m^3、50 mg/m^3、10 mg/m^3，西部地区一半机组达到超低排放，一半机组达到《火电厂大气污染物排放标准》（GB 13223—2011）中的特别限值。2050 年，东部、中部在 2040 年基础上进一步提高，达到发达国家先进水平，SO_2、NO_x、烟粉尘排放质量浓度分别达到 20 mg/m^3、30 mg/m^3、5 mg/m^3，西部地区达到超低排放。

表 4-4　2012—2050 年电力行业 SO_2、NO_x、烟粉尘污染物排放系数　单位：kg/t 煤

项目	2012 年	2020 年	2030 年	2040 年	2050 年
SO_2	4.2	2.0	1.2	0.4	0.2
NO_x	5.3	1.6	1.1	0.6	0.3
烟粉尘	0.9	0.4	0.2	0.1	0.0

（2）钢铁行业

钢铁行业排放量测算采用各省份钢铁行业耗煤量乘以钢铁行业吨煤排放系数得到。2020—2030 年钢铁行业吨煤排放系数取值参考 2012 年发布的《炼钢工业大气污染物排放标准》（GB 28664—2012）对大气污染物排放限值的要求，2020 年全部工序达到现役源排放标准，2030 年达到新源排放标准。对于 SO_2 和烟粉尘，通过采取烧结脱硫和除尘改造的方式，排放系数在 2012—2030 年稳步大幅下降。而钢铁行业 NO_x 治理，目前尚没有商业化的末端治理技术，通常依靠降低燃烧温度和使用低含氮量焦炭等过程控制手段，而且钢铁行业 NO_x 排放仅占全国 NO_x 排放量的 4%，因此 NO_x 排放系数下降幅度较小。2040 年、2050 年钢铁行业污染物排放系数预测，目前参考国际先进水平和最佳可行技术，2040 年、2050 年 SO_2 和烟粉尘排放系数分别比上一个十年下降 10%～30%，由于减排潜力逐渐减小，排放系数降幅收窄，2040 年、2050 年 NO_x 排放系数稳中略降。2012—2050 年钢铁行业单位煤炭消费污染物排放系数如表 4-5 所示。

表 4-5　2012—2050 年钢铁行业 SO_2、NO_x、烟粉尘排放系数　单位：kg/t 煤

项目	2012 年	2020 年	2030 年	2040 年	2050 年
SO_2	3.1	1.9	0.9	0.8	0.7
NO_x	1.0	0.8	0.8	0.8	0.7
烟粉尘	2.4	1.2	0.7	0.5	0.4

（3）水泥行业

水泥行业污染物排放除了来自煤炭燃烧，原料预均化、原料粉磨、生料均化、水泥粉磨等生产过程均会有污染物产生，水泥行业污染物排放量测算采用各省水泥产量乘以单位产品产量污染物排放系数求得。水泥行业污染物排放系数根据排放现状、排放标准要求及污染治理技术设定，并确定 2020 年、2030 年水泥行业污染物排放水平。水泥行业 SO_2 排放不会有较大的变化，除北京外（执行北京市地方标准），其他省份均保持现状值不变；NO_x 治理水平有较大幅度的提高，NO_x 排放系数参照排放标准与技术可达两个方面进行确定；烟粉尘排放标准加严，2010 年熟料生产执行《水泥工业大气污染物排放标准》（GB 4915—2004）的颗粒物排放质量浓度限值（50 mg/m^3），2015 年执行《水泥工业大气污染物排放标准》（GB 4915—2013）的颗粒物排放质量浓度限值一般地区 30 mg/m^3 和重点地区 20 mg/m^3 标准，烟粉尘削减将会有较大的空间，烟粉尘排放系数参照排放标准与技术可达两方面因素来确定。水泥行业污染物排放系数如表 4-6 所示。

表 4-6 水泥行业污染物排放系数

项目	地区	单位	2020 年	2030 年
SO_2	一般地区	kg/t 熟料	现状值	现状值
	重点地区	kg/t 熟料	现状值	现状值
NO_x	一般地区	kg/t 熟料	1.2	0.96
	重点地区	kg/t 熟料	0.96	0.96
烟粉尘	一般地区	kg/t 熟料	0.5	0.18
	一般地区	kg/t 水泥	0.15	0.12
	重点地区	kg/t 熟料	0.3	0.06
	重点地区	kg/t 水泥	0.06	0.03

（4）燃煤锅炉

我国小型工业燃煤锅炉（含生活锅炉）是仅次于电力行业的第二大燃煤大户，也是污染物排放大户，2012 年燃煤锅炉 SO_2 排放量为 700 多万 t，占全国工业 SO_2 排放量的 37%，NO_x 排放量约 300 万 t，占全国工业 NO_x 排放量的 20%，烟粉尘排放量为 300 多万 t，占全国工业烟粉尘排放量的 30%。燃煤锅炉污染物排放主要来自煤炭燃烧，燃煤锅炉污染物排放量采用煤炭消费总量乘以单位煤炭消费污染物排放系数求得。单位煤炭消费污染物排放系数主要考虑到国家对燃煤锅炉排放要求的提高以及技术进步。2020 年，一般地区的脱硫效率在 2012 年的基础上提高到 50%，高硫煤地区的脱硫效率提高到 70%，绝大多数锅炉的 NO_x 排放浓度都可以达到《锅炉大气污染物排放标准》（GB 13271—2014）中要求的一般地区的排放质量浓度限值（400 mg/m^3），因此 NO_x 的排污因子保持 3.8 kg/t 煤不变，烟粉尘的除尘效率提高到 90%。重点地区，脱硫效率提高到 60%，NO_x 的控制采用低氮燃烧器，排放浓度可以降低 30%，除尘效率提高到 90%。2030 年，一般地区的脱硫效率提高到 65%，高硫煤地区的脱硫效率提高到 80%，NO_x 的排放要求提高，执行新建锅炉污染物排放质量浓度限值（300 mg/m^3），采用低氮燃烧器，NO_x 的去除效率提高到 30%，除尘效率提高到 90%；重点地区，脱硫效率提高到 70%，NO_x 执行标准中的特别排放质量浓度限值（200 mg/m^3），脱硝效率达到 47%，除尘效率提高到 95%。

（5）生活燃煤

2012 年，全国生活燃煤 SO_2、NO_x、烟粉尘的排放量分别为 209 万 t、40 万 t、143 万 t，占全国排放总量的比例分别为 9%、2%、11%。由于生活燃煤一般以散烧为主，难以采取有效污染物控制措施，最有效减少污染物排放量的方法为通过管理改进燃煤质量，因此在 2020 年、2030 年生活燃煤污染物排放量计算中暂不考虑排放系数的变化，仅根据燃煤量变化计算污染物排放量变化情况。

2040 年、2050 年，由于集中供热及燃气管网的覆盖，生活燃煤量将减少，加上燃煤煤质改善以及环保、先进炉具的推广使用，由生活燃煤产生的污染物将大幅减少。

4.1.3.3　大气污染物减排效益分析

（1）2020 年减排效益

2020 年煤控情景相比于基准情景，煤炭消费总量减少 4.8 亿 t，在此基础上，利用 2020 年电力、钢铁、水泥行业和燃煤锅炉、生活燃煤污染物排放系数，计算基准情景及煤控情景下 SO_2、NO_x、烟粉尘的排放量。基准情景下，虽然煤炭消费总量相比 2012 年增加至 53.8 亿 t，但是由于技术进步、污染物治理水平提高，SO_2、NO_x、烟粉尘排放量分别下降至 1 785 万 t、1 559 万 t、980 万 t；煤控情景下，SO_2、NO_x、烟粉尘排放量分别为 1 658 万 t、1 502 万 t、909 万 t。煤控情景下 SO_2、NO_x、烟粉尘减排效益分别为 128 万 t、57 万 t、71 万 t，其中电力行业煤炭消费总量控制下 SO_2、NO_x、烟粉尘的减排效益分别为 9.7 万 t、11.0 万 t、2.9 万 t，其他行业煤炭消费总量控制下 SO_2、NO_x、烟粉尘减排效益分别为 118.0 万 t、46.2 万 t、68.4 万 t。电力行业煤炭消费总量控制下减排效益小，主要原因是电力行业污染物治理技术水平明显高于其他行业。2020 年污染物减排效益见表 4-7。

表 4-7 2020 年污染物减排效益

项目	煤炭消费总量/亿 t	SO_2 排放总量/万 t	NO_x 排放总量/万 t	烟粉尘排放总量/万 t
基准情景	53.8	1 785	1 559	980
煤控情景	49.0	1 658	1 502	909
减排效益	4.8	127	57	71

（2）2030 年减排效益

2030 年煤控情景相比于基准情景，煤炭消费总量减少 10.1 亿 t，在此基础上，利用 2030 年电力、钢铁、水泥行业和燃煤锅炉、生活燃煤污染物排放系数，计算基准情景及煤控情景下 SO_2、NO_x、烟粉尘排放量。基准情景下，虽然煤炭消费总量增加至 55.5 亿 t，但是由于技术进步、污染物治理水平提高，SO_2、NO_x、烟粉尘排放量分别下降至 1 184 万 t、678 万 t、635 万 t；煤控情景下，SO_2、NO_x、烟粉尘排放量分别为 963 万 t、539 万 t、537 万 t。由于煤炭消费总量控制，煤控情景下 SO_2、NO_x、烟粉尘减排效益分别为 221 万 t、139 万 t、98 万 t，其中电力行业煤炭消费总量控制 SO_2、NO_x、烟粉尘减排效益分别 23.7 万 t、29.9 万 t、2.4 万 t，其他行业煤炭消费总量控制 SO_2、NO_x、烟粉尘减排效益分别为 196.8 万 t、109.1 万 t、95.4 万 t，可见非电行业煤炭消费总量控制减排效益远大于电力行业，主要原因是电力行业污染物治理技术水平明显高于其他行业。2030 年污染物减排效益见表 4-8。

表 4-8 2030 年污染物减排效益

项目	煤炭消费总量/亿 t	SO_2 排放总量/万 t	NO_x 排放总量/万 t	烟粉尘排放总量/万 t
基准情景	55.5	1 184	678	635
煤控情景	45.4	963	539	537
减排效益	10.1	221	139	98

（3）2040 年减排效益

2040 年煤控情景相比于基准情景，煤炭消费总量减少 15.5 亿 t，在此基础上，利用 2040 年电力、钢铁、水泥行业和燃煤锅炉、生活燃煤污染物排放系数，分行业和地区计算基准情景下及煤控情景下 SO_2、NO_x、烟粉尘的排放量。基准情景下，SO_2、NO_x、烟粉尘排放量分别为 539 万 t、678 万 t、398 万 t；煤控情景下，SO_2、NO_x、烟粉尘排放量分别为 400 万 t、539 万 t、335 万 t。由于煤炭消费总量控制，煤控情景下 SO_2、NO_x、烟粉尘减排效益分别为 139 万 t、139 万 t、63 万 t，其中电力行业煤炭消费总量

控制 SO_2、NO_x 减排效益分别为 17.0 万 t、26.4 万 t，其他行业煤炭消费总量控制 SO_2、NO_x、烟粉尘减排效益分别为 121.9 万 t、112.5 万 t、63.8 万 t，由于 2040 年电力行业基本实现烟粉尘零排放，所以电力行业烟粉尘减排效益为零。2040 年污染物减排效益见表 4-9。

表 4-9 2040 年污染物减排效益

项目	煤炭消费总量/亿 t	SO_2 排放总量/万 t	NO_x 排放总量/万 t	烟粉尘排放总量/万 t
基准情景	53.9	539	678	398
煤控情景	38.4	400	539	335
减排效益	15.5	139	139	63

（4）2050 年减排效益

2050 年煤控情景相比于基准情景，煤炭消费总量减少 17.8 亿 t，在此基础上，利用 2050 年电力、钢铁、水泥行业和燃煤锅炉、生活燃煤污染物排放系数，分行业和地区计算基准情景及煤控情景下 SO_2、NO_x、烟粉尘的排放量。基准情景下，SO_2、NO_x、烟粉尘排放量分别为 339 万 t、393 万 t、294 万 t；煤控情景下，SO_2、NO_x、烟粉尘排放量分别为 271 万 t、312 万 t、261 万 t。由于煤炭消费总量控制，煤控情景下 SO_2、NO_x、烟粉尘减排效益分别为 68 万 t、81 万 t、33 万 t，其中电力行业煤炭消费总量控制 SO_2、NO_x 减排效益分别为 15.3 万 t、23.0 万 t，其他行业煤炭消费总量控制 SO_2、NO_x、烟粉尘减排效益分别为 52.4 万 t、57.3 万 t、33.0 万 t，由于 2050 年电力行业实现烟粉尘零排放，所以电力行业烟粉尘减排效益为零。2050 年污染物减排效益见表 4-10。

表 4-10 2050 年污染物减排效益

项目	煤炭消费总量/亿 t	SO_2 排放总量/万 t	NO_x 排放总量/万 t	烟粉尘排放总量/万 t
基准情景	50.1	339	393	294
煤控情景	32.3	271	312	261
减排效益	17.8	68	81	33

4.1.3.4 空气质量改善效果模拟

基于 2020—2050 年基准情景下和煤控情景下各省重点耗煤行业 SO_2、NO_x、烟粉尘排放量，假设现有污染源在空间布局上没有变化，根据基准情景下和煤控情景下污染物排放量，在已经建立的 2012 年全国污染物排放清单基础上进行区域差异化削减，分别得到 2020—2050 年基准情景下和煤控情景下全国大气污染物排放源清单，然后利用 CAMx 空气质量模型分别模拟 2020—2050 年基准情景下和煤控情景下 $PM_{2.5}$ 年均质量浓度，通过对比分析空气质量改善效果。

（1）2020 年空气质量改善效果

如果不实施煤炭消费总量控制，基准情景下煤炭消费总量相比 2012 年有增加，但是由于技术进步、污染物控制水平提高，污染物排放量仍有一定程度下降。到 2020 年，全国 SO_2、NO_x、烟粉尘的排放量下降为 1 785.4 万 t、1 543.7 万 t、979.9 万 t。在此情形下进行空气质量模拟，全国 $PM_{2.5}$ 年均质量浓度相比 2012 年有一定程度下降，全国 $PM_{2.5}$ 年均质量浓度空间分布差异仍然较为显著。总体来说，$PM_{2.5}$ 年均质量浓度高值区主要集中在以北京—西安—宁波为顶点的"污染三角区"，成渝城市群污染依然较为严重。而华南地区和东南沿海地区 $PM_{2.5}$ 年均质量浓度已接近国家二级标准限值。

基准情景下，全国所有城市 $PM_{2.5}$ 平均质量浓度为 50.3 μg/m^3，其中因煤排放 $PM_{2.5}$ 平均质量浓度为 24.7 μg/m^3，因煤排放对 $PM_{2.5}$ 贡献为 49.1%。

如果实施消费总量控制，2020 年全国大气污染物排放量将在基准情景基础上进一步下降，2020 年全国 SO_2、NO_x、烟粉尘的排放量分别为 1 657.7 万 t、1 502.0 万 t、908.6 万 t，相比于 2012 年分别下降 27%、38%、29%。在此情形下进行空气质量模拟，模拟结果表明，煤控情景下全国 $PM_{2.5}$ 年均质量浓度相比于 2012 年有一定程度下降，各省份下降比例差异明显，其中下降幅度较大的省份有北京、天津、河北、上海、广东、重庆、西藏，而下降幅度较小的省份有湖北、陕西、青海、新疆。

煤控情景下，全国所有城市 $PM_{2.5}$ 平均质量浓度为 47.7 μg/m^3，其中因煤排放 $PM_{2.5}$ 平均质量浓度为 22.2 μg/m^3，因煤排放对 $PM_{2.5}$ 贡献为 46.5%。

对比 2020 年基准情景下和煤控情景下全国 $PM_{2.5}$ 年均质量浓度分布，可以看出，总体来说，2020 年两种排放情景下 $PM_{2.5}$ 年均质量浓度相比于 2012 年均有一定程度下降，但是全国大部分城市 $PM_{2.5}$ 年均质量浓度依然超标，高值区主要分布在北京—西安—宁波为顶点的"污染三角区"、成渝城市群、长株潭城市群、武汉城市群。从各省来看，两种排放情景下，北京、天津、河北、广东等省份 $PM_{2.5}$ 年均质量浓度均有较大幅度下降，而受基准情景和煤控情景煤炭需求量分配差异影响，大部分省份煤控情景下 $PM_{2.5}$ 年均质量浓度下降比例大于基准情景，而湖北、江西、广西、云南等省份煤控情景下 $PM_{2.5}$ 年均质量浓度下降比例则小于基准情景下的下降比例。从实施煤炭消费总量控制、空气质量改善效益平均为 2.5 μg/m^3 的重点区域来看，煤控情景下京津冀、长三角、珠三角等区域 $PM_{2.5}$ 年均质量浓度改善效益见表 4-11。

表 4-11 重点区域 $PM_{2.5}$ 改善效益 单位：$\mu g/m^3$

重点区域	基准情景	煤控情景	$PM_{2.5}$ 改善效益
京津冀	56.9	52.2	4.7
长三角	42.5	39.4	3.1
珠三角	27.6	26.8	0.8

（2）2030 年空气质量改善效果

2030 年基准情景下，根据各省各行业自身发展水平对煤炭消费的需求量以及随着污染物控制水平提高和污染物排放标准提升，全国 SO_2、NO_x、烟粉尘排放总量分别下降至 1 207.5 万 t、1 168.8 万 t、662.2 万 t。基于此污染物排放总量在空间上和行业上进行分解，利用空气质量模型模拟，结果表明全国 $PM_{2.5}$ 年均质量浓度相比于 2012 年明显下降。总体来看，全国大部分城市 $PM_{2.5}$ 年均质量浓度达标，重点区域 $PM_{2.5}$ 年均质量浓度基本达标，但仍然存在少数不达标城市。

基准情景下，全国所有城市 $PM_{2.5}$ 平均质量浓度为 38.4 $\mu g/m^3$，其中因煤排放 $PM_{2.5}$ 平均质量浓度为 16.7 $\mu g/m^3$，因煤排放对 $PM_{2.5}$ 贡献为 43.5%。

2030 年煤控情景下，全国 SO_2、NO_x、烟粉尘等污染物排放量将在基准情景基础上进一步下降，煤控情景下 SO_2、NO_x、烟粉尘的排放总量分别为 982.7 万 t、1 030.5 万 t、563.8 万 t。煤控情景下进行空气质量模拟结果表明，煤控情景下全国 $PM_{2.5}$ 年均质量浓度相比于 2012 年显著下降。总体来看，全国及重点区域 $PM_{2.5}$ 年均质量浓度基本达标，不达标区域大面积减少，只有少数城市 $PM_{2.5}$ 年均质量浓度不达标。

煤控情景下，全国所有城市 $PM_{2.5}$ 平均质量浓度为 34.6 $\mu g/m^3$，其中因煤排放 $PM_{2.5}$ 平均质量浓度为 13.2 $\mu g/m^3$，因煤排放对 $PM_{2.5}$ 贡献为 38.1%。

对比 2030 年基准情景下和煤控情景下全国 $PM_{2.5}$ 年均质量浓度空间分布，可以看出，两种情景下 $PM_{2.5}$ 年均质量浓度均大幅度下降，全国 $PM_{2.5}$ 年均质量浓度不达标区域大幅减少，但依然有少数区域不达标。从城市 $PM_{2.5}$ 年均质量浓度来看，相比于基准情景，煤控情景下 $PM_{2.5}$ 年均质量浓度由 36.5 $\mu g/m^3$ 下降到 32.9 $\mu g/m^3$，其中因煤排放 $PM_{2.5}$ 年均质量浓度由 15.9 $\mu g/m^3$ 下降至 12.5 $\mu g/m^3$，$PM_{2.5}$ 改善效益为 3.4 $\mu g/m^3$。从各省来看，除少数省份外，其余省份煤控情景下 $PM_{2.5}$ 下降幅度较基准情景下降幅度更大，表明煤炭消费总量控制对改善各省 $PM_{2.5}$ 年均质量浓度能取得较好的效益。煤控情景下京津冀区域、长三角区域、珠三角区域 $PM_{2.5}$ 年均质量浓度改善效益见表 4-12。

表 4-12 重点区域 $PM_{2.5}$ 改善效益 单位：μg/m³

重点区域	基准情景	煤控情景	$PM_{2.5}$ 改善效益
京津冀	45.2	41.9	3.3
长三角	34.7	31.5	3.2
珠三角	21.7	20.4	1.3

（3）2040 年空气质量改善效果

2040 年基准情景下，由于经济增速放缓、煤炭消费量下降、污染物治理技术进步、控制水平提高等因素，全国大气污染物排放水平显著下降。全国 SO_2、NO_x、烟粉尘排放总量分别为 538.5 万 t、678.2 万 t、398.3 万 t。基于各省污染物减排比例和基准年各省 $PM_{2.5}$ 年均质量浓度，预测 2040 年各省 $PM_{2.5}$ 年均质量浓度，结果表明，基准情景下，各省 $PM_{2.5}$ 年均质量浓度大幅下降，全国 $PM_{2.5}$ 年均质量浓度总体上达到 WHO（世界卫生组织）大气环境质量准则第二阶段指导值（25 μg/m³）。基准情景下，全国所有城市 $PM_{2.5}$ 平均质量浓度为 23.2 μg/m³，其中因煤排放 $PM_{2.5}$ 平均质量浓度为 8.4 μg/m³，因煤排放对 $PM_{2.5}$ 贡献为 36.2%。

2040 年，如果实施煤炭消费总量控制，煤控情景下全国 SO_2、NO_x、烟粉尘排放总量分别为 319.2 万 t、474.9 万 t、318.8 万 t，在煤控情景下，基于各省污染物减排量以及基准年各省份 $PM_{2.5}$ 年均质量浓度预测 2040 年各省份 $PM_{2.5}$ 年均质量浓度，结果表明，除河北、安徽、河南等少数省份以外，其他省份 $PM_{2.5}$ 年均质量浓度均达到 WHO 大气环境质量准则第二阶段指导值（25 μg/m³）。煤控情景下，全国所有城市 $PM_{2.5}$ 平均质量浓度为 20.3 μg/m³，其中因煤排放 $PM_{2.5}$ 平均质量浓度为 5.5 μg/m³，因煤排放对 $PM_{2.5}$ 贡献为 27.1%。

对比基准情景和煤控情景下 $PM_{2.5}$ 年均质量浓度改善情况，煤控情景下，各省份 $PM_{2.5}$ 年均质量浓度相比于基准情景均有不同程度下降。全国所有城市 $PM_{2.5}$ 年均质量浓度由 23.2 μg/m³ 下降到 20.3 μg/m³，其中因煤 $PM_{2.5}$ 年均质量浓度由 8.4 μg/m³ 下降到 5.5 μg/m³，$PM_{2.5}$ 年均质量浓度改善效益为 2.9 μg/m³。重点区域煤控情景下 $PM_{2.5}$ 年均质量浓度改善效益见表 4-13。

表 4-13 重点区域 $PM_{2.5}$ 改善效益 单位：μg/m³

重点区域	基准情景	煤控情景	$PM_{2.5}$ 改善效益
京津冀	27.8	24.5	3.3
长三角	22.7	19.7	3.0
珠三角	14.3	12.6	1.7

（4）2050 年空气质量改善效果

2050 年，在基准情景下，由于经济增速放缓、煤炭消费量下降、污染物治理技术进步、控制水平提高等因素，全国大气污染物排放水平显著下降。在此情景下，全国 SO_2、NO_x、烟粉尘排放总量分别为 338.8 万 t、392.6 万 t、293.6 万 t。基于各省份污染物减排比例和基准年各省份 $PM_{2.5}$ 年均质量浓度预测 2050 年各省份 $PM_{2.5}$ 年均质量浓度，结果表明，全国所有城市 $PM_{2.5}$ 年均质量浓度总体上接近 WHO 大气环境质量准则第三阶段指导值（15 μg/m^3），部分省份超过 15 μg/m^3。基准情景下，全国所有城市 $PM_{2.5}$ 平均质量浓度为 16.4 μg/m^3，其中因煤排放 $PM_{2.5}$ 平均质量浓度为 4.8 μg/m^3，因煤排放对 $PM_{2.5}$ 贡献为 29.2%。

2050 年，如果实施煤炭消费总量控制，在基准情景下，煤炭消费总量进一步下降 17.8 亿 t。煤控情景下，全国 SO_2、NO_x、烟粉尘排放总量分别为 241.9 万 t、286.3 万 t、254.8 万 t。在煤控情景下，基于各省份污染物减排量以及基准年各省份 $PM_{2.5}$ 年均质量浓度预测 2050 年各省 $PM_{2.5}$ 年均质量浓度，结果表明，全国所有城市 $PM_{2.5}$ 年均质量浓度总体上达到 WHO 大气环境质量准则第三阶段指导值（15 μg/m^3）。煤控情景下，全国所有城市 $PM_{2.5}$ 平均质量浓度为 14.6 μg/m^3，其中因煤排放 $PM_{2.5}$ 平均质量浓度为 3.1 μg/m^3，因煤排放对 $PM_{2.5}$ 贡献为 21.2%。

对比基准情景和煤控情景下 $PM_{2.5}$ 年均质量浓度改善情况，煤控情景下，各省份 $PM_{2.5}$ 年均质量浓度相比于基准情景均有不同程度下降。全国所有城市 $PM_{2.5}$ 年均质量浓度由 16.4 μg/m^3 下降为 14.6 μg/m^3，其中因煤 $PM_{2.5}$ 年均质量浓度由 4.8 μg/m^3 下降为 3.1 μg/m^3，$PM_{2.5}$ 年均质量浓度改善效益为 1.7 μg/m^3。重点区域煤控情景下 $PM_{2.5}$ 年均质量浓度改善效益见表 4-14。

表 4-14　重点区域 $PM_{2.5}$ 改善效益　　单位：μg/m^3

重点区域	基准情景	煤控情景	$PM_{2.5}$ 改善效益
京津冀	17.9	15.0	2.9
长三角	17.7	15.9	1.8
珠三角	13.0	12.5	0.5

4.1.4　小结

本研究首先对 2012 年煤炭消费引起的大气污染物排放进行分析，基于环境统计数据和污染源普查数据建立适用于空气质量模型的多污染物高时空分辨率排放源清单，然后模拟 2012 年全国空气质量及因煤排放情景下空气质量，分析了因煤排放对 $PM_{2.5}$ 的贡献，最后基于 2020—2050 年煤控情景及基准情景下煤炭消费水平、污染物控制水平差异，计算煤炭消费总量控制能够取得的污染物减排效益、空气质量改善效益。主要结论如下：

（1）煤炭消费是大气污染物排放的最主要来源，2012 年煤炭相关行业排放 SO_2、NO_x、烟粉尘分别为 2 138 万 t、1 684 万 t、857 万 t，占全国排放总量比例分别为 94%、70%、67%。

（2）煤炭消费是引起空气质量恶化的重要原因，煤炭消费对全国 $PM_{2.5}$ 质量浓度平均贡献为 56%。

（3）2020 年煤控情景下对 SO_2、NO_x、烟粉尘减排效益分别为 127 万 t、57 万 t、71 万 t，$PM_{2.5}$ 年均质量浓度改善效益为 2.5g/m^3。

（4）2030 年煤控情景下对 SO_2、NO_x、烟粉尘减排效益分别为 221 万 t、139 万 t、98 万 t，$PM_{2.5}$ 年均质量浓度改善效益为 3.4 μg/m^3。

（5）2040 年煤控情景下对 SO_2、NO_x、烟粉尘减排效益分别为 139 万 t、139 万 t、63 万 t，$PM_{2.5}$ 年均质量浓度改善效益为 2.9 μg/m^3。

（6）2050 年煤控情景下对 SO_2、NO_x、烟粉尘减排效益分别为 68 万 t、81 万 t、33 万 t，$PM_{2.5}$ 年均质量浓度改善效益为 1.7 μg/m^3.

4.2 火电行业大气污染物排放对空气质量的影响

我国在应对煤烟型污染及酸雨污染等传统环境问题的历程中，一直把火电行业作为控制重点。特别是“十一五”以来，火电行业污染减排工作取得了显著成果，脱硫机组比例由 2005 年的 12%跃升到 2013 年的 87.4%，脱硝机组比例由 2005 年的基本为 0 上升到 2013 年的 49.9%，高效静电除尘器安装比例达到 95%以上，袋式、电袋除尘器安装比例逐步提高，SO_2、NO_x、烟粉尘排放量明显下降，火电行业对环境空气质量的影响得到有效控制。对于“十三五”期间国家进一步投入高额的治理成本、在火电行业推行“近零排放”政策究竟能否显著改善空气质量引起争议。部分学者甚至认为实施“近零排放”是以较大的经济成本换取较小的环境效果，这些质疑已成为当前推进火电行业“近零排放”政策的争议焦点。由于火电行业 SO_2、NO_x、烟粉尘的排放量大，而且是高架污染源，污染物具有远距离传输的特征，一直是大气环境科学研究的重点。国内外学者先后采用 ISC3、CALPUFF、ATMOS 等空气质量模型，模拟了电厂对局部地区空气中 SO_2 浓度、NO_2 浓度、酸沉降等污染指标的影响。薛文博等应用 CMAQ 模型，基于 2008 年排放清单分析了电力行业 SO_2、NO_x、烟粉尘在协同控制情景下硫沉降、氮沉降

及 $PM_{2.5}$ 污染的改善效果。伯鑫等利用 CALPUFF 模型研究了 2011 年京津冀火电行业污染物排放对京津冀地区环境空气质量的影响。但火电行业经过 10 多年的严格控制，当前火电行业排放对全国空气质量的影响究竟有多大，这在全国层面尚缺乏系统性研究。为此，本节基于清华大学 2012 年多尺度多污染物排放清单（MEIC），采用 WRF 气象模型和第 3 代空气质量模型 CAMx，利用情景分析法，在全国层面模拟分析了火电行业 SO_2、NO_x、烟粉尘等大气污染物排放对近地面空气中 SO_2、NO_2、$PM_{2.5}$、硫酸盐及硝酸盐年均质量浓度的影响。

4.2.1 研究方法

4.2.1.1 模型选择

本节采用 WRF 中尺度气象模型、CAMx 空气质量模型分析火电行业大气污染物排放对空气质量的影响。CAMx 模型介绍见第 3.1 节。

4.2.1.2 模型设置

（1）CAMx 模型

模拟时段为 2012 年 1 月 1 日至 12 月 31 日，模拟时间间隔为 1 h。模拟区域采用 Lambert 投影坐标系，中心经度为 103°E，中心纬度为 37°N，两条平行标准纬度为 25°N 和 40°N。水平模拟范围为 X 方向（–2 682～2 682 km）、Y 方向（–2 142～2 142 km），网格间距 36 km，将模拟区域共划分为 150×120 个网格，研究区域包括中国全部陆域范围。模拟区域垂直方向共设置 9 个气压层，层间距自下而上逐渐增大。

（2）WRF 模型

CAMx 模型所需要的气象场由中尺度气象模型 WRF 提供，WRF 模型与 CAMx 模型采用相同的模拟时段和空间投影坐标系，但模拟范围大于 CAMx 模拟范围，其水平模拟范围为 X 方向（–3 582～3 582 km）、Y 方向（–2 502～2 502 km），网格间距 36 km，将研究区域共划分为 200×140 个网格。垂直方向共设置 28 个气压层，层间距自下而上逐渐增大。WRF 模型的初始输入数据采用美国国家环境预报中心（NCEP）提供的 6 h 一次、1°分辨率的 FNL 全球分析资料，并利用 NCEP ADP 观测资料进行客观分析。WRF 模型模拟结果通过 WRF-CAMx 程序转换为 CAMx 模型输入格式。

4.2.1.3 排放清单

CAMx 模型所需排放清单主要包括 SO_2、NO_x、颗粒物（PM_{10}、$PM_{2.5}$ 及其组分）、

NH_3 和 VOCs（含多种化学组分）等多种污染物。电厂及其他行业污染物 SO_2、NO_x、人为源颗粒物（含 PM_{10}、$PM_{2.5}$、BC、OC 等）以及 NH_3、VOCs（含主要组分）等排放数据均采用 2012 年 MEIC 排放清单，生物源 VOCs 排放清单利用 MEGAN 天然源排放清单模型计算。根据 MEIC 排放清单，2012 年火电行业 SO_2、NO_x、$PM_{2.5}$ 排放量分别为 685 万 t、957 万 t 和 90 万 t，占全国排放总量的比例分别为 23%、33%和 7.5%，具体如表 4-15 所示。火电行业大气污染物排放强度的空间差异性显著，内蒙古、晋冀鲁豫、长三角、宁夏及云贵等地区排放强度较高。

表 4-15　2012 年主要大气污染物排放清单　　单位：10^4t

省份	SO_2		NO_x		$PM_{2.5}$		省份	SO_2		NO_x		$PM_{2.5}$	
	合计	火电	合计	火电	合计	火电		合计	火电	合计	火电	合计	火电
北京	13.0	0.8	29.2	4.3	8.3	0.2	湖北	236.4	16.9	106.4	19.7	59.2	1.7
天津	26.5	6.4	44.0	14.1	12.0	1.2	湖南	102.6	11.5	84.2	16.3	49.0	1.5
河北	168.7	27.9	214.0	55.3	95.2	4.5	广东	112.9	28.7	148.1	52.7	42.7	5.0
山西	208.7	53.9	133.1	61.1	65.5	5.1	广西	77.4	18.6	62.2	14.5	32.7	1.2
内蒙古	198.2	68.7	185.6	105.3	53.7	9.3	海南	5.9	2.1	10.7	3.3	4.5	0.3
辽宁	99.1	19.8	145.6	39.6	52.9	3.8	重庆	138.1	16.5	50.7	10.2	25.4	1.0
吉林	51.5	11.3	78.1	21.9	32.7	3.4	四川	132.6	22.1	95.4	15.0	67.6	1.6
黑龙江	60.5	12.8	95.4	28.2	44.4	4.0	贵州	176.1	59.3	60.2	27.8	41.9	2.3
上海	38.8	7.5	46.1	16.0	10.6	1.5	云南	66.0	18.3	63.1	15.9	35.3	1.4
江苏	127.7	36.8	207.5	73.4	63.9	7.2	西藏	0.1	0.0	3.3	0.0	0.3	0.0
浙江	56.0	20.0	115.8	38.2	26.3	4.5	陕西	125.5	31.9	80.7	30.4	40.2	2.7
安徽	50.4	13.1	108.3	34.2	52.3	3.4	甘肃	33.2	11.4	47.0	17.1	21.7	1.7
福建	49.8	9.0	59.9	18.0	16.6	1.9	青海	6.7	3.3	12.8	3.9	6.5	0.3
江西	53.5	13.7	53.1	13.7	26.6	1.2	宁夏	45.8	19.5	39.4	23.1	9.3	2.0
山东	320.7	65.9	304.7	94.9	105.4	8.2	新疆	70.2	21.5	79.1	30.7	22.4	3.2
河南	115.9	35.6	173.5	57.9	73.4	4.5	全国	2 968	685	2 938	957	1 198	90

4.2.1.4 情景设计

设置两个污染物排放情景：①2012 年所有污染物全口径排放情景；②火电行业所有污染物排放置零情景，即在全口径污染物排放清单中扣除火电行业排放量。利用空气质量模型分别模拟“全口径排放情景”与“火电排放置零情景”下的环境影响，将“全口径排放情景”与“火电排放置零情景”的环境影响进行比较，得到火电行业大气污染物排放对环境空气质量的定量影响。

4.2.2 结果讨论

4.2.2.1 火电行业对 SO_2 平均质量浓度的贡献

根据 MEIC 排放清单，火电行业 SO_2 排放量约为 685 万 t，占全国 SO_2 排放总量的 23%。空气质量模型模拟结果表明，全国火电行业 SO_2 排放对地级及以上城市 SO_2 年均质量浓度贡献值约为 4.9 μg/m^3，平均贡献率约为 15.6%，约占《环境空气质量标准》（GB 3095—2012）年平均二级浓度限值（60 μg/m^3）的 8.1%。从区域 SO_2 年均质量浓度贡献来看，在“陕西—内蒙古—宁夏—山西”部分地区、云贵局部地区等西部煤电基地以及江浙等东部火电企业集中区，火电行业排放对 SO_2 年均质量浓度的贡献率较高；在京津冀鲁、以武汉城市群及长株潭城市群为中心的两湖平原地区、成渝地区等空气污染严重的区域，火电行业排放对 SO_2 年均质量浓度的贡献率低。

从火电行业对各省城市 SO_2 年均质量浓度贡献看，在山西、河南、宁夏、山东等火电企业分布比较密集的地区，SO_2 排放量大且相对集中，火电行业 SO_2 排放对以上省份 SO_2 年均质量浓度的贡献值均超过 9 μg/m^3，占国家环境空气质量二级标准年均浓度限值的比例超过 15%；对海南、北京、上海、重庆、湖北、福建、黑龙江、云南等省份的贡献值均低于 3 μg/m^3，占国家环境空气质量二级标准年均浓度限值的比例低于 5%。火电行业对各省份 SO_2 年均质量浓度贡献率模拟结果表明，火电行业排放对青海、甘肃、浙江、安徽、河南、宁夏等省份 SO_2 年均质量浓度贡献率较高，均超过 20%；对湖北、北京、重庆、黑龙江、湖南等省份 SO_2 年均质量浓度贡献率较小，其中湖北省最低，小于 7%。火电行业对重点区域 SO_2 年均质量浓度贡献见表 4-16，对各省份 SO_2 年均质量浓度贡献见表 4-17，对省会城市（直辖市）SO_2 年均质量浓度贡献如表 4-18 所示。

表 4-16 火电行业对重点区域空气质量影响 单位：%

区域	SO_2	NO_2	$PM_{2.5}$	一次 $PM_{2.5}$	硫酸盐	硝酸盐
京津冀	13.5	13.5	6.1	3.9	11.0	8.7
长三角	19.4	21.4	8.9	8.1	12.2	8.5
珠三角	10.8	12.9	11.6	6.8	13.2	22.4
成渝	6.0	4.7	6.6	1.7	7.1	15.8

表 4-17　火电行业对全国各省份主要污染物年均质量浓度贡献　　单位：%

省份	SO_2	NO_2	$PM_{2.5}$	一次 $PM_{2.5}$	硫酸盐	硝酸盐
北京	7.2	4.2	4.2	2.7	8.6	6.2
天津	11.3	9.6	5.5	4.3	9.4	6.6
河北	14.4	15.6	6.4	4.1	11.4	9.1
山西	17.6	30.9	9.2	5.7	15.3	12.4
内蒙古	17.1	28.6	11.3	8.0	17.4	14.6
辽宁	11.7	14.3	6.7	4.7	8.3	10.3
吉林	14.2	18.9	8.2	7.0	10.6	9.6
黑龙江	9.9	15.0	7.4	5.3	11.5	10.4
上海	10.7	11.3	7.0	6.7	8.2	7.0
江苏	19.5	20.8	8.6	7.4	11.5	9.0
浙江	22.8	24.6	9.8	9.8	14.2	7.5
安徽	22.7	28.7	8.0	6.3	14.1	7.9
福建	12.9	18.9	13.1	7.5	12.6	22.3
江西	17.3	25.6	10.0	4.7	13.5	14.8
山东	14.8	18.8	6.9	5.4	9.4	8.5
河南	22.1	23.4	8.7	5.1	14.7	11.7
湖北	6.9	17.6	7.5	3.4	8.7	12.9
湖南	10.2	18.1	8.1	3.1	10.1	13.6
广东	14.0	18.9	14.1	7.5	15.9	24.7
广西	15.2	22.0	12.5	4.2	14.7	21.5
海南	13.4	14.0	11.9	5.3	15.2	23.2
重庆	8.9	11.2	7.7	2.9	7.1	16.2
四川	13.0	13.0	9.1	2.3	9.8	18.3
贵州	19.0	27.0	9.7	3.1	10.5	20.9
云南	15.6	11.2	9.1	2.3	12.4	18.2
西藏	0.0	0.0	1.2	0.0	0.0	0.0
陕西	13.6	18.1	9.9	3.5	14.6	18.1
甘肃	23.1	23.5	12.6	5.6	17.0	20.9
青海	26.8	14.6	9.1	2.7	20.1	17.2
宁夏	21.1	30.3	15.6	9.5	20.3	22.7
新疆	17.8	23.5	11.0	8.8	17.3	11.4
全国	15.6	19.6	8.5	5.2	11.7	12.0

表 4-18　火电行业对 31 个省会城市（直辖市）主要污染物年均质量浓度贡献　　单位：%

城市	SO_2	NO_2	$PM_{2.5}$	一次 $PM_{2.5}$	硫酸盐	硝酸盐
北京	7.2	4.2	4.2	2.7	8.6	6.2
天津	11.3	9.6	5.5	4.3	9.4	6.6
石家庄	12.1	9.5	5.7	3.4	11.6	9.0
太原	9.7	13.2	6.0	3.3	12.1	10.1
呼和浩特	10.3	22.1	9.3	6.1	12.6	15.5
沈阳	5.6	6.9	4.3	2.9	6.5	8.0
长春	8.8	8.7	5.9	4.4	8.0	9.5
哈尔滨	6.5	8.5	5.5	4.0	7.7	10.3
上海	10.7	11.3	7.0	6.7	8.2	7.0
南京	17.3	15.0	7.7	7.6	11.3	6.0
杭州	14.9	11.5	7.7	7.7	11.6	6.0
合肥	12.1	12.3	5.5	3.9	11.5	6.2
福州	8.8	16.0	10.3	6.4	12.0	21.0
南昌	9.7	12.3	7.0	3.0	11.5	12.2
济南	11.9	12.7	6.2	4.7	9.6	7.4
郑州	17.8	14.8	7.2	4.5	13.4	9.6
武汉	6.8	17.3	7.2	3.1	8.2	12.1
长沙	3.6	2.4	4.6	1.3	7.2	11.0
广州	9.1	7.7	9.3	6.2	11.0	18.3
南宁	12.2	9.5	10.2	2.8	13.3	20.9
海口	11.6	14.9	11.8	5.2	13.8	22.4
重庆	8.9	11.2	7.7	2.9	7.1	16.2
成都	3.4	1.9	5.8	1.1	7.1	15.5
贵阳	7.7	6.5	6.0	1.3	8.3	18.2
昆明	8.1	7.9	5.6	1.5	10.6	14.2
拉萨	0.0	0.0	1.2	0.0	0.0	0.0
西安	7.4	4.5	5.6	2.0	11.5	13.3
兰州	16.9	15.4	9.3	5.7	16.1	16.0
西宁	26.8	14.6	9.1	2.7	20.1	17.2
银川	17.0	21.8	13.4	8.8	19.3	19.5
乌鲁木齐	24.2	32.1	12.9	11.7	19.2	12.3
全国	9.9	10.5	6.6	3.9	10.4	11.0

4.2.2.2 火电行业对 NO_2 平均质量浓度的贡献

MEIC 排放清单表明，火电行业 NO_x 排放量约为 957 万 t，占 NO_x 排放总量的 33%，火电行业 NO_x 排放占排放总量的比例高于 SO_2 的比例。但是火电行业 NO_x 排放对全国地级及以上城市 NO_2 年均质量浓度贡献值约为 6.2 μg/m³，平均贡献率仅为 19.6%，占国家环境空气质量二级标准 NO_2 年均浓度限值（40 μg/m³）的 15.5%。与 SO_2 相似的是，在“陕西—内蒙古—宁夏—山西”部分地区、云贵局部地区等西部煤电基地以及安徽等地区，火电行业排放对 NO_2 年均质量浓度的贡献率较高；与 SO_2 不同的是，由于大城市及其周边城市群机动车 NO_x 排放比较集中，因此火电行业对北京、上海、天津、武汉、长沙、成都、重庆、深圳等大中型城市及其周边地区 NO_2 年均质量浓度贡献率最小。

各省模拟结果表明，在山西、浙江、河南、山东、宁夏等火电企业 NO_x 排放量大且相对集中的地区，火电行业 NO_x 排放对以上省份 NO_2 年均质量浓度的贡献值均高于 8.5 μg/m³，占国家环境空气质量二级标准 NO_2 年均浓度限值（40 μg/m³）的比例超过 21%；对云南、海南等省份 NO_2 年均质量浓度的贡献值均低于 2 μg/m³，占国家环境空气质量二级标准 NO_2 年均浓度限值（40 μg/m³）的比例低于 5%。从火电行业对各省份 NO_2 年均质量浓度贡献率来看，火电行业 NO_x 排放对山西、宁夏、安徽、内蒙古、贵州、江西等省份 NO_2 年均质量浓度贡献率较高，均超过 25%，特别是宁夏、山西等省份的贡献率超过 30%。对北京、天津、重庆、云南、上海等省份 NO_2 年均质量浓度贡献率较小，均低于 12%，其中北京市最低，小于 5%。火电行业对重点区域 NO_2 年均质量浓度贡献见表 4-16，对各省 NO_2 年均质量浓度贡献见表 4-17，对省会城市 NO_2 年均质量浓度贡献见表 4-18。

4.2.2.3 火电行业 $PM_{2.5}$ 平均质量浓度贡献

$PM_{2.5}$ 具有区域性（长距离传输）与复合型（多种大气污染物经物理化学转化生成）的污染特征，与 SO_2、NO_2 污染存在显著差异。火电行业排放的 SO_2、NO_x 进入大气环境后，经过物理化学转化生成的硫酸盐、硝酸盐是 $PM_{2.5}$ 的重要组分，是影响大气能见度的关键因素。此外，火电行业排放的烟尘是空气中一次 $PM_{2.5}$ 的主要来源。本节利用 CMAx 第 3 代空气质量模型，系统考虑了 SO_2、NO_x、烟尘在大气中的物理、化学过程，模拟了火电行业多种污染物排放对全国地级及以上城市 $PM_{2.5}$ 年均质量浓度的综合影响。

模型模拟结果表明，火电行业排放的 SO_2、NO_x、烟尘等多种大气污染物对全国地级及以上城市 $PM_{2.5}$ 年均质量浓度贡献值约为 5.3 μg/m³，综合贡献率约为 8.5%，占国家环境空气质量二级标准年均浓度限值（35 μg/m^3）的15%；对硫酸盐、硝酸盐、一次$PM_{2.5}$年均质量浓度的贡献率分别为11.7%、12.0%和5.2%。可以看出，$PM_{2.5}$污染贡献反映了火电行业排放对大气环境的综合影响。在“陕西—内蒙古—宁夏—山西”部分地区西部煤电基地及珠三角地区等火电企业集中区，火电行业排放对$PM_{2.5}$年均质量浓度的贡献率较高；京津冀鲁豫、长三角、以武汉城市群及长株潭城市群为中心的两湖平原地区、成渝地区中大部分空气污染最为严重的区域，火电行业排放对$PM_{2.5}$年均质量浓度的贡献率较低。火电行业排放对硫酸盐、硝酸盐年均质量浓度贡献的空间分布特征与$PM_{2.5}$相似，在空气污染严重地区，火电行业对硫酸盐、硝酸盐年均质量浓度的贡献率同样较低。

各省份模拟结果表明，火电行业排放对宁夏、河南等省份$PM_{2.5}$年均质量浓度的贡献值均超过7 μg/m^3，占国家环境空气质量二级标准年均浓度限值（35 μg/m^3）的比例超过20%；对海南、云南、北京等省份的$PM_{2.5}$年均质量浓度的贡献值最低，均小于3.6 μg/m^3，占国家环境空气质量二级标准年均浓度限值（35 μg/m^3）的比例为7%～10%。从火电行业对各省份$PM_{2.5}$年均质量浓度贡献率来看，火电行业排放对宁夏、广东、福建、甘肃、广西、海南、内蒙古等省份$PM_{2.5}$年均质量浓度贡献率较高，均超过11%。对北京、天津、河北、辽宁、山东、上海等省份$PM_{2.5}$年均质量浓度贡献率较小，均低于7%，其中北京市最低，约为4%。火电行业对重点区域$PM_{2.5}$年均质量浓度贡献见表4-16，对各省份$PM_{2.5}$年均质量浓度贡献见表4-17，对省会城市$PM_{2.5}$年均质量浓度贡献见表4-18。

4.2.2.4 讨论

由于SO_2、NO_x总量控制政策的实施，全国城市SO_2年均质量浓度显著下降，NO_2污染的趋势得到有效遏制。2014年全国空气质量监测数据表明，地级及以上城市SO_2、NO_2年均质量浓度超标率分别为11.8%、37.3%，大部分城市SO_2年均质量浓度已经达标。然而2014年161个开展$PM_{2.5}$监测的城市中，$PM_{2.5}$年均质量浓度超标率高达88.8%，$PM_{2.5}$已经成为大气污染的首要污染物。但火电行业对全国城市$PM_{2.5}$年均质量浓度的贡献率仅为8.5%，因此在强化火电行业污染减排的同时，必须加大非电行业的污染控制。

从火电行业对$PM_{2.5}$年均质量浓度的空间分布特征来看，在京津冀鲁豫、长三角、以武汉城市群及长株潭城市群为中心的两湖平原地区、成渝地区中大部分空气污染最为严重的区域，火电行业对$PM_{2.5}$的贡献率低于8%。因此，要改善重污染地区空气质量，全国层面控制火电行业的效果很有限。火电行业排放的污染物易于远距离传输，进一步控制火电行业将有利于降低区域间的相互影响，改善区域环境空气质量，但在重污染地区强化非电行业多种污染物的协同控制至关重要。

考虑到火电行业属于高架源，排放的污染物对中高层大气环境质量的影响高于近地面层。本研究基于公众健康考虑，主要研究了火电行业污染物排放对近地面层环境空气质量的影响，因此有可能对火电行业的总体环境影响有所低估。

4.2.3 小结

（1）火电行业排放的 SO_2、NO_x、一次 $PM_{2.5}$ 分别约占全国排放总量的 23%、33%、7.5%，但对全国城市 SO_2、NO_2 及 $PM_{2.5}$ 年均质量浓度平均贡献率分别为 15.6%、19.6%、8.5%，火电行业单位污染物排放对环境空气质量的影响较小。

（2）火电行业对 SO_2、NO_2 及 $PM_{2.5}$ 年均质量浓度贡献的空间差异性显著，对京津冀、长三角、珠三角及成渝地区 SO_2、NO_2 及 $PM_{2.5}$ 年均质量浓度的平均贡献率分别为 10.3%、12.8%、7.6%，低于全国平均贡献，空气污染越重地区受火电行业的影响越小。

（3）火电行业排放对宁夏、河南等省份城市 $PM_{2.5}$ 年均质量浓度的贡献值均超过 7 $\mu g/m^3$，占国家环境空气质量二级标准年均浓度限值的比例超过 20%；对海南、云南、北京等省份的 $PM_{2.5}$ 年均质量浓度的贡献值最低，占国家环境空气质量二级标准年均浓度限值的比例为 7%～10%。

第5章　前体物敏感性模拟

二氧化硫、氮氧化物、氨（NH_3）以及挥发性有机物等是二次 $PM_{2.5}$ 污染的重要前体物，氨与硫酸盐、硝酸盐结合生成的硫酸铵（$(NH_4)_2SO_4$）、硝酸铵（NH_4NO_3）是重要的二次颗粒物，特别是在重污染天二次颗粒物所占比例更高，其中 NH_3 排放在重污染天气颗粒物爆发式增长过程中 扮演了重要角色。因此，探究氨排放及氨减排对不同地区 $PM_{2.5}$ 的定量影响，具有重要的意义。此外，我国 O_3 污染越来越突出，NO_x 和 VOCs 经光化学反应生成 O_3 的机制较为复杂，摸清减排 NO_x、VOCs 对控制 O_3 污染的有效性，对于制定 O_3 污染防控策略至关重要。本章同时分析了“2+26”城市 O_3 生成敏感性的时空变化及原因，为制定京津冀及周边地区 O_3 控制策略提供科学依据。

5.1　NH_3 排放对 $PM_{2.5}$ 污染的影响

我国相继开展了 SO_2、NO_x、颗粒物及 VOCs 等大气污染物的减排工作，但 NH_3 排放控制一直被忽视。我国 NH_3 排放大约为 1 000 万 t，超过欧洲与美国 NH_3 排放的总和，其中大约有 90%为农业与畜禽养殖排放。NH_3 排入大气后与 SO_2 转化形成的 H_2SO_4 和 NO_x 转化形成的 HNO_3 发生化学反应，生成$(NH_4)_2SO_4$ 与 NH_4NO_3 二次无机颗粒物。研究表明，硫酸盐（PSO_4）、硝酸盐（PNO_3）及铵盐（PNH_4）约占 $PM_{2.5}$ 年均质量浓度的 30%，但在重污染过程中 PSO_4、PNO_3 及 PNH_4 合计占 $PM_{2.5}$ 年均质量浓度的比例高达 50%以上，NH_3 是重污染天气二次无机颗粒物爆发式增长的重要前体物。针对 NH_3 排放清单以及 NH_3 排放对 $PM_{2.5}$ 的非线性影响机理，我国学者开展了大量研究工作。宋宇等基于分省份活动水平和排放因子，建立了中国 1 km 分辨率 NH_3 排放清单，估算出 2006 年全国 NH_3 排放总量约为 980 万 t；王书肖等建立了 1994—2006 年我国分省份、分部门

的大气 NH_3 排放清单，结果表明 2006 年中国 NH_3 排放总量的 94%来自牲畜养殖和化肥使用，且 NH_3 排放分布的空间差异性显著；张强等开发了多尺度多污染物排放清单（MEIC），2012 年 MEIC 排放清单中 NH_3 排放总量约为 1 070 万 t；尹沙沙建立了珠三角 2006 年人为源排放清单，并基于 CMAQ 模型分析了不同部门 NH_3 排放对珠三角区域 $PM_{2.5}$、PSO_4、PNO_3 及 PNH_4 的贡献；刘晓环采用 CMAQ 模型分析了 PSO_4、PNO_3 及 PNH_4 对其前体物 SO_2、NO_x 和 NH_3 的敏感性；沈兴玲等建立了 2010 年广东省人为源 NH_3 排放清单，并分析了 NH_3 的减排潜力；彭应登等研究了北京市 NH_3 排放对二次颗粒物生成的影响，结果表明 NH_3 是北京市春、秋、冬三季生成二次粒子的主控因子。已有研究初步揭示了 NH_3 排放对 $PM_{2.5}$ 及其组分的影响，但目前尚缺乏全国尺度、长周期 NH_3 排放对 $PM_{2.5}$ 及其主要化学组分的影响研究。

本节基于清华大学 2013 年中国多尺度多污染物排放清单（MEIC），利用中尺度气象模型 WRF 和第三代空气质量模型 CMAQ，采用情景分析法，系统性模拟了 NH_3 排放对 PSO_4、PNO_3、PNH_4 及 $PM_{2.5}$ 的贡献，揭示了 NH_3 排放对全国、重点区域及各省份 $PM_{2.5}$ 污染的影响规律。

5.1.1 模型与方法

5.1.1.1 模型选择

本章采用 CMAQ 空气质量模型模拟 NH_3 排放对 $PM_{2.5}$ 污染的影响。CMAQ 模型主要由边界条件模块（BCON）、初始条件模块（ICON）、光分解率模块（JPROC）、气象-化学预处理模块（MCIP）和化学输送模块（CCTM）构成。化学输送模块（CCTM）是 CMAQ 模型的核心，污染物在大气中的扩散和输送过程、气相化学过程、气溶胶化学过程、液相化学过程、云化学过程以及动力学过程均由 CCTM 模块模拟完成，其他模块的主要功能主要是为 CCTM 提供输入数据和相关参数。CCTM 模块可输出多种气态污染物和气溶胶组分的逐时浓度以及逐时的能见度和干湿沉降。

5.1.1.2 模型设置

（1）CMAQ 模型

模拟时段为 2015 年 1 月、4 月、7 月和 10 月共 4 个典型月，结果输出时间间隔为 1 h。模拟区域采用 Lambert 投影坐标系，中心点经度为 103°E，中心纬度为 37°N，两条平行纬度分别为 25°N、40°N。水平模拟范围为 X 方向（–2 690～2 690 km）、Y 方向（–2 150～2 150 km），网格间距 20 km，将全国共划分为 270×216 个网格。垂直方向共设置 14 个气压层，层间距自下而上逐渐增大。采用的化学机制为 CB-05 气相化学机制和 AERO5 气溶胶机制，具体参数化方案见前文。

（2）WRF 模型

CMAQ 模型所需要的气象场由中尺度气象模型 WRF 提供，WRF 模型与 CMAQ 模型采用相同的模拟时段和空间投影坐标系，但 WRF 模拟范围大于 CMAQ 模拟范围，其水平模拟范围为 *X* 方向（−3 600～3 600 km）、*Y* 方向（−2 520～2 520 km），网格间距 20 km，将研究区域共划分为 360×252 个网格。垂直方向共设置 30 个气压层，层间距自下而上逐渐增大。WRF 模型的初始场与边界场数据采用美国国家环境预报中心（NCEP）提供的 6 h 一次、1°分辨率的 FNL 全球分析资料，每日对初始场进行初始化，每次模拟时长为 30 h，Spin-up 时间设置为 6 h，并利用 NCEP ADP 观测资料进行客观分析与四维同化，具体参数化方案见前文，该参数化方案模拟的风速、风向、温度、湿度及降水等气象要素在已有研究中得到验证。WRF 模型模拟结果通过 MCIP 程序转换为 CMAQ 模型输入格式。

5.1.1.3 排放清单

CMAQ 模型所需排放清单主要包括 SO_2、NO_x、颗粒物（PM_{10}、$PM_{2.5}$ 及其组分）、NH_3 和 VOCs（含多种化学组分）等多种污染物。SO_2、NO_x、PM_{10}、$PM_{2.5}$、BC、OC、NH_3、VOCs（含主要组分）等人为源排放数据均采用 2013 年 MEIC 排放清单，生物源 VOCs 排放清单利用 MEGAN 天然源排放清单模型计算。

5.1.1.4 模型验证

利用中国首批开展 $PM_{2.5}$ 监测的 74 个城市 2015 年实际观测数据，验证模型模拟结果的准确性。将 74 个城市的 $PM_{2.5}$ 年均观测数据与 CMAQ 模型年均模拟结果进行比较，结果表明模拟值与观测值具有较好的相关性，相关系数 r 达到 0.83（n=74，p<0.05），图 5-1 为验证结果。为验证 $PM_{2.5}$ 化学组分模拟结果的准确性，将北京、石家庄、武汉 3 个城市的硫酸盐、硝酸盐及铵盐模拟结果与源解析结果进行比较，结果表明模型模拟的 PSO_4、PNO_3 及 PNH_4 比例与源解析结果较为一致，但北京市 PSO_4、PNO_3 及 PNH_4 模拟结果均略有低估，这可能是 CMAQ 空气质量模型缺失部分非均相化学反应所致（图 5-2）。总体来看，本节所选空气质量模型及模拟参数可以较好地模拟我国区域性、复合型 $PM_{2.5}$ 年均污染特征及其化学构成。

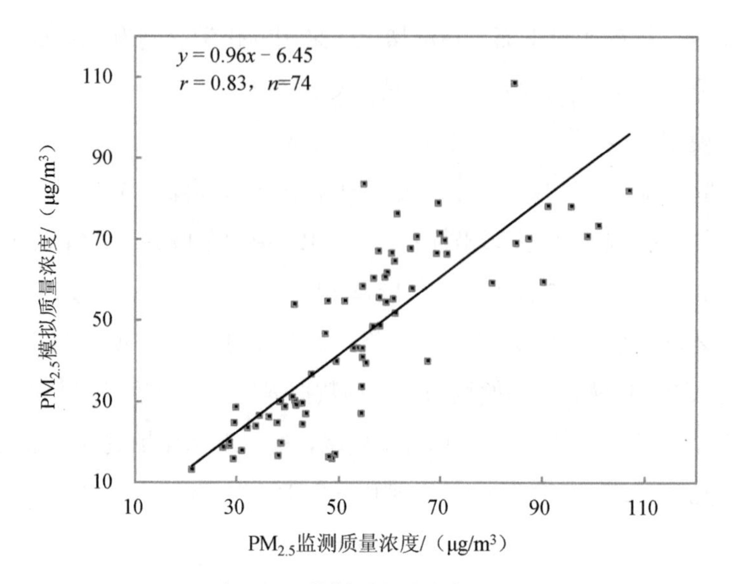

图 5-1　2015 年 $PM_{2.5}$ 模拟质量浓度与监测质量浓度相关性

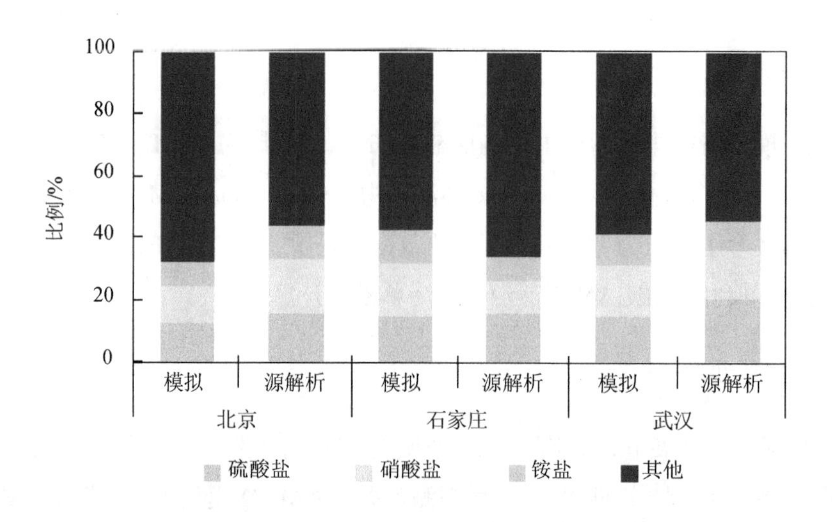

图 5-2　3 城市 $PM_{2.5}$ 模拟结果与源解析结果比较

5.1.1.5　情景设计

设置两个模拟情景：①2015 年所有污染物现状排放情景；②NH_3 排放置零情景，即在全口径污染物排放清单中扣除 NH_3 排放量。利用空气质量模型分别模拟“全口径排放情景”与“NH_3 排放置零情景”下空气中的 PSO_4、PNO_3、PNH_4 及 $PM_{2.5}$ 的质量浓度，将全口径排放情景与 NH_3 排放置零情景的环境影响进行比较，得到 NH_3 排放对 PSO_4、PNO_3、PNH_4 及 $PM_{2.5}$ 的定量影响。

5.1.2　结果与讨论

大气中 SO_2、NO_x、NH_3 等多种气态污染物经过物理化学转化生成的 PSO_4、PNO_3、PNH_4 是 $PM_{2.5}$ 的重要组分，本研究利用 CMAQ 模型分别模拟了 NH_3 排放对 PSO_4、PNO_3、PNH_4、$PM_{2.5}$ 的影响。

5.1.2.1　NH_3 排放对硫酸盐的影响

表 5-1 显示了 NH_3 排放对全国、各省份 PSO_4 月均质量浓度贡献模拟结果。结果表明，NH_3 排放对全国地级及以上城市 PSO_4 年均质量浓度贡献较小，年平均贡献率仅为 4.2%，这与刘晓环、尹沙沙等的研究结论基本一致，均表明当 NH_3 排放量减少时，PSO_4 浓度变化较小。从各省份 PSO_4 年均质量浓度受 NH_3 排放的影响看，NH_3 排放对江苏、重庆、浙江、湖南等省份 PSO_4 年均质量浓度的贡献值超过 0.65 μg/m^3。4 个典型月 NH_3 排放对 PSO_4 年均质量浓度贡献大小依次为 7 月、4 月、1 月和 10 月。7 月 NH_3 排放对 PSO_4 的贡献最大，影响较大的地区集中在“辽宁—山东—江苏—安徽—湖北—湖南”等中东部地区，贡献质量浓度超过 1 μg/m^3。10 月受影响程度最小，其中成渝、云贵、长三角局部地区的 PSO_4 受 NH_3 排放影响相对较大。NH_3 排放对其他地区 4 个典型月份的 PSO_4 质量浓度均无显著影响。

表 5-1　NH_3 排放对全国、各省 $PM_{2.5}$ 年均质量浓度的贡献　　单位：%

省份	PSO_4	PNO_3	PNH_4	$PM_{2.5}$	省份	PSO_4	PNO_3	PNH_4	$PM_{2.5}$
北京	0.52	99.89	99.84	19.23	湖北	6.20	99.92	99.86	32.72
天津	0.00	99.81	99.86	22.22	湖南	7.74	99.91	99.84	33.00
河北	0.48	99.88	99.86	24.94	广东	2.84	99.82	99.68	27.02
山西	0.00	99.82	99.80	27.00	广西	1.60	99.92	99.72	31.99
内蒙古	0.11	99.62	99.23	20.70	海南	0.00	99.79	99.25	27.95
辽宁	2.84	99.76	99.79	26.43	重庆	4.34	99.83	99.92	22.85
吉林	1.42	99.72	99.61	25.62	四川	4.22	99.88	99.84	31.64
黑龙江	4.22	99.77	99.12	23.92	贵州	5.51	99.58	99.77	24.88
上海	6.18	99.65	99.78	23.06	云南	13.03	99.55	98.75	25.33
江苏	11.84	99.80	99.85	29.58	西藏	*	*	*	*
浙江	10.79	99.81	99.76	33.34	陕西	0.16	99.87	99.69	29.74
安徽	7.70	99.86	99.85	32.88	甘肃	0.08	99.31	98.58	28.10

省份	PSO_4	PNO_3	PNH_4	$PM_{2.5}$	省份	PSO_4	PNO_3	PNH_4	$PM_{2.5}$
福建	6.78	99.79	99.65	33.84	青海	5.20	99.56	98.81	20.66
江西	5.44	99.90	99.78	35.23	宁夏	0.00	99.27	99.01	26.31
山东	2.37	99.84	99.87	30.80	新疆	0.71	98.82	96.50	23.76
河南	1.20	99.94	99.88	34.96	全国	4.16	99.83	99.69	29.82

注：*西藏模拟结果不确定性过大。

5.1.2.2 NH_3排放对硝酸盐的影响

表 5-1 显示了 NH_3 排放对全国、各省份 PNO_3 月均质量浓度贡献模拟结果。相比 PSO_4，NH_3 排放对 PNO_3 年均质量浓度影响显著提高。NH_3 排放对全国地级及以上城市 PNO_3 年均质量浓度贡献约为 7.52 μg/m^3，年均质量浓度贡献率约为 99.8%，刘晓环、尹沙沙等研究也表明 NH_3 排放量减少，PNO_3 质量浓度大幅下降。PNO_3 年均质量浓度受 NH_3 排放影响的区域间差异显著，在河南、湖北、安徽、山东等省份农业、畜牧企业分布比较密集的地区，NH_3 排放量大且相对集中，NH_3 排放对以上省份 PNO_3 年均质量浓度的贡献值均超过 12 μg/m^3。NH_3 排放对各省份 PNO_3 年均质量浓度贡献率较高，且无明显区域性差异，均接近 100%。从 NH_3 排放对 PNO_3 影响的季节变化来看，1 月 NH_3 排放对 PNO_3 的影响最大，对全国地级及以上城市 PNO_3 月均质量浓度贡献值达 10.88 μg/m^3，贡献浓度较大的地区主要集中在胡焕庸线的东侧地区，贡献质量浓度超过 10 μg/m^3 的地区占国土面积的 20%以上，其中四川东南部以及湖北、湖南交界地区贡献质量浓度高于 20 μg/m^3。4 月、7 月、10 月 NH_3 排放对地级及以上城市 PNO_3 月均贡献与 1 月的空间分布趋势基本一致，但是影响程度和高值区面积均明显降低。

5.1.2.3 NH_3排放对铵盐的影响

表 5-1 显示了 NH_3 排放对全国、各省份 PNH_4 月均质量浓度贡献模拟结果。结果表明，NH_3 排放对全国地级及以上城市 PNH_4 年均质量浓度影响显著，年均质量浓度贡献约为 4.68 μg/m^3，年均质量浓度贡献率约为 99.7%。从各省份 PNH_4 年均质量浓度受 NH_3 排放的影响看，在河南、山东、湖北、河北、重庆等省份农业、畜牧企业分布比较密集的地区，NH_3 排放量大且相对集中，NH_3 排放对以上省份 PNH_4 年均质量浓度的贡献值均超过 7 μg/m^3。与 PNO_3 相似，NH_3 排放对各省份 PNH_4 年均质量浓度贡献率较高，且无区域性差异，均接近 100%。从季节性变化来看，PNH_4 受 NH_3 排放的影响程度为 1

月、7 月总体上高于 4 月、10 月，1 月 PNH_4 月均质量浓度受 NH_3 排放的影响强度最大，平均贡献值为 5.31 μg/m^3，高值区主要集中在四川盆地、两湖平原地区。7 月 NH_3 排放对 PNH_4 月均质量浓度的影响范围最广，平均贡献值为 4.88 μg/m^3，在华北平原、四川盆地、两湖平原地区的平均贡献浓度高于 10 μg/m^3。

5.1.2.4 NH_3 排放对 $PM_{2.5}$ 的影响

图 5-3 及表 5-1 显示了 NH_3 排放对全国、各省份 $PM_{2.5}$ 月均质量浓度贡献模拟结果。结果表明，NH_3 排放对全国地级及以上城市 $PM_{2.5}$ 年均质量浓度贡献值约为 15.01 μg/m^3，年均质量浓度贡献率约为 29.8%。在京津冀、长三角、珠三角、成渝等地区，NH_3 排放对 $PM_{2.5}$ 年均质量浓度贡献值分别为 16.10 μg/m^3、18.71 μg/m^3、7.22 μg/m^3 和 14.83 μg/m^3。京津冀、长三角等空气污染最为严重的区域，NH_3 排放对 $PM_{2.5}$ 年均质量浓度贡献值分别占《环境空气质量标准》（GB 3095—2012）中 $PM_{2.5}$ 年均质量浓度限值的 50%左右，在河南、山东、湖北、河北等 4 个省份，NH_3 排放量大且相对集中，NH_3 排放对以上省份 $PM_{2.5}$ 年均质量浓度的贡献值均超过 20 μg/m^3，这与对二次无机盐颗粒物（如 PNO_3、PNH_4）影响的空间分布规律相似。$PM_{2.5}$ 受 NH_3 排放影响的季节性差异显著，1 月、4 月、7 月、10 月 4 个典型月 NH_3 排放对全国地级及以上城市 $PM_{2.5}$ 月均质量浓度的贡献值分别为 20.15 μg/m^3、12.39 μg/m^3、13.20 μg/m^3 和 14.20 μg/m^3。1 月 $PM_{2.5}$ 月均质量浓度受 NH_3 影响强度和范围最大，以“北京—成都—上海”为顶点的三角区和吉林中部地区，月均质量浓度贡献值高于 20 μg/m^3。4 月、7 月、10 月 NH_3 排放对 $PM_{2.5}$ 月均贡献与 1 月的 $PM_{2.5}$ 空间分布趋势基本一致，但影响程度与范围均明显降低。

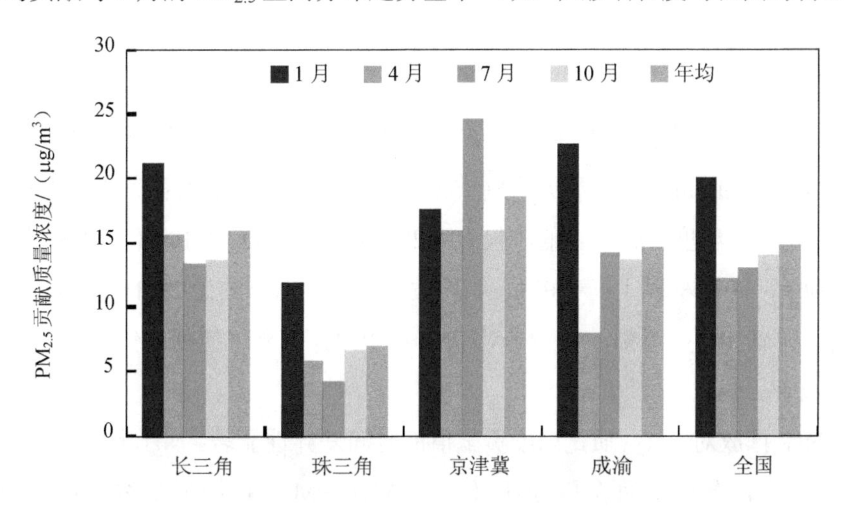

图 5-3 NH_3 排放对重点区域 $PM_{2.5}$ 平均质量浓度的贡献

5.1.2.5 结果讨论

我国华北、华中及华东等地区 SO_2、NO_x、颗粒物及 VOCs 排放量高度集中，已经成为全球 $PM_{2.5}$ 污染最为严重的地区之一，特别是在供暖季，由于煤炭的集中燃烧排放了大量污染物，加之不利气象条件等外部因素，致使大规模的灰霾污染事件频繁发生。NH_3 排放对 $PM_{2.5}$ 质量浓度的贡献与我国 $PM_{2.5}$ 污染的时空分布特征高度一致，因此 NH_3 排放是引起重污染地区、重污染时段 $PM_{2.5}$ 浓度持续处于高位的关键因素之一。本节表明，NH_3 排放对全国城市 $PM_{2.5}$ 年均质量浓度贡献率高达 29.8%；在京津冀、长三角等空气污染最为严重的区域，NH_3 排放对 $PM_{2.5}$ 年均质量浓度贡献值约占《环境空气质量标准》中 $PM_{2.5}$ 年均质量浓度限值的 50%；对河南、山东、湖北、河北等 4 个省份 $PM_{2.5}$ 年均质量浓度贡献超过 20 μg/m^3，约占《环境空气质量标准》（GB 3095—2012）对 $PM_{2.5}$ 年均限值要求的 60%。因此，控制 NH_3 排放是实现 $PM_{2.5}$ 年均质量浓度达标的必要条件。此外，NH_3 排放对 1 月全国城市 $PM_{2.5}$ 月均质量浓度贡献量高达 20.15 μg/m^3，其中，对长三角、成渝等地区 $PM_{2.5}$ 月均质量浓度贡献值超过全国平均水平，对山东、河南、湖北、湖南等省份 $PM_{2.5}$ 月均质量浓度贡献值超过 25 μg/m^3，因此控制 NH_3 排放是降低重度灰霾污染发生频次及强度的必要条件。

NH_3 排放对颗粒物的影响具有显著的非线性特征，本节基于 WRF-CMAQ 空气质量模型，采用敏感性分析方法模拟了 NH_3 排放对 PSO_4、PNO_3、PNH_4 及 $PM_{2.5}$ 的影响。该方法具有快速有效的优点，适用于长周期、大尺度分析，但要准确分析 NH_3 排放对 $PM_{2.5}$ 的贡献，需结合实验观测、受体模型等源解析方法进一步研究。

5.1.3 小结

（1）NH_3 排放对全国城市 PSO_4、PNO_3、PNH_4 及 $PM_{2.5}$ 年均质量浓度贡献分别为 0.31 μg/m^3、7.52 μg/m^3、4.68 μg/m^3 和 15.01 μg/m^3。从贡献率来看，NH_3 排放对全国城市 PSO_4 年均质量浓度贡献率较低，仅为 4.2%；而对 PNO_3 和 PNH_4 影响较大，年均质量浓度贡献率在 99.5%以上；对 $PM_{2.5}$ 年均质量浓度贡献率约为 29.8%。因此，控制 NH_3 排放能有效降低 $PM_{2.5}$ 污染，特别是对 PNO_3、PNH_4 有显著的削减作用，但对 PSO_4 质量浓度无显著影响。

（2）NH_3 排放对 $PM_{2.5}$ 质量浓度贡献值的时间差异性显著。NH_3 排放对 1 月、4 月、7 月、10 月 4 个典型月全国地级及以上城市 $PM_{2.5}$ 月均质量浓度的贡献分别为 20.15 μg/m^3、12.39 μg/m^3、13.20 μg/m^3 和 14.20 μg/m^3。1 月 $PM_{2.5}$ 平均质量浓度受 NH_3 影响强度和范围最大，以“北京—成都—上海”为顶点的三角区和吉林中部地区，1 月月均质量浓度贡献值高于 20 μg/m^3。NH_3 排放对 $PM_{2.5}$ 质量浓度的贡献量与 $PM_{2.5}$ 污染的时间分布特征高度一致。

（3）NH_3 排放对 $PM_{2.5}$ 质量浓度贡献值的空间差异性显著。NH_3 排放对京津冀、长三角等空气污染最为严重区域 $PM_{2.5}$ 年均质量浓度贡献值均超过 15 μg/m^3，对河南、山东、湖北、河北等 4 个省份 $PM_{2.5}$ 年均质量浓度的贡献值均超过 20 μg/m^3。NH_3 排放对 $PM_{2.5}$ 质量浓度的贡献量与 $PM_{2.5}$ 污染的空间分布高度重叠。

5.2　NH_3 减排对控制 $PM_{2.5}$ 污染的敏感性研究

氨（NH_3）是参与大气氮循环的重要成分之一，作为大气中的碱性物质，对酸沉降和二次颗粒物的形成起到了关键性作用。空气中的 NH_3 主要来源于农业施肥、畜禽养殖等，研究表明我国 NH_3 排放大约为 1 000 万 t。NH_3 与 SO_2、NO_x 等前体物结合形成$(NH_4)_2SO_4$ 和 NH_4NO_3 等二次无机颗粒物，其中硫酸盐（PSO_4）、硝酸盐（PNO_3）及铵盐（PNH_4）合计占 $PM_{2.5}$ 年均质量浓度的 30%～50%。NH_3 排放在 $PM_{2.5}$ 二次粒子形成过程中非常重要，国内外专家和学者开展了大量有关 NH_3 排放对 $PM_{2.5}$ 污染影响的研究，采用的方法多为模型模拟法。张美根等模拟了东亚地区 PSO_4、PNO_3、PNH_4 的时空分布特征，刘煜等模拟分析了 NH_3 和 PNH_4 浓度分布，结果表明 NH_3 排放对 PSO_4、PNO_3、PNH_4 的分布变化起着重要作用；Pinder 等以 $PM_{2.5}$ 质量浓度较高的区域作为典型区域，采用 CMAQ 模型模拟了 NH_3 排放变化对 $PM_{2.5}$ 组分的影响；Pavlovic 等采用 CAMx 模型模拟分析了颗粒物及前体物的日变化特征，揭示了 NH_3 排放对颗粒物生成的影响；Shiang-Yuh Wu 等基于 CMAQ 模型分析了 2012 年 8 月、12 月北卡罗来纳州农业、畜禽养殖 NH_3 排放对 $PM_{2.5}$ 质量浓度贡献，并分析了 NH_3 排放的时空变化对 $PM_{2.5}$ 及组分的影响；Liang Wen 等研究了中国北方夏季 NH_3 排放对 PNO_3 粒子的影响，结果表明在早晨 NH_3 的高浓度加速了细颗粒形成；尹沙沙等通过情景分析法模拟了人为源 NH_3 排放对珠三角区域 $PM_{2.5}$ 及其无机组分的影响，结果表明畜禽源对区域 $PM_{2.5}$ 贡献高于氮肥施用及非农业源，且空间影响范围较广。这些研究对深化分析 NH_3 排放对 $PM_{2.5}$ 污染的影响起到了重要作用，但是国内研究大多限于局部区域，且主要为短周期污染过程，缺乏全国尺度、长周期 NH_3 排放对 $PM_{2.5}$ 污染的影响及 NH_3 减排对控制 $PM_{2.5}$ 污染的敏感性研究。

本节利用第三代空气质量模型 WRF-CMAQ，采用情景分析法，系统性模拟了 6 个不同 NH_3 排放情景下空气中 PSO_4、PNO_3、PNH_4、$PM_{2.5}$ 质量浓度变化规律，揭示了全国各省份以及京津冀、长三角、珠三角、成渝 4 个重点区域不同 NH_3 排放情景与 $PM_{2.5}$ 年均质量浓度之间的定量响应规律，为我国制定 NH_3 排放控制策略提供科学依据。

5.2.1 模型与方法

本研究基于 WRF-CMAQ 空气质量模型，采用情景分析法，模拟 $PM_{2.5}$ 以及 PSO_4、PNO_3、PNH_4 对 NH_3 减排的敏感性，基本设置如下：

5.2.1.1 模型设置

（1）模拟时段：模拟时段为 2015 年 1 月、4 月、7 月和 10 月共 4 个典型月，结果输出时间间隔为 1 h。

（2）模拟区域：CMAQ 模型采用 Lambert 投影坐标系，中心点经度为 103°E，中心纬度为 37°N，两条平行纬度分别为 25°N、40°N。水平模拟范围为 *X* 方向（–2 690～2 690 km）、*Y* 方向（–2 150～2 150 km），网格间距 20 km，将全国共划分为 270×216 个网格。垂直方向共设置 14 个气压层，层间距自下而上逐渐增大。

（3）气象模拟：CMAQ 模型所需要的气象场由中尺度气象模型 WRF 提供，WRF 模型与 CMAQ 模型采用相同的模拟时段和空间投影坐标系，但模拟范围大于 CMAQ 模拟范围，其水平模拟范围为 *X* 方向（–3 600～3 600 km）、*Y* 方向（–2 520～2 520 km），网格间距 20 km，将研究区域共划分为 360×252 个网格。垂直方向共设置 30 个气压层，层间距自下而上逐渐增大。WRF 模型的初始场与边界场数据采用美国国家环境预报中心（NCEP）提供的 6 h 一次、1°分辨率的 FNL 全球分析资料，每日对初始场进行初始化，每次模拟时长为 30 h，Spin-up 时间设置为 6 h，并利用 NCEP ADP 观测资料进行客观分析与四维同化。

（4）模型参数：CMAQ 模型、WRF 模型参数设置见前文。其中，WRF 模型参数化方案模拟的风速、风向、温度、湿度及降水等气象要素在已有研究中得到验证。

5.2.1.2 排放清单

CMAQ 模型所需排放清单主要包括 SO_2、NO_x、颗粒物（PM_{10}、$PM_{2.5}$ 及其组分）、NH_3 和 VOCs（含多种化学组分）等多种污染物。SO_2、NO_x、PM_{10}、$PM_{2.5}$、BC、OC、NH_3、VOCs（含主要组分）等人为源排放数据均采用 2013 年 MEIC 排放清单，生物源 VOCs 排放清单利用 MEGAN 天然源排放清单模型计算。

5.2.1.3 模型验证

利用 2015 年开展 $PM_{2.5}$ 监测的 338 个城市实际观测数据，验证模型模拟结果的准确性。其中，剔除了新疆、西藏等辖区内 36 个城市监测数据，主要原因包括：新疆沙尘天气较多，而现有 CMAQ 模型对沙尘过程模拟效果较差；西藏的污染源排放清单准确性较差，模拟结果的分析价值较小。将剩余 302 个城市的 $PM_{2.5}$ 月均观测数据与 CMAQ 模型模拟的月均模拟结果进行比较，结果表明模拟值与观测值具有较好的相关性，其中观测与模型模拟的年均值相关系数 r 达到 0.82（n=302，p<0.05），标准化平均偏差 NMB 为–21.67，标准化平均误差 NME 为 29.49，典型月份验证结果如图 5-4 及表 5-2 所示。

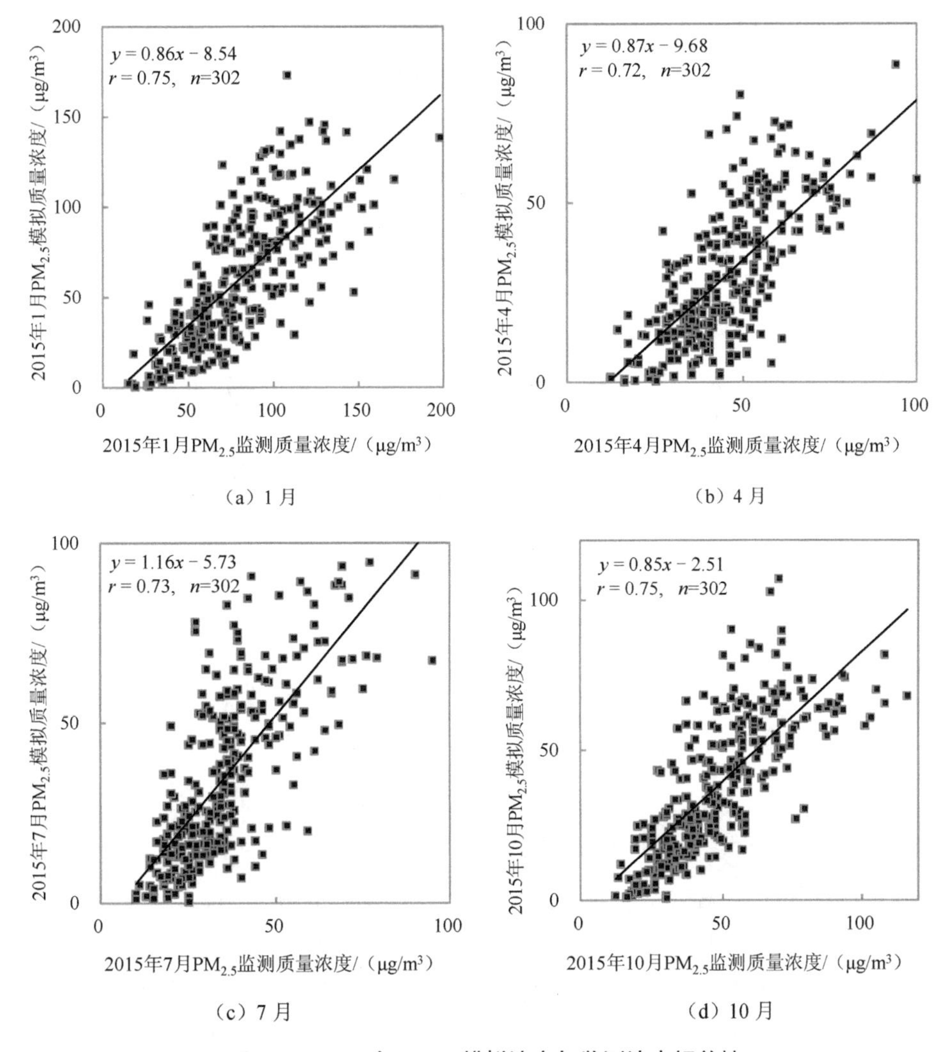

图 5-4　2015 年 $PM_{2.5}$ 模拟浓度与监测浓度相关性

表 5-2　$PM_{2.5}$ 观测数据与模型模拟统计参数

典型月份	r	NMB	NME
1 月	0.75	–24.76	33.18
4 月	0.72	–33.44	37.98
7 月	0.73	–1.00	36.86
10 月	0.75	–20.61	30.53

利用北京工业大学对北京、石家庄、唐山 3 个城市的 PSO_4、PNO_3 及 PNH_4 的采样数据，进一步验证 $PM_{2.5}$ 化学组分模拟结果的准确性。将 1 月、4 月、7 月、10 月 3 个城市采样数据与 CMAQ 模型模拟的月均模拟结果进行比较，结果表明模型 4 月、10 月模拟的 PSO_4、PNO_3 及 PNH_4 比例与监测较为一致，但是 1 月 3 个城市 PSO_4、PNO_3 及 PNH_4 模拟结果均略有低估，7 月北京、石家庄 PSO_4、PNO_3 及 PNH_4 模拟结果均略有高估，原因可能是 CMAQ 空气质量模型缺失部分非均相化学反应以及污染源清单自身误差、气象模拟误差等。总体来看，本节选择的 CMAQ 模型及参数化方案可以较好地模拟我国 $PM_{2.5}$ 污染的时空分布特征及其化学构成（图 5-5）。

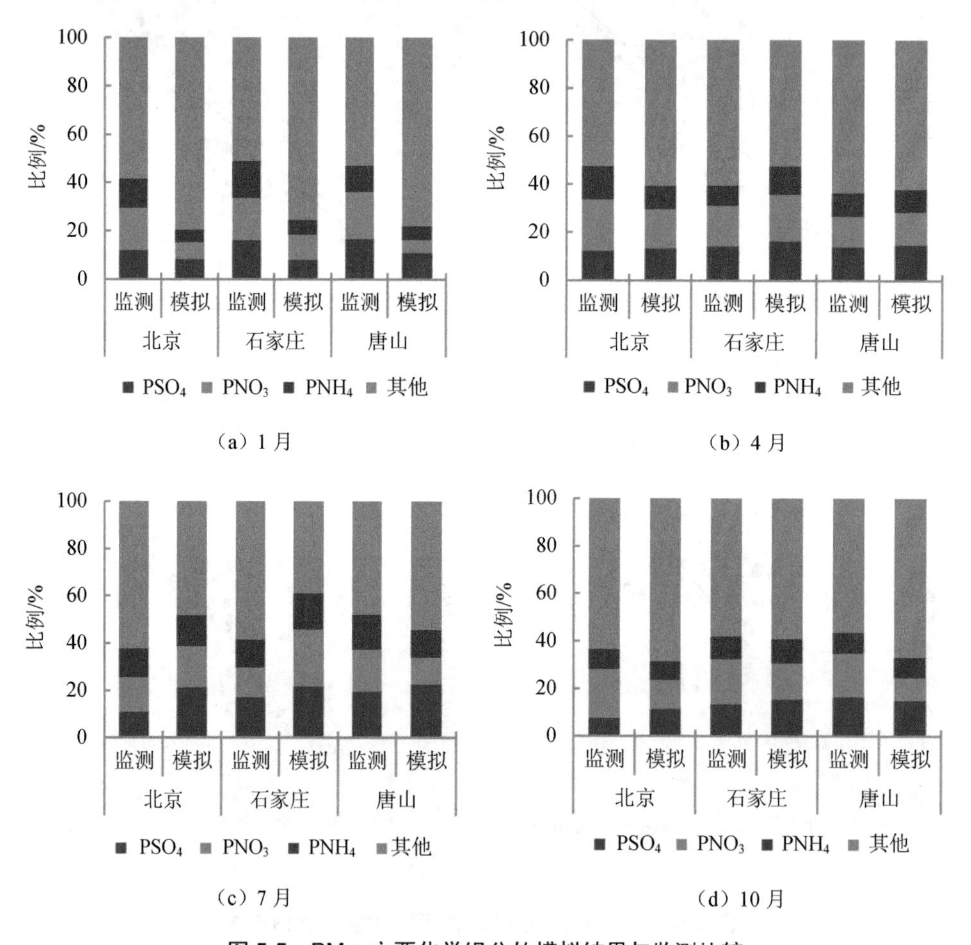

图 5-5 $PM_{2.5}$ 主要化学组分的模拟结果与监测比较

5.2.1.4 情景设计

假设气象条件不变，设置 6 个排放情景。其中，S0 情景为基准情景，即 2015 年所有污染物全口径排放情景；S1、S2、S3、S4、S5 情景为 5 个控制情景，NH_3 排放分别削减 20%、40%、60%、80%和 100%，其他污染物排放量均保持不变（表 5-3）。利用空气质量模型分别模拟不同情景下空气中的 PSO_4、PNO_3、PNH_4 及 $PM_{2.5}$ 质量浓度，将 S0 情景分别与 S1、S2、S3、S4、S5 情景的环境影响进行比较，得到 NH_3 减排对全国、重点区域（京津冀、长三角、珠三角、成渝）PSO_4、PNO_3、PNH_4 及 $PM_{2.5}$ 的影响，在此基础上开展敏感性研究。

表 5-3　情景描述

情景	情景描述
S0	基准排放情景，所有污染物的现状排放
S1	NH_3 削减 20%，其他污染物排放量不变
S2	NH_3 削减 40%，其他污染物排放量不变
S3	NH_3 削减 60%，其他污染物排放量不变
S4	NH_3 削减 80%，其他污染物排放量不变
S5	NH_3 削减 100%，其他污染物排放量不变

5.2.1.5　评估方法

参考有关敏感度的研究成果，利用颗粒物年均质量浓度变化率与 NH_3 减排比例评估 $PM_{2.5}$ 及二次无机盐颗粒对 NH_3 减排的敏感性。以 $PM_{2.5}$ 为例，计算方法见式（5-1）：

$$S=\frac{\left(C_0-C_x\right)/C_0}{x} \tag{5-1}$$

式中，S——NH_3 削减率为 x 时 $PM_{2.5}$ 对 NH_3 的敏感度；

C_0——S0 情景下 $PM_{2.5}$ 年均质量浓度，$\mu g/m^3$；

C_x——NH_3 削减率为 x 时 $PM_{2.5}$ 年均质量浓度，$\mu g/m^3$；

x——NH_3 削减率，%。

5.2.2　结果讨论

NH_3 与 SO_2、NO_2 结合生成的 PSO_4、PNO_3 及 PNH_4 无机盐颗粒是 $PM_{2.5}$ 的重要组成部分，为揭示 NH_3 与 $PM_{2.5}$ 及其关键化学组分之间的关系，分别模拟了 NH_3 减排不同情景对降低 $PM_{2.5}$ 及 PSO_4、PNO_3、PNH_4 的敏感性。

5.2.2.1　基准情景分析

S0 情景模拟结果表明，全国地级及以上城市 PSO_4、PNO_3、PNH_4 年均质量浓度占

$PM_{2.5}$质量浓度的比例分别为17%、19%和12%，合计约48%。$PM_{2.5}$与3种无机盐年均质量浓度分布高度重叠，且呈现显著的空间差异性，高值区主要集中在胡焕庸线以东地区，特别是人口、工业、农畜业等相对集中的四川东南部以及河北、河南、湖北、湖南、山东等地区。从4个重点区域来看，$PM_{2.5}$污染最严重的地区为京津冀区域，其次为长三角、成渝和珠三角等区域；成渝区域PSO_4年均质量浓度高于其他3个区域，其原因在于PSO_4形成主要受前体物SO_2影响，而成渝区域主要以高硫煤为燃料导致单位面积SO_2排放强度较高；京津冀、长三角、成渝等“富氨”区域，硝酸盐浓度较高，主要由酸性物质与NH_3的竞争反应所致，H_2SO_4具有较低的饱和蒸汽压，易于在颗粒相中存在并优先被中和生成NH_4HSO_4或$(NH_4)_2SO_4$。HNO_3的饱和蒸汽压较高，大气中多余的NH_3含量是决定HNO_3转化为NH_4NO_3的关键因素之一。

5.2.2.2 $PM_{2.5}$对NH_3减排的敏感度

表5-4为不同情景下$PM_{2.5}$污染变化及对NH_3减排的敏感度。NH_3减排对全国地级及以上城市$PM_{2.5}$年均质量浓度影响十分显著，$PM_{2.5}$污染程度明显降低。全国NH_3减排比例为20%、40%、60%、80%和100%时，$PM_{2.5}$年均质量浓度下降比例分别为2.7%、6.3%、11.3%、19.0%和29.8%，$PM_{2.5}$对NH_3减排的敏感度分别为0.14、0.16、0.19、0.24和0.30（图5-6）。因此NH_3排放与$PM_{2.5}$年均质量浓度呈非线性关系，且随NH_3减排比例增加，$PM_{2.5}$对NH_3排放的敏感性增强，特别是当NH_3减排大于60%时，敏感度加速增长。对于河北、河南、湖北、湖南以及成渝等$PM_{2.5}$污染较重、$PM_{2.5}$年均质量浓度超过50 μg/m³、NH_3排放量大且相对集中的地区，NH_3减排对控制$PM_{2.5}$污染的效果更加明显。从重点区域来看，京津冀区域、珠三角区域$PM_{2.5}$对NH_3减排的敏感性低于长三角区域、成渝区域，特别是当NH_3减排比例高于60%时，$PM_{2.5}$年均质量浓度下降幅度低于长三角区域、成渝区域4%～9%。

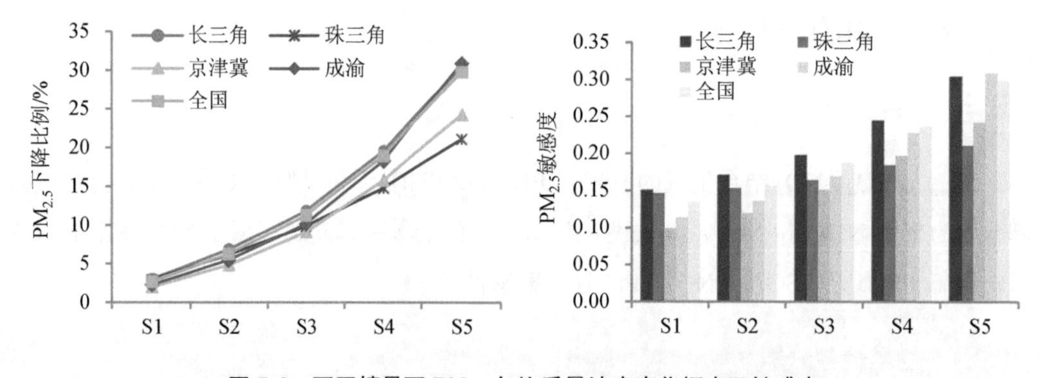

图5-6 不同情景下$PM_{2.5}$年均质量浓度变化幅度及敏感度

表 5-4　不同情景 $PM_{2.5}$ 年均质量浓度下降比例　　单位：%

地区	S1	S2	S3	S4	S5	地区	S1	S2	S3	S4	S5
北京	1.5	3.8	7.3	12.9	19.2	湖北	2.8	6.5	11.8	20.3	32.7
天津	1.8	4.4	8.6	15.0	22.2	湖南	3.1	7.0	12.2	20.8	33.0
河北	2.1	5.0	9.3	16.2	24.9	广东	3.6	7.6	12.4	18.8	27.0
山西	3.4	8.3	14.9	22.1	27.0	广西	3.9	8.5	14.4	22.3	32.0
内蒙古	2.4	5.7	9.8	14.7	20.7	海南	3.3	6.8	11.2	17.6	28.0
辽宁	2.5	5.7	10.3	17.0	26.4	重庆	2.3	5.5	10.2	16.6	22.8
吉林	2.1	5.0	9.3	16.2	25.6	四川	2.3	5.5	10.2	18.4	31.6
黑龙江	1.7	4.2	8.1	14.5	23.9	贵州	3.2	7.1	12.3	18.8	24.9
上海	3.7	8.0	12.9	18.3	23.1	云南	2.3	5.3	9.5	15.8	25.3
江苏	2.5	5.8	10.3	17.8	29.6	西藏	*	*	*	*	*
浙江	4.1	9.0	15.3	23.8	33.3	陕西	3.1	7.4	13.3	21.5	29.7
安徽	2.8	6.5	11.6	20.2	32.9	甘肃	2.4	5.9	10.8	18.1	28.1
福建	5.0	10.8	17.4	25.3	33.8	青海	1.0	2.5	4.7	8.6	20.7
江西	3.9	8.7	14.9	24.2	35.2	宁夏	2.1	5.1	9.5	16.4	26.3
山东	2.6	6.2	11.5	19.6	30.8	新疆	1.3	3.1	6.0	12.9	23.8
河南	2.1	5.1	10.1	18.5	35.0	全国	2.7	6.3	11.3	19.0	29.8

注：*西藏模拟结果不确定性过大。

5.2.2.3　二次无机颗粒物对 NH_3 减排的敏感度

图 5-7 为不同 NH_3 减排情景下 PSO_4、PNO_3、PNH_4 三种无机盐年均质量浓度变化幅度及敏感度。S1～S5 减排情景与 S0 基准情景的模拟结果对比发现，NH_3 减排对 PSO_4、PNO_3、PNH_4 年均质量浓度的影响均呈现非线性关系。

（1）硫酸盐

PSO_4 年均质量浓度对 NH_3 排放变化并不敏感，原因是以$(NH_4)_2SO_4$ 颗粒相存在的 PSO_4 主要受大气中可捕获 H_2SO_4 数量限制，而 NH_3 排放变化并不会引起 SO_4^{2-}所需 NH_3 数量的显著变化，因此 NH_3 减排仅会导致 PSO_4 年均质量浓度小幅下降，这与刘晓环、Shiang-Yuh Wu 等研究结论相吻合，均表明 NH_3 排放变化对 PSO_4 浓度的影响较小。随着 NH_3 减排比例的上升，PSO_4 年均质量浓度缓慢下降；当 NH_3 减排比例达到 100%时，全国 PSO_4 年均质量浓度的下降比例约为 4%，这说明 NH_3 减排对降低 PSO_4 浓度的效果十分有限。从重点区域来看，不同情景下长三角区域 PSO_4 年均质量浓度变化幅度均高于其他 3 个重点区域，珠三角区域、成渝区域的 PSO_4 年均质量浓度受 NH_3 排放影响的变化幅度为长三角地区的 1/3～1/2；京津冀区域 PSO_4 年均质量浓度受 NH_3 排放变化的影响最小。

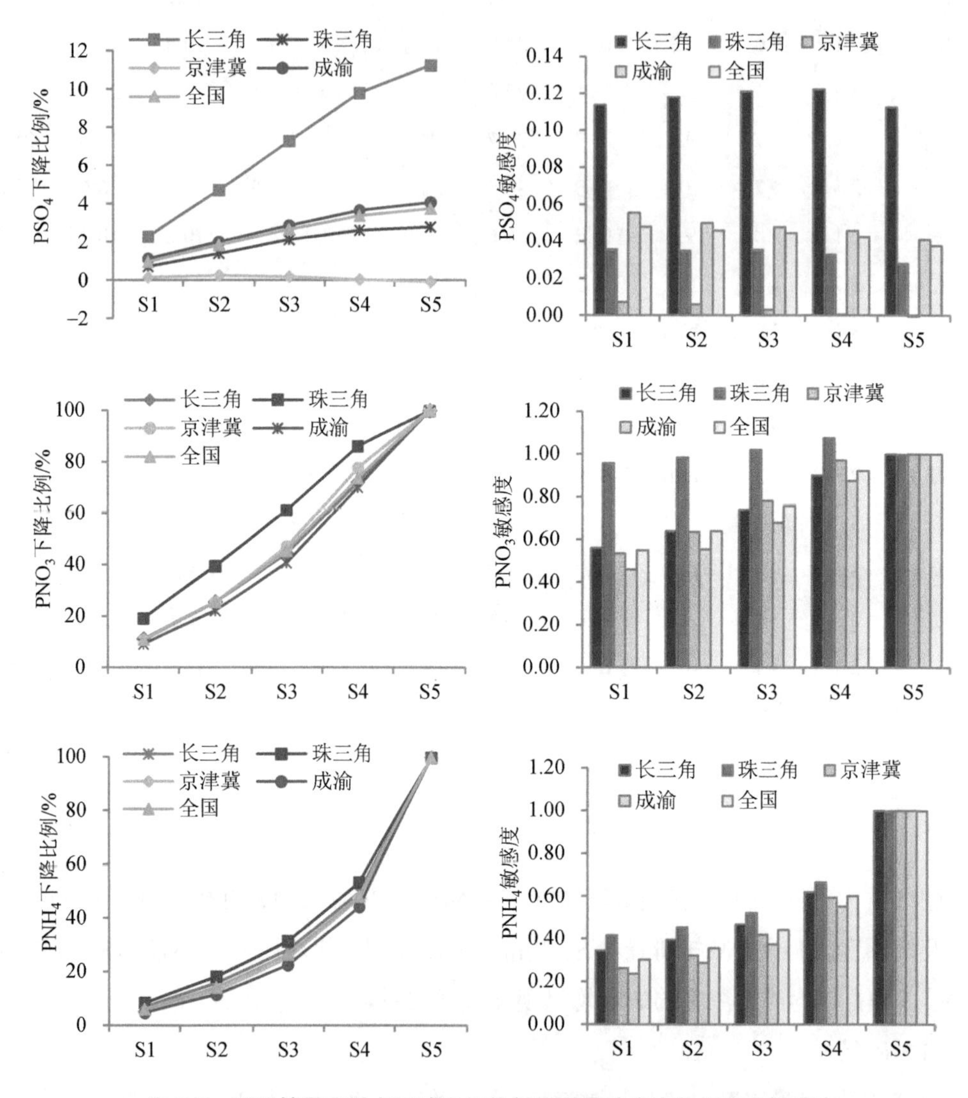

图 5-7 不同情景下重点区域无机盐年均质量浓度变化幅度及敏感度

与 PSO_4 年均质量浓度变化规律不同的是，NH_3 减排导致空气中 SO_2 年均质量浓度略有上升，主要原因是大幅削减 NH_3 排放将降低 OH 混合比，抑制空气中 SO_2 被氧化为 H_2SO_4，从而增加了空气中的气态 SO_2 质量浓度。其中，长三角地区 SO_2 年均质量浓度变化幅度高于其他 3 个地区，NH_3 减排 100%时，上升比例约为 3%。

（2）硝酸盐

相比 PSO_4，PNO_3 质量浓度对 NH_3 排放变化十分敏感，NH_3 减排将导致 PNO_3 年均质量浓度的明显下降，且随着 NH_3 控制水平的提高，NH_3 的量由“富余”转为“不足”，向贫氨状况转化的过程会导致 PNO_3 质量浓度对 NH_3 排放敏感度的上升。当 NH_3 减排比例从 0%上升到 60%时，全国 PNO_3 年均质量浓度下降比例扩大至 45.4%；当 NH_3 减排比例大于 60%时，PNO_3 年均质量浓度下降速度加快，当 NH_3 减排比例为 100%时，PNO_3 年均质量浓度基本降为 0。从重点区域来看，珠三角区域属于“贫氨”区域，S1～S4 情景下珠三角区域 PNO_3 年均质量浓度下降幅度相比京津冀、长三角、成渝 3 个区域高出 8%～17%，PNO_3 对 NH_3 排放变化更加敏感。同时，随着 NH_3 控制水平提高，4 个区域敏感度的差距逐渐减小。

此外，NH_3 排放下降将引起空气中 NO_2 年均质量浓度小幅下降。当 NH_3 减排低于 60%时，NO_2 年均质量浓度基本稳定；当 NH_3 减排高于 60%时，NO_2 年均质量浓度略有下降。

（3）铵盐

模拟结果表明，NH_3 排放对 PNH_4 浓度的影响较大，NH_3 减排将导致全国 PNH_4 年均质量浓度的显著降低。PNH_4 与 PNO_3 对 NH_3 排放变化的响应规律比较相似，Shanshan Wang 等采用回归分析法对 NH_4^+ 与酸性粒子关系的研究结论也表明了 PNO_3 与 PNH_4 质量浓度具有较高的相关性，但总体来看 PNH_4 对 NH_3 的敏感度低于 PNO_3。当 NH_3 减排比例较低时，PNH_4 年均质量浓度对 NH_3 的敏感度较小，PNH_4 年均质量浓度的下降幅度较平缓；当 NH_3 减排比例高于 60%时，PNH_4 年均质量浓度加速下降，敏感度升高；当 NH_3 减排比例为 100%时，PNH_4 年均质量浓度基本降为 0。从重点区域来看，京津冀、长三角、珠三角、成渝 4 个地区 PNH_4 年均质量浓度对 NH_3 排放的敏感性差异不大，其中珠三角略高于其他 3 个地区。

5.2.3 小结

（1）NH_3 减排与 PSO_4、PNO_3、PNH_4 以及 $PM_{2.5}$ 质量浓度呈显著的非线性关系。$PM_{2.5}$ 和 PNO_3、PNH_4 对 NH_3 减排十分敏感，且随着 NH_3 控制水平增加，$PM_{2.5}$ 和 PNO_3、PNH_4 年均质量浓度加速下降，敏感度呈上升趋势。NH_3 减排 20%、40%、60%、80%和 100%时，全国城市 $PM_{2.5}$ 年均质量浓度分别下降 2.7%、6.3%、11.3%、19.0%和 29.8%，硝酸盐年均质量浓度分别下降 11.0%、25.5%、45.4%、73.7%和 99.8%，铵盐年均质量浓度分别下降 6.0%、14.2%、26.4%、48.1%和 99.7%。但是，PSO_4 对 NH_3 排放变化响应程度很低，全国 PSO_4 年均质量浓度的下降比例不超过 4.2%。因此，降低 NH_3 排放能有效

改善 $PM_{2.5}$ 污染，特别是由富氨向贫氨状态转变后，对 PNO_3、PNH_4 有显著的削减作用。

（2）$PM_{2.5}$ 对 NH_3 减排的敏感性呈空间差异性。对于河北、河南、湖北、湖南以及成渝等 $PM_{2.5}$ 污染较重、$PM_{2.5}$ 年均质量浓度超过 50 μg/m^3、NH_3 排放量大且相对集中的地区，NH_3 减排对 $PM_{2.5}$ 污染的改善效果更加明显。从 4 个重点区域来看，京津冀区域、珠三角区域 $PM_{2.5}$ 对 NH_3 减排的敏感性低于长三角区域、成渝区域，特别是当 NH_3 减排比例高于 60%时，$PM_{2.5}$ 年均质量浓度下降幅度低于长三角区域、成渝区域 4%～9%。

（3）不确定性主要来源于排放清单和空气质量模型等。首先，MEIC 排放清单主要采用“自上而下”的方法建立，活动水平、排放因子均存在较大的不确定性。特别是 NH_3 排放主要来自畜牧和农业等面源排放，这些污染源均难以被直接测量，导致 NH_3 排放及其时空分布特征存在较大误差。其次，PSO_4、PNO_3 和 PNH_4 在重污染过程具有爆发式增长效应，但相关化学反应机制还处于研究阶段，因此 CMAQ 模拟结果会对 1 月重污染过程的 $PM_{2.5}$ 质量浓度有所低估，特别是 $PM_{2.5}$ 中 PSO_4、PNO_3 和 PNH_4 等组分的浓度均显著低估。

5.3 基于卫星遥感的臭氧控制敏感性分析

2013 年“大气十条”实施以来，京津冀区域 $PM_{2.5}$ 质量浓度下降明显，但 O_3 作为首要污染物的比例逐年升高，O_3 污染日益加剧。2016 年京津冀区域 O_3 日最大 8 小时第 90 百分位质量浓度平均为 172 μg/m^3，同比上升 6.2%，污染程度超过珠三角区域和长三角区域。O_3 主要是 NO_x 与 VOCs 两个重要的前体物在阳光照射下发生光化学反应形成的二次污染物。一般前体污染物浓度越高、光照越强、气温越高，则光化学反应越强烈，O_3 浓度越高。NO_x 和 VOCs 生成 O_3 的机制较为复杂，控制单一污染物可致 O_3 浓度上升，研究控制区域 O_3 生成的敏感性，科学确定 NO_x 和 VOCs 减排比例是降低 O_3 浓度的关键。

确定 O_3 生成敏感性的方法主要有敏感性测试法、源示踪法、指示剂法。敏感性测试法是基于不同排放情景下模拟的 O_3 浓度变化，分析不同前体物的敏感性贡献。王雪松等利用 CAMx-OSAT 源示踪法分析了北京地区 O_3 污染的来源。Sillman 等首次提出将 $P(H_2O_2)/P(HNO_3)$ 作为指示剂判定 O_3 生成敏感性，随后 NO_x、O_3/NO_y、$HCHO/NO_2$、$HCHO/NO_y$ 等指示剂被广泛用于判断 O_3 生成敏感性。众多指示剂中，$P(H_2O_2)/P(HNO_3)$ 被认为最具普适性的指标，但在区域层面 $P(H_2O_2)/P(HNO_3)$ 实际监测数据难以获取。OMI 卫星产品中，甲醛（HCHO）和 NO_2 应用广泛，利用 $HCHO/NO_2$ 指示剂来判断 O_3 控制区具有时间、空间连续性的优点，且人为干扰因素小。HCHO 浓度可作为 VOCs 的指示剂，而 NO_2 浓度可作为 NO_x 的指示剂，当 $HCHO/NO_2$ 比值小于 1 时处于 VOCs 控制区，比值大于 2 时处于 NO_x 控制区，介于 1 和 2 之间为 NO_x-VOCs 协同控制区。Duncan 等利用卫星 OMI 柱浓度产品 HCHO/NO_2 研究了美国不同城市 O_3 生成的敏感性；单源源等利用 OMI 遥感数据分析了我国中东部地区 O_3 控制区变化状况。但我国城市 O_3 污染主要集中在 6—9 月，呈现夏季高、春秋居中、冬季最低的特征，选用全年平均数据有不足之处，且随着 NO_x 减排，O_3 生成敏感性的时空分布特征均发生显著变化，特别是针对京津冀及周边地区夏季 O_3 控制区变化的研究尚属空白。

本节针对京津冀及周边地区夏季日益加剧的 O_3 污染，利用 2005—2016 年 12 年间 6—9 月 OMI 对流层 NO_2 和 HCHO 的柱浓度数据，采用 HCHO/NO_2 指示剂方法判别 O_3 生成敏感性，重点分析了“2+26”城市 O_3 生成敏感性的时空变化及原因，为制定京津冀及周边地区 O_3 控制策略提供科学依据。

5.3.1　数据与方法

5.3.1.1　数据来源

用来监测地球臭氧层的 Aura 卫星于 2004 年发射成功，是一颗太阳同步轨道的近极轨卫星，过境时间一般在当地时间 13:40—13:50，其搭载的 OMI 传感器主要产品包括 SO_2、NO_2、HCHO、O_3 等气体，NO_2 和 HCHO 两种产品反演算法均基于差分吸收光谱技术（differential optical absorption spectroscopy，DOAS）。本节 HCHO 和 NO_2 的对流层柱浓度数据均为 OMI 产品，在一定程度上消除了系统误差。HCHO 和 NO_2 的对流层柱浓度数据来源于欧洲航天局 TEMIS 项目网站的全球月均质量浓度产品，OMI NO_2 月均产品空间分辨率为 0.125°×0.125°，NO_2 产品的不确定性约为 15%，HCHO 月均产品，空间分辨率为 0.25°×0.25°，数据的相对不确定性大约为 25%。

5.3.1.2　研究方法

研究范围：包括北京、天津、河北、河南、山东、山西 6 个省份，面积共 69.9 万 km^2，本节重点分析京津冀区域大气污染传输通道“2+26”城市，并将 6—9 月定义为夏季（图 5-8）。

数据处理：获取 2005—2016 年 6—9 月全球网格化 NO_2 和 HCHO 的月均产品，提取京津冀及周边地区数据，为实现不同分辨率的数据匹配，将 0.25°分辨率的 HCHO 数据重采样到 0.125°，并计算逐网格 HCHO/NO_2 的柱浓度比值，行政辖区内 HCHO、对流层 NO_2 平均柱浓度为所有网格的平均值。

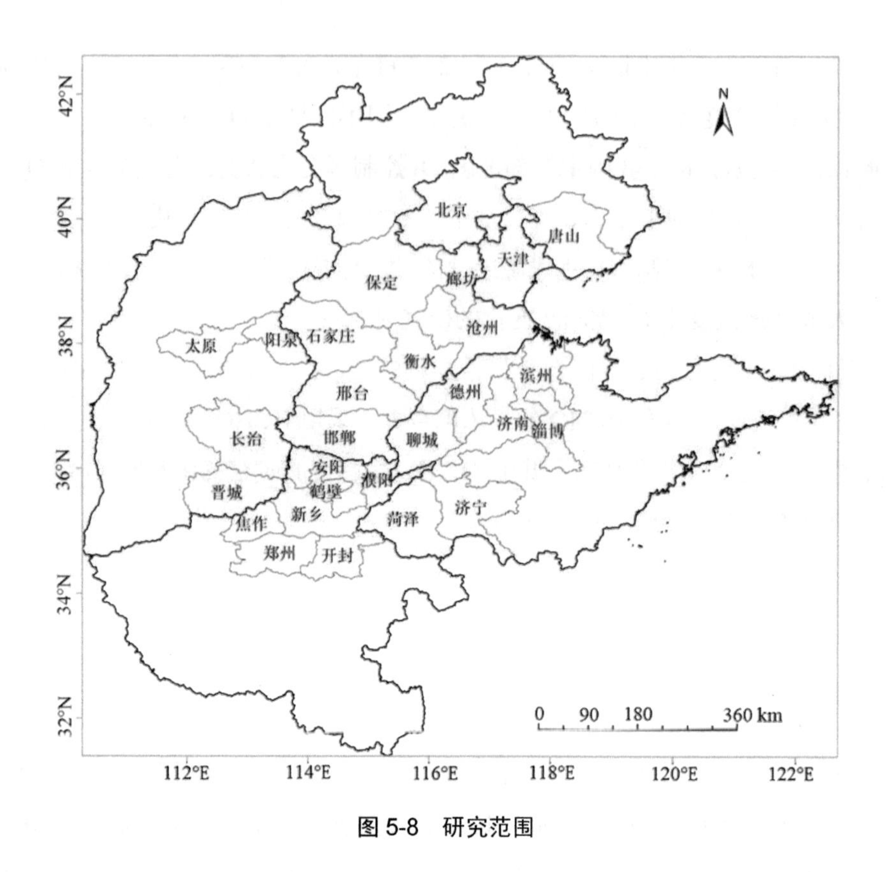

图 5-8 研究范围

O_3生成的敏感性判别标准：当 $HCHO/NO_2$ 小于 1 时，O_3生成处于 VOCs 控制区，O_3浓度对 VOCs 排放量的变化较为敏感；当 $HCHO/NO_2$ 大于 2 时，O_3生成处于 NO_x 控制区，O_3浓度对 NO_x 排放量的变化较为敏感；$HCHO/NO_2$ 介于 1～2 为 NO_x-VOCs 协同控制区。本节利用卫星遥感 OMI $HCHO/NO_2$ 的柱浓度比值，研究京津冀及周边地区夏季 O_3 生成的敏感性。

5.3.2 结果与讨论

5.3.2.1 O_3前体物时空分布

O_3是 NO_x 和 VOCs 在大气中经过一系列光化学反应生成的二次污染物，NO_2 作为 NO_x 的重要组成部分，OMI NO_2 柱浓度可以反映 NO_x 浓度的变化。HCHO 对产生 VOCs 的自由基化学过程具有重要影响，OMI HCHO 对流层柱浓度可以表征 VOCs 排放的变化。本节利用 12 年间 OMI NO_2 和 HCHO 的柱浓度来分析 NO_x 与 VOCs 排放的时空变化特征（图 5-9、图 5-10）。

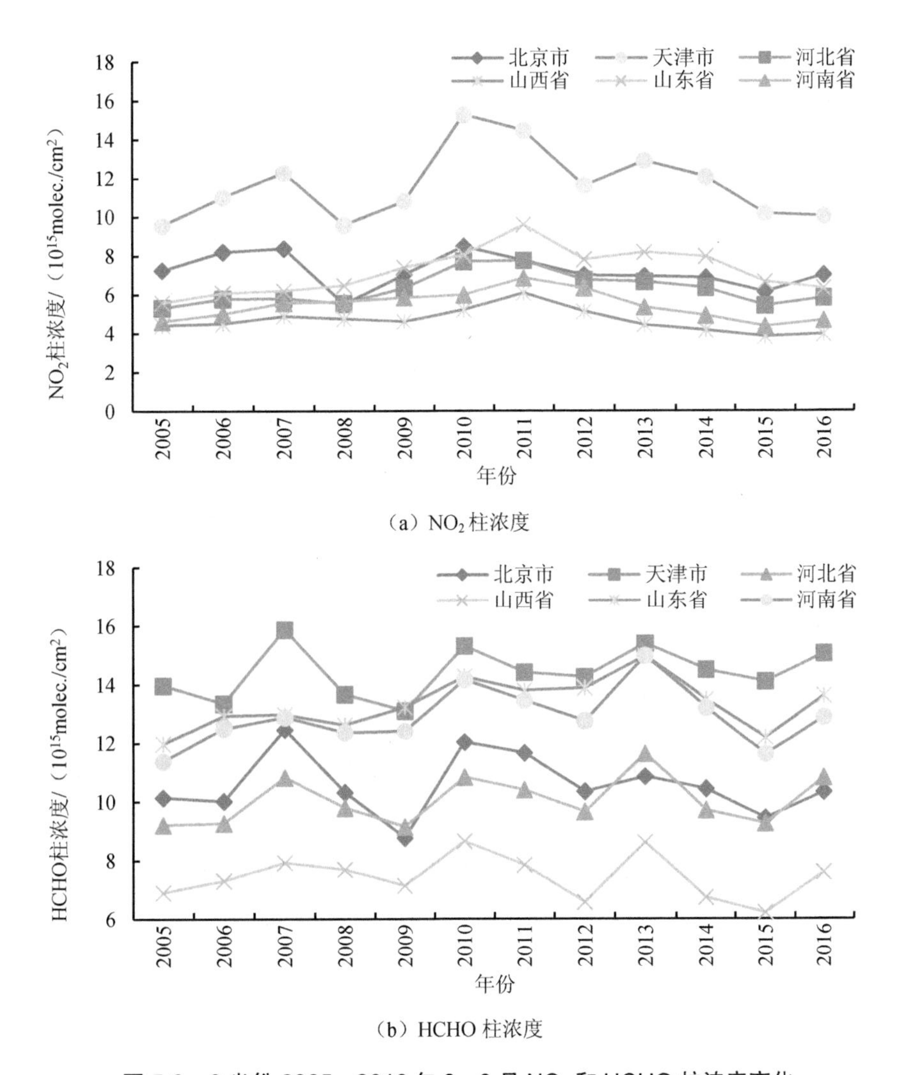

（a）NO_2 柱浓度

（b）HCHO 柱浓度

图 5-9　6 省份 2005—2016 年 6—9 月 NO_2 和 HCHO 柱浓度变化

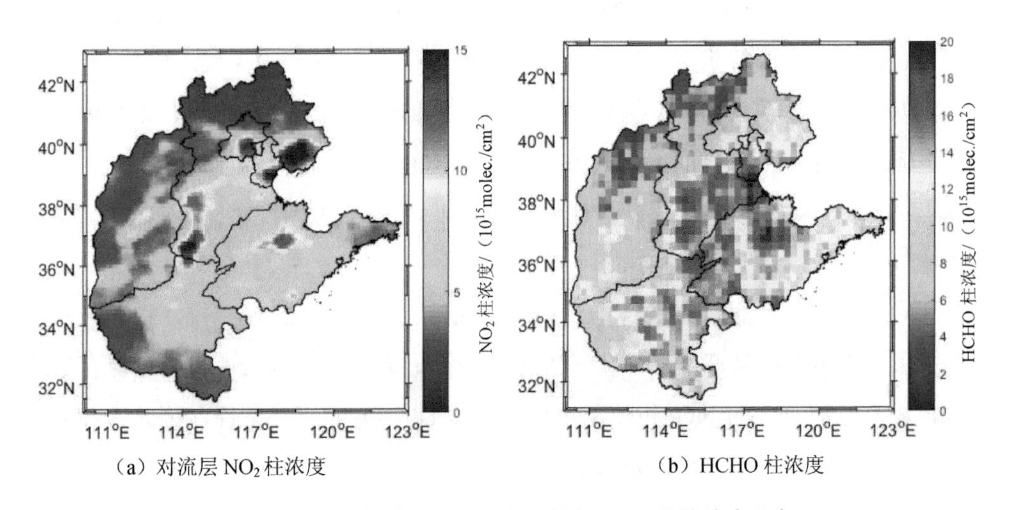

（a）对流层 NO_2 柱浓度　　（b）HCHO 柱浓度

图 5-10　2016 年 6—9 月 NO_2 和 HCHO 的柱浓度分布

从 6 个省份夏季对流层 NO_2 柱浓度变化来看，均呈现先升高后降低的趋势，2005—2010 年 NO_2 浓度呈上升趋势，2011 年之后对流层 NO_2 柱浓度逐年降低。6 个省份中天津浓度最高，均值超过 10×10^{15} molec./cm^2，山西浓度最低，柱浓度在 5×10^{15} molec./cm^2 上下波动，北京、河北、山东、河南浓度接近。北京、天津、石家庄、邯郸、唐山、淄博等“2+26”城市对流层 NO_2 柱浓度较高，高值达到 15×10^{15} molec./cm^2 以上。

2005—2016 年，6 个省份夏季 HCHO 柱浓度年际变化趋势一致，HCHO 柱浓度夏季主要受大气光化学氧化作用影响，与温度、植物异戊二烯（C_5H_8）、工业活动等密切相关。6 个省份中天津浓度最高，均值为 14×10^{15} molec./cm^2，其次是山东和河南，均值约为 13×10^{15} molec./cm^2，山西浓度最低，均值为 7×10^{15} molec./cm^2。HCHO 柱浓度高值区集中在北京南部、天津、河北南部、山东和河南的大部分地区，浓度高值达 20×10^{15} molec./cm^2。

5.3.2.2 O_3 控制区空间分布

京津冀区域大气污染传输通道“2+26”城市包括北京市、天津市，河北省石家庄、唐山、廊坊、保定、沧州、衡水、邢台、邯郸 8 个城市，山西省太原、阳泉、长治、晋城 4 个城市，山东省济南、淄博、济宁、德州、聊城、滨州、菏泽 7 个城市，河南省郑州、开封、安阳、鹤壁、新乡、焦作、濮阳 7 个城市。根据 2016 年 6—9 月卫星 HCHO/NO_2 变化规律，研究“2+26”城市 O_3 生成的敏感性。

从空间分布来看，北京北部、承德、张家口、山东东部、河南大部分城市处于 NO_x 控制区，衡水、濮阳两地全部处于 NO_x 控制区，处于 NO_x 控制区的区域，控制 O_3 生成需要优先削减 NO_x 排放。O_3 生成的 VOCs 控制区集中在北京、天津的城市中心以及唐山、太原、邯郸、安阳等重工业发达城市，处于 VOCs 控制区的区域，控制 O_3 生成需要优先削减 VOCs 排放。NO_x-VOCs 协同控制区主要集中在北京、天津、太行山沿线工业城市、河北北部和山东中部工业城市群，处于 NO_x-VOCs 协同控制区的区域，需要开展 NO_x 与 VOCs 协同减排，优化减排比例。2016 年 O_3 生成敏感性见图 5-11（d），“2+26”城市 O_3 生成的控制区比例见表 5-5。

在 NO_x 减排政策方面，我国自“十二五”期间开始 NO_x 总量减排，将其纳入约束性指标。虽然火电、水泥等重点行业 NO_x 减排效果显著，但随着城市机动车保有量的快速增加，机动车尾气中的 NO_x 和碳氢化合物，是形成 O_3 的绝佳条件，因此大部分城市 NO_2 和 O_3 浓度不降反升。NO_x 减排政策需要持续推进，处于 NO_x 控制区的区域 NO_x 减排更加紧迫。在 VOCs 减排政策方面，2010 年环保部首次把 VOCs 列为重点污染物，2013

年“大气十条”提出在石化、有机化工、表面涂装、印刷包装等行业开展 VOCs 污染综合治理。但人为源 VOCs 排放大多是无组织排放，存在排放基数不清、治理成本较高、处理效果较差等问题，加上夏季天然源 VOCs 排放量不可忽视，VOCs 减排任务艰巨。

表 5-5　2016 年“2+26”城市控制区比例　　单位：%

城市	NO_x 控制区	协同控制区	VOCs 控制区	城市	NO_x 控制区	协同控制区	VOCs 控制区
北京	25.64	53.85	20.51	济南	22.73	77.27	0.00
天津	0.00	94.23	5.77	淄博	6.67	93.33	0.00
石家庄	7.81	92.19	0.00	济宁	56.52	43.48	0.00
唐山	0.00	50.00	50.00	德州	54.29	45.71	0.00
廊坊	5.56	94.44	0.00	聊城	70.00	30.00	0.00
保定	44.64	55.36	0.00	滨州	82.61	17.39	0.00
沧州	71.19	28.81	0.00	菏泽	92.45	7.55	0.00
衡水	100.00	0.00	0.00	郑州	39.29	60.71	0.00
邢台	41.51	58.49	0.00	开封	88.89	11.11	0.00
邯郸	30.00	46.00	24.00	安阳	47.62	33.33	19.05
太原	24.00	48.00	28.00	鹤壁	33.33	66.67	0.00
阳泉	20.00	60.00	20.00	新乡	48.39	51.61	0.00
长治	50.79	49.21	0.00	焦作	15.38	84.62	0.00
晋城	31.58	68.42	0.00	濮阳	100.00	0.00	0.00

5.3.2.3　O_3 控制区年际变化

根据 2005—2016 年卫星 $HCHO/NO_2$ 变化规律，京津冀及周边地区 VOCs 控制区、NO_x-VOCs 协同控制区均呈先增加后减少的趋势，NO_x 控制区呈先减少后增加的趋势。2013 年以来呈现出“VOCs 控制区转变为 NO_x-VOCs 协同控制区、NO_x-VOCs 协同控制区转变为 NO_x 控制区”的趋势。山东中部工业城市群由 NO_x-VOCs 协同控制区逐渐转变为 NO_x 控制区，石家庄、邢台、济南、淄博、新乡、焦作、济源、晋城等城市由 VOCs 控制区转变为 NO_x-VOCs 协同控制区（图 5-11、图 5-12）。

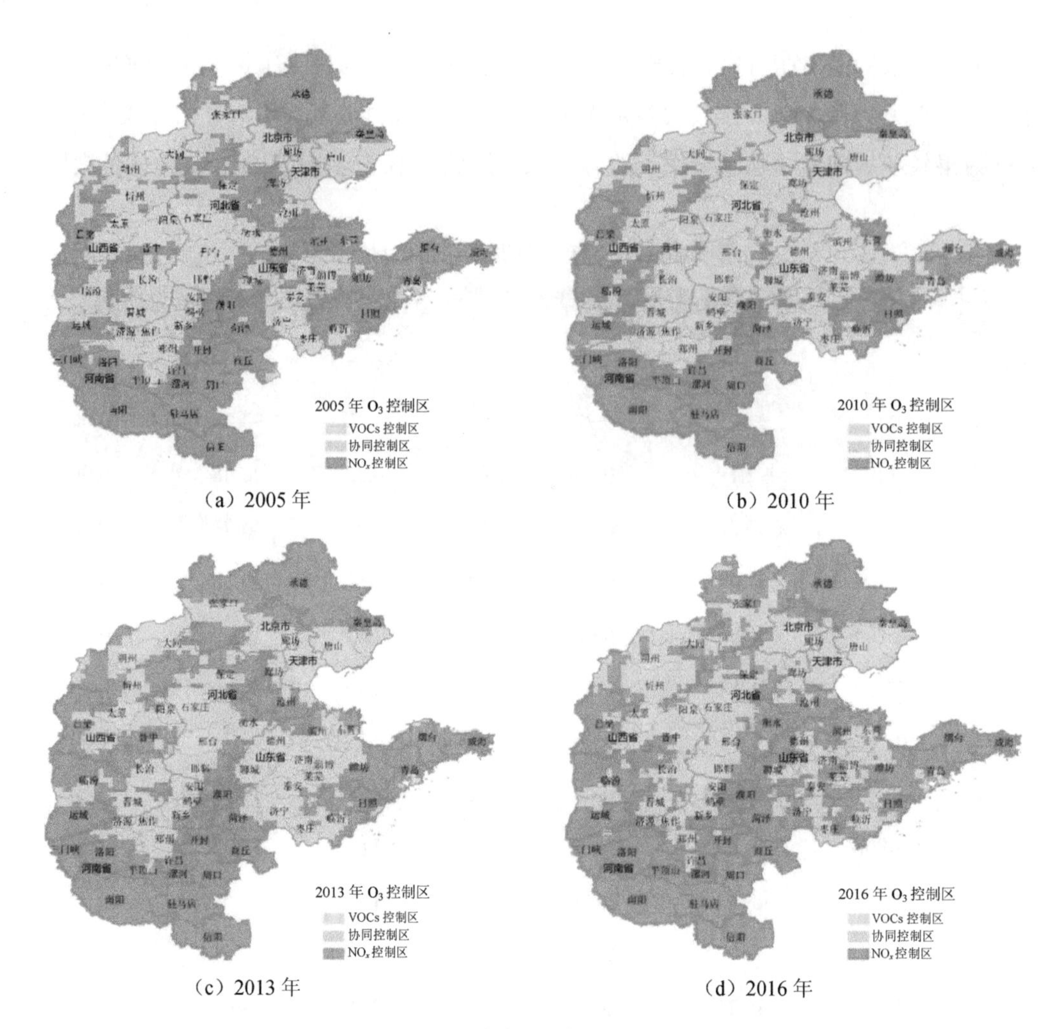

（a）2005 年　（b）2010 年

（c）2013 年　（d）2016 年

图 5-11　不同年份夏季 O_3 控制区变化

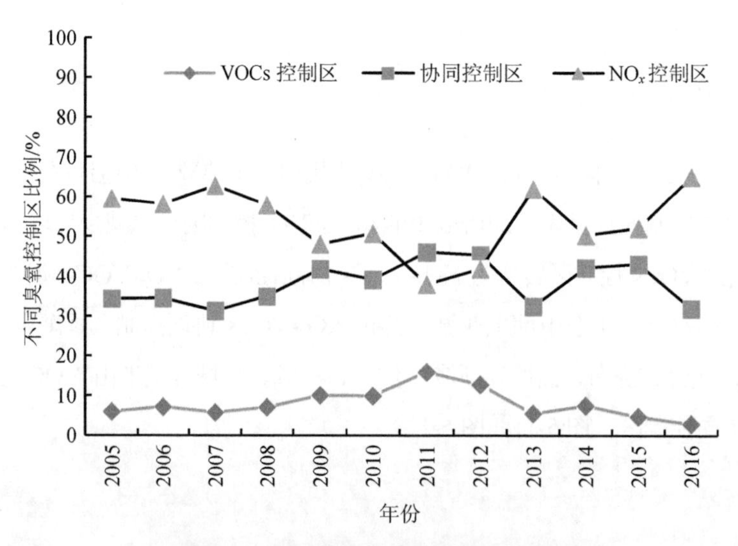

图 5-12　不同年份夏季 O_3 控制区变化

2005 年京津冀及周边地区 NO_x 控制区面积占比约为 60%，主要集中在北京北部、河北北部、河南大部分地区、山东沿海城市，之后 NO_x 控制区的面积比例呈下降趋势。进入“十二五”之后，环保部开始实施 NO_x 总量控制政策，2011 年 NO_x 控制区面积比例出现“拐点”，面积比例达到最低 38%。2013 年“大气十条”实施以来，NO_x 排放量明显下降，NO_x 控制区的面积比例呈增加趋势。2016 年京津冀及周边地区 NO_x 控制区面积比例达到最高 65%。

2005 年京津冀及周边地区 VOCs 控制区面积比例约为 6%，主要集中在北京、太原、石家庄等城市中心及工业较发达地区。之后随着经济快速发展，VOCs 控制区明显增加。2010 年“2+26”城市中天津、唐山以及太行山东麓城市石家庄、邢台、邯郸、安阳、鹤壁、新乡、焦作等均处在 VOCs 控制区。2011 年 VOCs 控制区面积比例出现“拐点”，达到最大（16%）。2013 年 VOCs 控制区相比 2010 年明显减少，面积比例约为 6%。2016 年 VOCs 控制区进一步减少，面积比例达到最低仅为 3%。“十二五”以来，NO_x 减排取得显著成效，但 VOCs 排放量未得到有效控制，VOCs 排放量呈持续增加的趋势，因此，VOCs 控制区面积比例逐年减少。

唐山市历年 VOCs 控制区的变化最具代表性，2010 年 VOCs 控制区面积比例相比 2005 年大幅增加，大部分区域由 NO_x-VOCs 协同控制区转变为 VOCs 控制区。主要原因是首钢京唐公司 2010 年 6 月一期工程竣工投产导致唐山市 NO_x 排放量大幅增加，但“十二五”时期实施 NO_x 总量减排之后，2013 年和 2016 年唐山 VOCs 控制区比例由 2010 年的 78.33%分别减少到 48.33%、50%，NO_x-VOCs 协同控制区比例由 2010 年的 21.67%分别增加到 48.33%、50%。

5.3.2.4　O_3 控制区月变化

植被释放的异戊二烯（C_5H_8）、单萜烯（$C_{10}H_{16}$）和其他 VOCs 的排放量主要受季节变化影响，每年 4 月开始，温度快速升高，植被 VOCs 排放量随之增大。由于夏季高温、高辐射和日照时间长的因素，6—8 月植被 VOCs 排放量达到最大，9 月温度逐步降低，植被 VOCs 排放量急速下降。“2+26”城市不同月份的 HCHO 柱浓度变化较大，相比 6—8 月，9 月 HCHO 柱浓度明显降低，见图 5-13。

根据 2005—2016 年 6—9 月 O_3 敏感性发现，6—8 月 O_3 受 VOCs 控制区的区域大致相同，主要集中在唐山、石家庄、邯郸、焦作、淄博、太原、朔州、阳泉等“2+26”城市；NO_x 控制区主要集中在北京北部、河北北部、山西西部、河北和河南大部分地区。但 9 月受平均气温、降水等因素的影响，天然源 VOCs 排放量明显下降，VOCs 控制区增加显著，NO_x 控制区明显减少；北京市、天津市，太行山沿线城市，河南中北部、山东中部等城市群均处在 VOCs 控制区。6—8 月的 NO_x 控制区转变为 9 月的 NO_x-VOCs 协同控制区，NO_x-VOCs 协同控制区转变为 VOCs 控制区（图 5-14）。

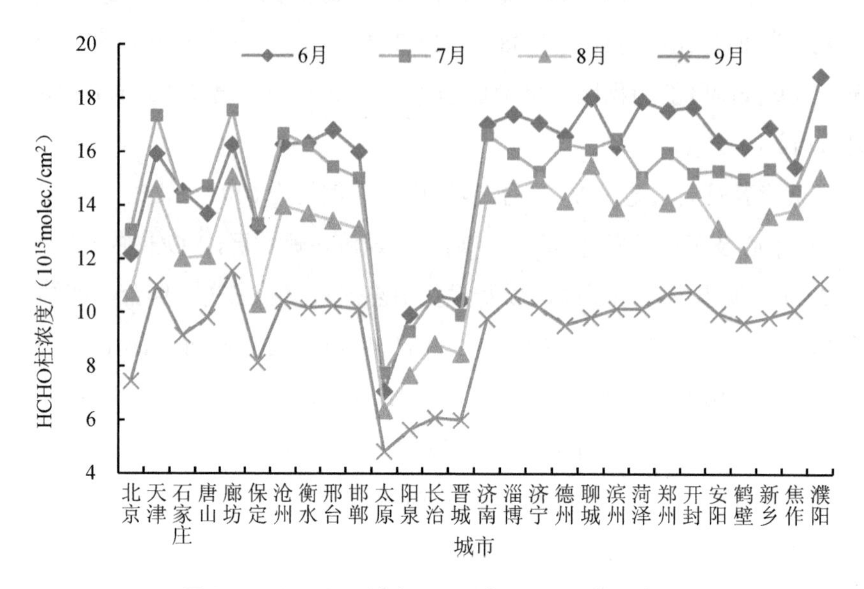

图 5-13 “2+26”城市不同月份 HCHO 柱浓度变化

2013—2016 年京津冀区域 O_3 监测数据表明，O_3 浓度呈上升趋势。主要原因是城市中心处于 VOCs 控制区或者 NO_x-VOCs 协同控制区，只削减 NO_x 排放量，并未有效降低 O_3 浓度。京津冀及周边地区 O_3 生成敏感性随时间变化较大，控制 O_3 需要深入开展 O_3 污染形势分析，分析不同控制区域 NO_x 与 VOCs 协同减排面临的科学问题，优化减排比例，进而提高“2+26”城市大气污染防治的精细化水平。

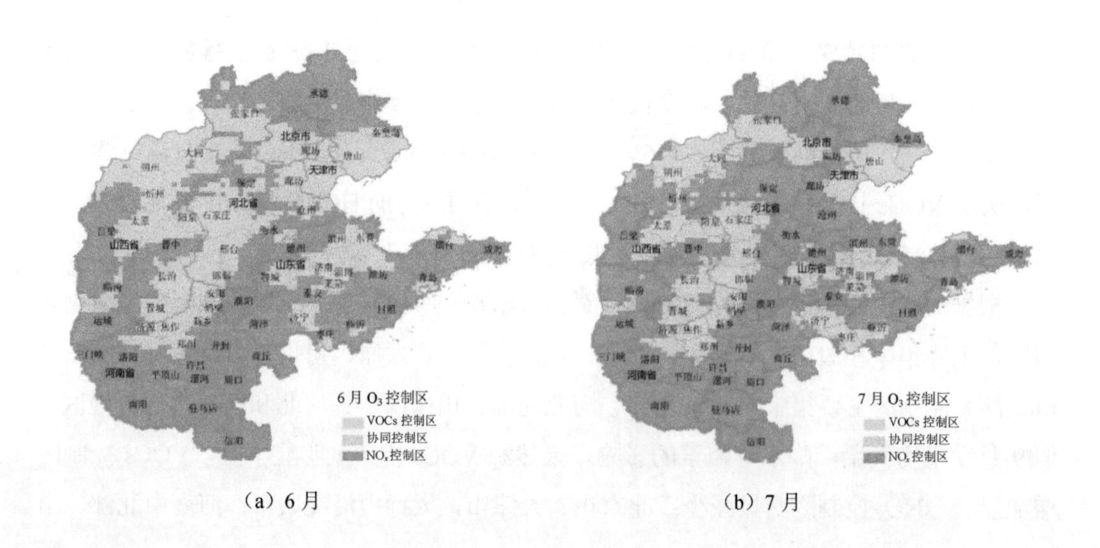

（a）6 月　　（b）7 月

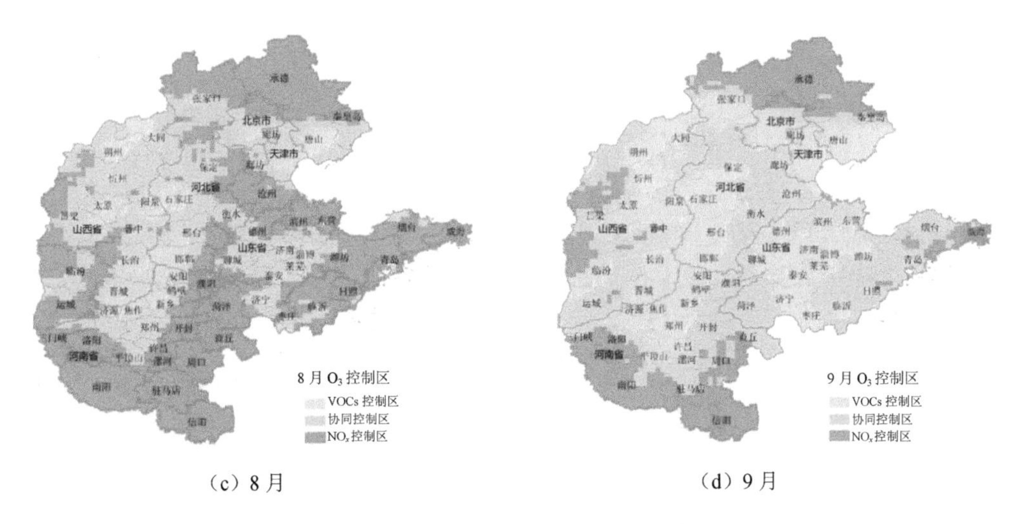

（c）8 月　　　　（d）9 月

图 5-14　2005—2016 年不同月份 O_3 控制区变化

5.3.3　小结

（1）O_3 生成敏感性的空间分布特征表明，O_3 生成受 VOCs 排放控制的地区主要集中在北京、太原、石家庄等城市中心及工业较发达地区，受 NO_x 排放控制的地区主要集中在北京北部、河北北部、河南大部分地区、山东沿海城市，其他区域为 NO_x-VOCs 协同控制区。

（2）2005—2016 年 O_3 生成敏感性的年际变化特征表明，京津冀及周边地区受 VOCs 控制的区域面积呈现先增大后减少的趋势，受 NO_x 控制的区域呈先减少后增加的趋势。NO_x 控制区在 2011 年出现“拐点”，NO_x 控制区面积占研究区域面积的比例达到最低 38%。2011 年之后随着 NO_x 排放量下降，NO_x 控制区面积逐步增大，2016 年 NO_x 控制区占比达到 65%，VOCs 控制区占比降低为 3%。

（3）2005—2016 年 6—9 月 O_3 生成敏感性月变化特征表明，相比 6—8 月，9 月 VOCs 控制区增加显著，这是由于 9 月平均温度逐步降低，植被 VOCs 排放量急速下降，6—8 月的 NO_x 控制区转变为 NO_x-VOCs 协同控制区，NO_x-VOCs 协同控制区向 VOCs 控制区转变。京津冀及周边地区 O_3 控制区随时间变化明显，控制 O_3 污染需要分析不同地区 NO_x 与 VOCs 协同减排面临的科学问题，优化减排比例，提高“2+26”城市大气污染防治的精细化水平。

参考文献

[1] Abbot D S，Palmer P I，Martin R V，et al. Seasonal and interannual variability of North American isoprene emissions as determined by formaldehyde column measurements from space[J]. Geophysical Research Letters，2003，30（17）：339-346.

[2] Baek K H，Kim J H，Park R J，et al. Validation of OMI HCHO data and its analysis over Asia[J]. Science of the Total Environment，2014，490：93-105.

[3] Beirle S，Boersma K F，Platt U，et al. Megacity Emissions and Lifetimes of Nitrogen Oxides Probed from Space[J]. Science，2011，333（6050）：1737-1739.

[4] Boersma，K.F.，H.J. Eskes，R. J. Dirksen，et al. An improved retrieval of tropospheric NO_2 columns from the Ozone Monitoring Instrument，Atmospheric[J]. Measurement. Techniques，2011，4：1905-1928.

[5] Bucsela E，Perring A，Cohen R，et al. Comparison of tropospheric NO_2 from in situ aircraft measurements with near-real-time and standard product data from OMI[J]. Journal of Geophysical Research Atmospheres，2008，113（D16）：1-14.

[6] Celarier E A，Brinksma E J，Gleason J F，et al. Validation of Ozone Monitoring Instrument nitrogen dioxide columns[J]. Journal of Geophysical Research，2008，113：D15S15.

[7] Cheng Y，Zheng G，Wei C，et al. Reactive nitrogen chemistry in aerosol water as a source of sulfate during haze events in China[J]. Science Advances，2016，2（12）：e1601530-e1601530.

[8] Choi Y，Souri A H. Seasonal behavior and long-term trends of tropospheric ozone，its precursors and chemical conditions over Iran：a view from space[J]. Atmospheric Environment，2015，106：232-240.

[9] Community Modeling & Analysis System Center，University of North Carolina. Community modeling and analysis system homepage[EB/OL]. Chapel Hill：Community Modeling and Analysis System Center，2011[2011-11-21] . http://www. cmascenter. org.

[10] Community Modeling & Analysis System Center，University of North Carolina. CMAQ v4.6 operational guidance document[EB/OL]. Chapel Hill：Community Modeling and Analysis System Center，2006[2010-06-15]. http://www. cmascenter. org/help/documentation.cfm.

[11] Donkelaar A V，Martin R V，Brauer M，et al. Global estimates of ambient fine particulate matter concentrations from satellite-based aerosol optical depth：development and application[J]. Environmental health perspectives，2010，118（6）：847-855.

[12] Donkelaar A，Martin R，Levy R C，et al. Satellite-based estimates of ground-level fine particulate matter during extreme events：A case study of the Moscow fires in 2010[J]. Atmospheric Environment，2011，45（34）：6225-6232.

[13] Duncan B N，Youshida Y，Olson J R，et al. Application of OMI observations to a space-based indicator of NO_x and VOC controls on surface ozone formation [J]. Atmospheric Environment，2010，44（18）：2213-2223.

[14] Duncan BN，Lamsal L N，Thompsonam，et al. A space-based，high-resolution view of notable changes in urban NO_x pollution around the world（2005-2014）：Notable Changes in Urban NO_x Pollution[J].Journal of Geophysical Research，2015.doi：10.1002/2015JD024121.

[15] Emissions of atmospheric compounds and compilation of ancillary data [EB/OL]. URL：http://www.geiacenter.org，2009.

[16] Eri Saikawa，Hankyul Kim，Zhong M，et al. Comparison of Emissions Inventories of Anthropogenic Air Pollutants in China[J]. Atmos. Chem. Phys. Discuss.，doi：10.5194/acp- 2016-888（2016）.

[17] Farooqui Z M，John K，Biswas J，et al. Modeling analysis of the impact of anthropogenic emission sources on ozone concentration over selected urban areas in Texas[J]. Atmospheric Pollution Research，2013，4（1）：33-42.

[18] FU T M，Jacob D J，Palmer P I，et al. Space-based formaldehyde measurements as constraints on volatile organic compound emissions in East and South Asia[J]. Journal of Geophysical Research，2007，112：6312-6347.

[19] Geng F H，Zhao C S，Tang X，*et al*. Analysis of ozone and VOCs measured in Shanghai：A case study[J]. Atmospheric Environment，2007，41（5）：989-1001.

[20] Goebes M D，Strader R，Davidson C. An ammonia emission inventory for fertilizer application in the United States[J]. Atmospheric Environment，2003，37：2539-2550.

[21] Guenther A，Karl T，Harley P，et al. Estimates of global terrestrial isoprene emissions using MEGAN（Model of Emissions of Gases and Aerosols from Nature）[J]. Atmospheric Chemistry and Physics，2006，6（11）：3181-3210.

[22] Guo Jianping，Zhang Xiaoye，Che Huizheng，et al. Correlation between PM concentrations and aerosol optical depth in eastern China[J]. Atmospheric Environment，2009，43（37）：5876-5886.

[23] http://datacenter.mep.gov.cn/report/air_daily/airDairyCityHour.jsp，2015.

[24] Hua J L，Wu L，Zheng B，et al. Source contributions and regional transport of primary particulate matter in China[J]. Environmental Pollution，2015，207，31-42.

[25] Huang X，Song Y，Li M m，et al. A high-resolution ammonia emission inventory in China[J]. Global Biogeochemical Cycles，2012，12：1-14.

[26] Huijnen V，Eskes H J，Poupkou A，*et al*. Comparison of OMI NO_2 tropospheric columns with an ensemble of global and European regional air quality models[J]. Atmospheric Chemistry and Physics，2009，9（5）：22271-22330.

[27] Koo B，Wilson G M，Morris R E，et al. Comparison of Source Apportionment and Sensitivity Analysis in a Particulate Matter Air Quality Model[J]. Environmental Science & Technology，2009，43，6669-6675.

[28] Kramer L J，Leigh R J，Remedios J J，et al. Comparison of OMI and ground-based in situ and MAX-DOAS measurements of tropospheric nitrogen dioxide in an urban area[J]. Journal of Geophysical Research Atmospheres，2008，113.

[29] Li L，An J Y，Shi Y Y，et al. Source apportionment of surface ozone in the Yangtze River Delta，China in the summer of 2013[J]. Atmospheric Environment，2016，144：194-207.

[30] Li Y，Lau A K H，Fung J C H，et al. Ozone source apportionment（OSAT）to differentiate local regional and super-regional source contributions in the Pearl River Delta region，China[J]. Journal of Geophysical Research：Atmospheres（1984-2012），2012，117.

[31] Lin J T，MCELROY MB. Detection from space of a reduction in anthropogenic emissions of nitrogen oxides during the Chinese economic downturn[J].Atmospheric Chemistry and Physics，2011.doi：10.5194/acp-11-8171-2011.

[32] Ma Z，Hu X，Sayer A M，et al. Satellite-Based Spatiotemporal Trends in $PM_{2.5}$ Concentrations：China，2004-2013[J]. Environ Health Perspect，2016，124（2）：184-192.

[33] Malm W C，Day D E，Kreidenweis S M. Light scattering characteristics of aerosol as a function of relative humidity：Part I—A comparison of measured scattering and aerosol concentrations using the theoretical models. Technical Report. Journal of the Air & Waste Management Association，2000.

[34] Martin，Randall V. Space-based diagnosis of surface ozone sensitivity to anthropogenic emissions[J]. Geophysical Research Letters，2004，31（6）：L06120.

[35] Mijling B，Van d A R J，Boersma K F，et al. Reductions of NO_2 detected from space during the 2008 Beijing Olympic Games[J]. Geophysical Research Letters，2009，36（13）：1-6.

[36] Multi-resolution emission inventory for China. [Z/OL]. http://www.meicmodel.org/.

[37] National Center for Atmospheric Research. CISL Research Data Archive [EB/OL]. http://rda.ucar.

edu/datasets/ds083.2/.

[38] National Center for Atmospheric Research. CISL Research Data Archive [EB/OL]. http: //rda.ucar.edu/datasets/ds461.0/.

[39] National Center for Atmospheric Research. WRF USERS PAGE [EB/OL]. URL：http://www.mmm.ucar.edu/wrf/users/.

[40] NCEPADP Global Surface Observational Weather Data [EB/OL]. URL：http://rda.ucar.edu/ datasets/ ds461.0/，2016.

[41] Palmer P I，Jacob D J，Flore R V，et al. Mapping isoprene emissions over North America using formaldehyde column observations from space[J]. Journal of Geophysical Research，2003，108：4018-4065.

[42] Pavlovic R T，Nopmongcol U，Kimura Y，et al. Ammonia emissions，concentrations and implications for particulate matter formation in Houston，TX[J]. Atmospheric Environment，2006，40：538-551.

[43] Pinder R W，Gilliland A B，Dennis R L . Environmental impact of atmospheric NH_3 emissions under present and future conditions in the eastern United States[J]. Geophysical Research Letters，2008，35（12）：82-90.

[44] Renner E，Wolke R. Modelling the formation and atmospheric transport of secondary inorganic aerosols with special attention to regions with high ammonia emissions[J]. Atmospheric Environment，2010，1904-1912.

[45] Shen J，Zhang Y，Wang X，et al. An ozone episode over the Pearl River Delta in October 2008[J]. Atmospheric Environment，2015，122：852-863.

[46] Sillman S，He D. Some theoretical results concerning O_3-NO_x-VOC chemistry and NO_x-VOC indicators[J]. Journal of Geophysical Research Atmospheres，2002，107（D22）：ACH-1-ACH 26-15.

[47] Sillman S. The use of NO_y，H_2O_2，and HNO_3 as indicators for ozone-NO_x-hydrocarbon sensitivity in urban locations[J]. Journal of Geophysical Research：Atmospheres，1995，100：14175-14188.

[48] Steets D G FJS，Jang C J，et al. Air quality during the 2008 Beijing Olympic Games[J]. Atmospheric Environment，2007，41：480-492.

[49] Sudo K A H. Global source attribution of tropospheric ozone：Long-range transport from various source regions[J]. Journal of Geophysical Research，2007，112（D12）：1-21.

[50] Tao Jinhua，Zhang Meigen，Chen Liangfu，et al. Method to estimate concentration of surface-level particulate matter from satellite-based aerosol optical thickness [J]. Science China Earth Sciences，2013，8（56）：1422-1433.

[51] Tonnesen G S，Dennis R L. Analysis of radical propagation efficiency to assess ozone sensitivity to

hydrocarbons and NO_x: 1. Local indicators of instantaneous odd oxygen production sensitivity[J]. Journal of Geophysical Research，2000，105（D7）：9213-9225.

[52] Tonnesen G S，Dennis R L. Analysis of radical propagation efficiency to assess ozone sensitivity to hydrocarbons and NO_x: 2. Long-lived species as indicators of ozone concentration sensitivity[J]. Journal of Geophysical Research，2000，105（105）：9227-9241.

[53] United States Environmental Protection Agency（USEPA），Clean Air Interstate Rule [EB/Z]. URL：http://http://www.epa.gov/cair，2013.

[54] Wang B，Qiu T，Chen B. Photochemical Process Modeling and Analysis of Ozone Generation[J]. Chinese Journal of Chemical Engineering，2014，22（6）：721-729.

[55] Wang S，Nan J，Shi C，et al. Atmospheric ammonia and its impacts on regional air quality over the megacity of Shanghai，China[J]. Scientific Reports，2015，5：15842.

[56] Wang S X，Xing J，Carey J，et al. Impact Assessment of Ammonia Emissions on Inorganic Aerosols in East China Using Response Surface Modeling Technique[J]. Environmental Science & Technology，2011，45，9293-9300.

[57] Wang Zi Feng，Chen Liang Fu，Tao Jin Hua，et al. Satellite-based estimation of regional particulate matter（PM）in Beijing using vertical-and-RH correcting method[J]. Remote Sensing of Environment，2010，114（1）：50-63.

[58] Wen L，Chen J M，Yang L X，et al. Enhanced formation of fine particulate nitrate at a rural site on the North China Plain in summer：The important roles of ammonia and ozone[J]. Atmospheric Environment，2008，101：294-302.

[59] Witte J C，Duncan B N，Douglass A R，et al. The unique OMI HCHO/NO_2 feature during the 2008 Beijing Olympics：Implications for ozone production sensitivity [J]. Atmospheric Environment，2011，45（18）：3103-3111.

[60] Wu S Y，Hub J L，Yang Zhang，et al. Modeling atmospheric transport and fate of ammonia in North Carolina—Part II：Effect of ammonia emissions on fine particulate matter formation[J]. Atmospheric Environment，2008，42：3437-3451.

[61] Xue Wenbo，Wang Jinnan，Niu Hao，et al. Assessment of air quality improvement effect under the national total emission control program during the twelfth national five-year plan in China[J]. Atmospheric Environment，2013，68：74-81.

[62] Zhang Wei，Wang Jinnan，Jiang Hongqiang，et al. Potential Economy and Environment Impacts of China's National Air Pollution Control Action Plan[J]. Research of Environmental Sciences，2015，28（1）：1-7.

[63] Zhang Y H，Su H，Zhong L J，et al. Regional ozone pollution and observation-based approach for analyzing ozone-precursor relationship during the PRIDE-PRD2004 campaign[J]. Atmospheric Environment，2008，42（25）：6203-6218.

[64] Zheng B，Zhang Q，Zhang Y，et al. Heterogeneous chemistry：a mechanism missing in current models to explain secondary inorganic aerosol formation during the January 2013 haze episode in North China [J]. Atmospheric Chemistry and Physics，2015，15，2031-2049.

[65] 2016 年中国环境状况公报，http://www.zhb.gov.cn/gkml/hbb/qt/201706/t20170605_415442.htm.

[66] 北京市环境保护局. 北京市正式发布 $PM_{2.5}$ 来源解析研究成果. [Z/OL]. http://www.bjepb. gov.cn/bjepb/323265/340674/396253/index.html，2014.

[67] 曹军骥. $PM_{2.5}$ 与环境[M]. 北京：科学出版社，2014.

[68] 陈吉宁. 以改善环境质量为核心 全力打好补齐环保短板攻坚战[N]. 中国环境报，2016-01-14（001）.

[69] 陈魁，郭胜华，董海燕，等. 天津市臭氧浓度时空分布与变化特征研究[J]. 环境与可持续发展，2010，1：17-20.

[70] 陈世俭，童俊超，KOBAYASHI K，等. 气象因子对近地面层臭氧浓度的影响[J]. 华中师范大学学报（自然科学版），2005，39（2）：273-277.

[71] 陈潇君，金玲，雷宇，等. 大气环境约束下的中国煤炭消费总量控制研究[J]. 中国环境管理，2015，7（5）：42-49.

[72] 程念亮，张大伟，李云婷，等. 2015 年田径锦标赛和大阅兵活动期间北京市 NO_x 浓度特征[J]. 中国科学院大学学报，2016，33（6）：834-843.

[73] 单源源，李莉，刘琼，等. 基于 OMI 数据的中国中东部臭氧及前体物的时空分布[J]. 环境科学研究，2016，29（8）：1128-1136.

[74] 第一次全国污染源普查资料编纂委员会. 污染源普查技术报告[R]. 2011.

[75] 丁净，韩素芹，张裕芬，等. 天津市冬季颗粒物化学组成及其消光特征[J]. 环境科学研究，2015，28（9）：1353-1361.

[76] 董文煊，邢佳，王书肖，等. 1994—2006 年中国人为源大气氨排放时空分布[J]. 环境科学，2010，31（7）：1457-1463.

[77] 高晋徽，朱彬，王言哲，等. 2005—2013 年中国地区对流层二氧化氮分布及变化趋势[J]. 中国环境科学，2015，35（8）：2307-2318.

[78] 国家统计局. 环境统计资料[EB/OL]. http://www.stats.gov.cn/ztjc/ztsj/hjtjzl/，2017-02-03.

[79] 国务院. 大气污染防治行动计划 [EB/OL]. http://www.gov.cn/zwgk/2013-09/12/content_2486773. htm，2013-09-12.

[80] 国务院. 关于推进大气污染联防联控工作改善区域空气质量的指导意见 [EB/OL]. http://zfs.mep.gov.cn/fg/gwyw/201005/t20100514_189497.htm，2010-05-14.

[81] 国务院. 节能减排“十二五”规划[EB/OL]. http://www.gov.cn/zwgk/2012-08/21/content_2207867. htm，2012-08-21.

[82] 国务院. 中华人民共和国国民经济和社会发展第十三个五年规划纲要[EB/OL]. http://www.miit.gov.cn/n1146290/n1146392/c4676365/content.html，2016-03-18.

[83] 何建军，吴琳，毛洪钧，等. 气象条件对河北廊坊城市空气质量的影响[J]. 环境科学研究，2016，29（6）：791-799.

[84] 贺克斌，杨复沫，段凤魁，等. 大气颗粒物与区域复合污染[M]. 北京：科学出版社，2011.

[85] 环境保护部，大气环境管理司 [EB/OL]. http://dqhj.mep.gov.cn/qyxtyzwrhjyd/201605/t20160523_343693. shtml，2016-12-10.

[86] 环境保护部，环境保护部发布 2013 年度全国主要污染物总量减排考核公告[EB/OL]. http://www.mep.gov.cn/gkml/hbb/qt/201408/t20140828_288398.htm，2014-08-28.

[87] 黄玉虎，李媚，曲松，等. 北京城区 $PM_{2.5}$ 不同组分构成特征及其对大气消光系数的贡献[J]. 环境科学研究，2015，28（8）：1193-1199.

[88] 贾松林，苏林，陶金花，等. 卫星遥感监测近地表细颗粒物多元回归方法研究[J]. 中国环境科学，2014，3：565-573.

[89] 阚海东，陈秉衡. 我国大气颗粒物暴露与人群健康效应的关系[J]. 环境与健康杂志，2002，19（6）：422-424.

[90] 雷宇，宁淼，孙亚梅. 建立大气治理长效机制 留住“APEC 蓝”[J]. 环境保护，2014，42（24）：36-39.

[91] 李浩，李莉，黄成，等. 2013 年夏季典型光化学污染过程中长三角典型城市 O_3 来源识别[J]. 环境科学，2015，36（1）：1-10.

[92] 李同文，孙越乔，杨晨雪，等. 融合卫星遥感与地面测站的区域 $PM_{2.5}$ 反演[J]. 测绘地理信息，2015，3：6-9.

[93] 李霄阳，李思杰，刘鹏飞，等. 2016 年中国城市臭氧浓度的时空变化规律[J/OL]. 环境科学学报：1-17[2018-02-06]. https：//doi.org/10.13671/j.hjkxxb.2017.0399.

[94] 李新艳，李恒鹏. 中国大气 NH_3 和 NO_x 排放的时空分布特征[J]. 中国环境科学，2012，32（1）：37-42.

[95] 李璇，聂滕，齐珺，等. 2013 年 1 月北京市 $PM_{2.5}$ 区域来源解析[J]. 环境科学，2015，36（4）：1148-1153.

[96] 李志成. 基于随机响应面法的 CMAQ 空气质量模拟系统不确定性传递方法实现与评价[D]. 广州：华南理工大学，2011：41-60.

[97] 梁永贤，尹魁浩，胡泳涛，等. 深圳地区臭氧污染来源的敏感性分析[J]. 中国环境科学，2014，34（6）：1390-1396.

[98] 蔺旭东，孙颖，张孟强，等. 京津冀地区大气污染物来源及异地输送路径分析[J]. 中国环境管理干部学院学报，2015，6（25）：29-34.

[99] 刘俊，安兴琴，朱彤，等. 京津冀及周边减排对北京市 $PM_{2.5}$ 质量浓度下降评估研究[J]. 中国环境科学，2014，34（11）：2726-2733.

[100] 刘华军，刘传明. 京津冀地区城市间大气污染的非线性传导及其联动网络[J]. 中国人口科学，2016，2：84-95.

[101] 刘显通，李菲，谭浩波，等. 基于卫星遥感资料监测地面细颗粒物的敏感性分析[J]. 中国环境科学，2014，7：1649-1659.

[102] 刘晓环. 我国典型地区大气污染特征的数值模拟[D]. 济南：山东大学，2010.

[103] 刘旭艳. 京津冀 $PM_{2.5}$ 区域传输模拟研究[D]. 北京：清华大学，2015：59-72.

[104] 刘煜，李维亮，周秀骥. 夏季华北地区二次气溶胶的模拟研究[J].中国科学 D 辑：地球科学，2005，35（增刊 I）：156-166.

[105] 吕炜，李金凤，王雪松，等. 长距离污染传输对珠江三角洲区域空气质量影响的数值模拟研究[J]. 环境科学学报，2015，35（1）：30-41.

[106] 马宗伟. 基于卫星遥感的我国 $PM_{2.5}$ 时空分布研究[D]. 南京：南京大学，2015：23-60.

[107] 毛红梅，张凯山，第宝锋. 四川省天然源 VOCs 排放量的估算和时空分布[J]. 中国环境科学，2016，36（5）：1289-1296.

[108] 孟伟，高庆先，张志刚，等. 北京及周边地区大气污染数值模拟研究[J]. 环境科学研究，2006，19（5）：11-18.

[109] 聂滕，李璇，王雪松，等. 北京市夏季臭氧前体物控制区的分布特征[J]. 北京大学学报（自然科学版），2014，50（3）：557-564.

[110] 彭威. 基于遥感估算珠江三角洲地区大气颗粒物质量浓度[D]. 南京：南京大学，2014：55

[111] 彭应登，杨明珍，申立贤，等. 北京氨源排放及其对二次粒子生成的影响[J]. 环境科学，2000，21（6）：101-103.

[112] 蒲维维，石雪峰，马志强，等. 大气传输路径对上甸子本底站气溶胶光学特性的影响[J]. 环境科学，2015，36（2）：379-387.

[113] 戚伟，刘盛和，赵美风. “胡焕庸线”的稳定性及其两侧人口集疏模式差异[J]. 地理学报，2015，70（4）：551-566.

[114] 尚可，杨晓亮，张叶，等. 河北省边界层气象要素与 $PM_{2.5}$ 关系的统计特征[J]. 环境科学研究，2016，29（3）：323-333.

[115] 沈兴玲，尹沙沙，郑君瑜，等. 广东省人为源氨排放清单及减排潜力研究[J]. 环境科学学报，2014，34（1）：43-53.

[116] 施成艳，江洪，江子山，等. 上海地区大气气溶胶光学厚度的遥感监测[J]. 环境科学研究，2010，23（6）：680-684.

[117] 石家庄市环境保护局. 石家庄市环境空气颗粒物来源解析研究报告[R]. 石家庄：石家庄市环境保护局，2014.

[118] 唐孝炎，奥运运动员的“天敌”——臭氧和细颗粒物[J]. 环境，2008（7）：26-27.

[119] 王玮，汤大钢，刘红杰，等. 中国 $PM_{2.5}$ 污染状况和污染特征的研究[J]. 环境科学研究，2000，13（1）：1-5.

[120] 王浩洋. 遥感反演安徽地区气溶胶光学厚度及其时空特征分析[D]. 合肥：安徽大学，2015：40.

[121] 王丽涛. 北京地区空气质量模拟和控制情景研究[D]. 北京：清华大学，2006：34-47.

[122] 王凌慧，曾凡刚，向伟玲，等. 空气重污染应急措施对北京市 $PM_{2.5}$ 的削减效果评估[J]. 中国环境科学，2015，35（8）：2546-2553.

[123] 王晓琦，郎建垒，程水源，等. 京津冀及周边地区 $PM_{2.5}$ 传输规律研究[J]. 中国环境科学，2016，36（11）：3211-3217.

[124] 王雪松，李金龙，张远航，等. 北京地区臭氧污染的来源分析[J]. 中国科学 B 辑：化学，2009，39（6）：548-559.

[125] 王雪松，李金龙. 北京地区臭氧识别个例研究[J]. 北京大学学报（自然科学版），2003，39（2）：244-253.

[126] 王燕丽，窦筱艳，赵旭东，等. 青海门源地区 O_3 浓度水平及影响因子分析[J]. 地球与环境，2016，44（4）：114-121.

[127] 王燕丽，薛文博，雷宇，等. 京津冀地区典型月 O_3 污染输送特征[J]. 中国环境科学，2017，37（10）：3684-3691.

[128] 王燕丽，薛文博，雷宇，等. 京津冀区域 $PM_{2.5}$ 污染相互输送特征[J]. 环境科学，2017，38（12）：4897-4904.

[129] 王耀庭，王桥，王艳姣，等. 大气气溶胶性质及其卫星遥感反演[J]. 环境科学研究，2005，18（6）：27-33.

[130] 王毅，石汉青，何明元，等. 中国东南部地区及近海的气溶胶光学厚度分布特征[J]. 环境科学研究，2010，23（5）：634-641.

[131] 王英，李令军，刘阳. 京津冀与长三角区域大气 NO_2 污染特征[J]. 环境科学，2012，33（11）：3685-3692.

[132] 王宇骏，黄祖照，张金谱，等. 广州城区近地面层大气污染物垂直分布特征[J]. 环境科学研究，

2016，29（6）：800-809.

[133] 王跃思，姚利，王莉莉，等. 2013 年元月我国中东部地区强霾污染成因分析[J]. 中国科学：地球科学，2014，44（1）：15-26.

[134] 王占山，李云婷，陈添，等. 北京城区臭氧日变化特征及与前体物的相关性分析[J]. 中国环境科学，2014，34（12）：3001-3008.

[135] 王占山，张大伟，李云婷，等. 北京市夏季不同 O_3 和 $PM_{2.5}$ 污染状况研究[J]. 环境科学，2016，37（3）：807-815.

[136] 王自发，李丽娜，吴其重，等. 区域输送对北京夏季臭氧浓度影响的数值模拟研究[J]. 自然杂志，2008，30（4）：194-198.

[137] 武汉市环境保护局. 武汉市大气颗粒物源解析研究报告[R]. 武汉：武汉市环境保护局，2015.

[138] 武卫玲，薛文博，雷宇，等. 基于 OMI 数据的京津冀及周边地区 O_3 生成敏感性[J]. 中国环境科学，2018，38（4）：1201-1208.

[139] 武卫玲，薛文博，王燕丽，等. 卫星遥感在 NO_x 总量控制中的应用[J]. 环境科学，2017，38（10）：3998-4004.

[140] 谢绍东，张远航. 我国城市地区机动车污染现状与趋势[J]. 环境科学研究，2000，13（4）：22-25.

[141] 谢元博，陈娟，李巍. 雾霾重污染期间北京居民对高浓度 $PM_{2.5}$ 持续暴露的健康风险及其损害价值评估[J]. 环境科学，2014，35（1）：1-8.

[142] 谢志英，刘浩，唐新明. 北京市 MODIS 气溶胶光学厚度与 PM_{10} 质量浓度的相关性分析[J]. 环境科学学报，2015，35（10）：3292-3299.

[143] 辛金元，孔令彬，李沛. 华北区域 $PM_{2.5}/PM_{10}$ 时空分布卫星反演及其健康效应研究探索[A]. 中国气象学会. 第 32 届中国气象学会年会 S13 气候环境变化与人体健康[C]. 中国气象学会，2015：1.

[144] 徐虹，张晓勇，毕晓辉，等. 中国 $PM_{2.5}$ 中水溶性硫酸盐和硝酸盐的时空变化特征[J]. 南开大学学报（自然科学版），2013，46（6）：32-40.

[145] 许艳玲，薛文博，雷宇，等. 中国氨减排对控制 $PM_{2.5}$ 污染的敏感性研究[J]. 中国环境科学，2017，37（7）：2482-2491.

[146] 许艳玲，薛文博，王金南，等.大气环境容量理论与核算方法演变历程与展望[J]. 环境科学研究，2018，31（11）：1835-1840.

[147] 许艳玲，薛文博，王燕丽，等. 基于减排敏感性的武汉市 $PM_{2.5}$ 污染控制研究[J]. 环境污染与防治，2018，40（8）：959-964.

[148] 薛文博，付飞，王金南，等. 基于全国城市 $PM_{2.5}$ 达标约束的大气环境容量模拟[J]. 中国环境科学 2014，34（10）：2490-2496.

[149] 薛文博，付飞，王金南，等. 中国 $PM_{2.5}$ 跨区域传输特征数值模拟研究[J]. 中国环境科学，2014，

34（6）：1361-1368.

[150] 薛文博，武卫玲，付飞，等. 中国2013年1月$PM_{2.5}$重污染过程卫星反演研究[J]. 环境科学，2015，36（3）：794-800.

[151] 薛文博，许艳玲，唐晓龙，等. 中国氨排放对$PM_{2.5}$污染的影响[J]. 中国环境科学，2016，36（12）：3531-3539.

[152] 薛文博，武卫玲，付飞，等. 中国煤炭消费对$PM_{2.5}$污染的影响研究[J]. 中国环境管理，2016，8（2）：94-98.

[153] 薛文博，许艳玲，唐晓龙，等. 中国氨排放对$PM_{2.5}$污染的影响[J]. 中国环境科学，2016，36（12）：3531-3539.

[154] 薛文博，许艳玲，王金南，等. 全国火电行业大气污染物排放对空气质量的影响[J]. 中国环境科学，2016，36（5）：1281-1288.

[155] 杨晓东. 实施污染物总量控制的要点和保证[J]. 环境科学，1998，19（S1）：7-13.

[156] 杨笑笑，汤莉莉，张运江，等. 南京夏季市区VOCs特征及O_3生成潜势的相关性分析[J]. 环境科学，2016，37（2）：443-451.

[157] 姚青，蔡子颖，韩素芹，等. 天津冬季雾霾天气下颗粒物质量浓度分布与光学特性[J]. 环境科学研究，2014，27（5）：462-469.

[158] 殷永泉，李昌梅，马桂霞，等. 城市臭氧浓度分布特征[J]. 环境科学，2004，25（6）：16-20.

[159] 尹沙沙. 珠江三角洲人为源氨排放清单及其对颗粒物形成贡献的研究[D]. 广州：华南理工大学，2011.

[160] 余环，王普才，宗雪梅，等. 奥运期间北京地区卫星监测NO_2柱浓度的变化[J]. 科学通报，2009，54：299-304.

[161] 余学春，贺克斌，马永亮，等. 北京市$PM_{2.5}$水溶性有机物污染特征[J]. 中国环境科学，2004，24（1）：53-57.

[162] 张伟，王金南，蒋洪强，等.《大气污染防治行动计划》实施对经济与环境的潜在影响[J]. 环境科学研究，2015，28（1）：1-7.

[163] 张礁石，陆亦怀，桂华侨，等. APEC会议前后北京地区$PM_{2.5}$污染特征及气象影响因素[J]. 环境科学研究，2016，29（5）：646-653.

[164] 张立盛，石广玉. 相对湿度对气溶胶辐射特性和辐射强迫的影响[J]. 气象学报，2002，60：230-237.

[165] 张美根，韩志伟. TRACE-P期间硫酸盐、硝酸盐和铵盐气溶胶的模拟研究[J]. 高原气象，2002，22（1）：1-5.

[166] 张强，耿冠楠，王斯文，等. 卫星遥感观测中国1996—2010年氮氧化物排放变化[J]. 科学通报，2012，57（16）：1446-1453.

[167] 张兴赢，张鹏，张艳，等. 近 10 年中国对流层 NO_2 的变化趋势、时空分布特征及其来源解析[J]. 中国科学（D 辑：地球科学），2007，37（10）：1409-1416.

[168] 赵晨曦，王云琦，王玉杰，等. 北京地区冬春 $PM_{2.5}$ 和 PM_{10} 污染水平时空分布及其与气象条件的关系[J]. 环境科学，2014，35（2）：418-427.

[169] 郑子龙，张 凯，陈义珍，等. 北京一次混合型重污染过程大气颗粒物元素组分分析[J]. 环境科学研究，2014，27（11）：1219-1226.

[170] 中华人民共和国环境保护部. 环境空气质量标准（GB 3095—2012）[S]. 2012.

[171] 中华人民共和国环境保护部数据中心. 全国城市空气质量小时报[Z/OL]. http://datacenter. mep.gov.cn/ report/air_daily/airDairyCityHour.jsp，2015.

[172] 钟茂初. 如何表征区域生态承载力与生态环境质量？兼论以胡焕庸线生态承载力含义重新划分东中西部[J]. 中国地质大学学报（社会科学版），2016，16（1）：1-8.

[173] 周静，刘松华，谭译，等. 苏州市人为源氨排放清单及其分布特征[J]. 环境科学研究，2016，29（8）：1137-1144.

[174] 周维，王雪松，张远航，等. 我国 NO_x 污染状况与环境效应及综合控制策略[J]. 北京大学学报（自然科学版），2008，44（2）：323-330.

[175] 周瑶瑶，马嫣，郑军，等. 南京北郊冬季霾天 $PM_{2.5}$ 水溶性离子的污染特征与消光作用研究[J]. 环境科学，2015，36（6）：1926-1934.